U0131826

全球信息系统领域十几位著名专家学者倾力打造

# 信息系统研究的前沿与方向

黄　伟　王刊良　主编

ON INFORMATION SYSTEMS

RESEARCH:

ISSUES AND LATEST

DEVELOPMENT

清华大学出版社

北　京

**图书在版编目（CIP）数据**

信息系统研究的前沿与方向/黄伟，王刊良主编. —北京：清华大学出版社，2009.12
ISBN 978-7-302-21238-6

Ⅰ. ①信… Ⅱ. ①黄… ②王… Ⅲ. ①信息系统－研究　Ⅳ. ①G202

中国版本图书馆 CIP 数据核字（2009）第 179807 号

责任编辑：贺　岩
责任校对：王凤芝
责任印制：李红英

出版发行：清华大学出版社　　　　　　　　　　地　　　址：北京清华大学学研大厦 A 座
　　　　　http://www.tup.com.cn　　　　　　邮　　　编：100084
　　　社　总　机：010-62770175　　　　　　邮　　　购：010-62786544
　　　投稿与读者服务：010-62776969，c-service@tup.tsinghua.edu.cn
　　　质　量　反　馈：010-62772015，zhiliang@tup.tsinghua.edu.cn
印　装　者：三河市金元印装有限公司
经　　销：全国新华书店
开　　本：170×230　　印　张：18.75　　字　数：355 千字
　　　　　（附光盘 1 张）
版　　次：2009 年 12 月第 1 版　　　　　印　次：2009 年 12 月第 1 次印刷
印　　数：1～3000
定　　价：48.00 元

# 序　　1

21 世纪以来,全球信息和通讯技术(ICT)进入了一个高速增长时期,特别是处于经济转型时期、人口众多而且将成为世界重要经济体的中国。有统计显示,截至 2009 年 6 月底,中国网民[①]数已增至 3.38 亿人;中国手机用户达到 6.95 亿,稳居世界第一;手机上网的网民达 1.55 亿。这些数据表明,中国已经步入信息社会,信息技术和信息系统本身经历着重大变革,而且在社会经济生活中的作用越来越大。在这种背景下,全面了解信息系统领域过去发生的变化和有待于研究的前沿科学问题迫在眉睫。本书的编撰适应了这种需求。

本书的突出特点体现在如下几个方面。

第一,全面反映了信息系统领域的重要议题。信息系统从 20 世纪 60 年代运用于管理的电子数据处理系统(EDP,如工资系统),发展到管理信息系统(MIS,如目前相当普及的会计信息系统)、决策支持系统(DSS,参见第 9 章)和知识管理系统(第 16 章);从运用于生产作业管理的库存管理系统,到物料需求计划系统(MRP),发展到企业制造资源系统(MRPⅡ)和企业资源计划系统(ERP,参见第 13 章);从对企业内部运营管理和协作(参见第 21 章)进行支持,发展到包括客户、供应商在内的电子商务和移动商务(参见第 14 章)。可以看出,信息系统已经渗透到现代组织的方方面面,而且涉及信息系统的利益相关者的范围(参见第 15 章)在迅速扩大;信息系统给组织的工作流程、组织结构、客户和供应商关系等带来了深刻的变化;信息系统对组织的作用和价值(参见第 8 章)也从最初的提高工作效率,转移到提高企业的战略竞争能力(参见第 7 章)和组织学习(参见第 11 章和第 16 章)上来。

信息系统也为企业家带来了一些新的商业机会,例如网上商店(如当当网)、协同生产(如维基百科)、网络搜索(如百度)、基于社会网络的交友服务(如 Facebook 和 MySpace,参见第 2 章)、信息服务(如数字图书馆)。新兴技术往往会对传统产业带来威胁,例如 Napster 之于唱片工业,Skype 之于电信产业等。信息系统给全球产业分工也带来了很大的影响,许多基于信息和知识的工作从发达国家外包到了发展中国家(参见第 15 章),后者尽管获得了一些新的发展机遇,但是也面临着处于产业链低端的劣势。

---

① 　半年内使用过互联网的 6 周岁及以上中国公民。

　　信息系统本身也带来了一些新的问题,这些问题的研究也是信息系统领域学者们持续关注的议题,例如信息系统分析和设计方法(参见第 5 章和第 10 章)、安全和隐私问题(参见第 20 章)、人机交互设计(参见第 12 章)等。信息系统研究的方法论也日益规范,从实证研究、案例研究(参见第 1 章),到行动研究(参见第 4 章)。总体来看,实证研究方法仍然占主导地位。

　　第二,每章的作者大多是信息系统领域在国际上久负盛名且非常活跃的学者,确保了各个研究议题的权威性和前沿性。这些作者有前国际信息系统协会(AIS)主席、GSS 研究领域的开拓者之一的 Richard Watson 教授(第 14 章和第 18 章)、前任 AIS 主席 Dennis Galletta 教授(第 12 章),MIS Quarterly 资深编辑 Geoff Walsham 教授(第 3 章),以及许多专门研究领域的世界知名学者,如案例研究(Michael Myers,第 1 章)、信息系统外包(Rudy Hirschheim,第 15 章)、决策支持系统(T. P. Liang,第 9 章),以及战略信息系统(Robert D. Galliers,第 7 章),其他有不少建树的学者还有 MIS Quarterly 副主编 Guy Gable 教授(第 8 章)、Dorothy Leidner(第 16 章)、Elena Karahanna(第 17 章)和 Edgar Whitley(第 6 章)等。他们撰写的内容是在多年研究的基础上的凝练,特别具有权威性。许多章的内容都是专门为本书撰写的,尚未在相关的会议或者杂志上发表。

　　每一章集中阐述一个议题,对议题的渊源和发展历程进行了系统而全面的回顾,对议题的现状和问题进行了深入的剖析,对未来的发展指出了明确的发展方向。每一章都提供了全面的参考文献。读完每一章,相信读者会对相应议题的研究有一个全面深刻的把握,对信息系统领域的研究选题有非常好的启发作用。

　　大多数章节是国内活跃在信息系统领域的知名学者组织博士生们翻译的,而且由来自国内的信息系统知名学者进行点评,阐述相应议题的研究对国内信息系统领域研究的启发。每章后面的学者点评,有助于信息系统的年轻教师和博士生们有效地学习和运用本书所介绍的方法论。

　　本书的主编黄伟教授(Wayne Wei Huang)是近年来活跃在国际信息系统领域的一位华人学者,担任国际信息系统协会(AIS)亚太管理信息系统研究学会(AIS SIG-ISAP)的发起者及主席;美国、加拿大和中国自然科学基金会项目的特邀评审专家。黄伟具有 20 多年的科研教学经验,在美国和其他国家出版了 10 多本管理信息系统方面的书(包括参著),在国际 MIS 期刊如 *MIS Quarterly*, *Journal of MIS* (JMIS); *IEEE Transactions on Systems*, *Man*, *and Cybernetics*; *ACM Transactions* (ACM TOIT); *IEEE Transactions on Professional Communication*, *Communications of ACM*; *European Journal of Information Systems* (EJIS),及其他国际 MIS 期刊和国际会议论文集等上发表了 120 多篇学术论文。现任美国俄亥俄大学商学院管理信息系统(MIS)系终身教授和哈佛大学 Fellow。

合作主编王刊良现任西安交通大学管理学院教授、博士生导师,教育部"新世纪优秀人才培养计划"入选者(2005),兼任国际信息系统协会中国分会(CNAIS)常务理事,中国系统工程学会常务理事、青年工作委员会秘书长,中国系统工程学会决策科学分会理事等;担任国际学术刊物 *Information and Management* 和 *Enterprise Information Systems* 编委,国内学术刊物《系统工程理论与实践》编委。研究成果先后发表在 *Communications of the ACM*,*Information and Management*,*Expert Systems*,*Decision Support Systems*,*Electronic Government*,*Quarterly Journal of Electronic Commerce*,*Lecture Notes in Computer Sciences*,*Journal of Global Optimization* 等学术刊物上。

他们在信息系统领域取得的成就和严谨的治学态度确保了本书在内容上的严谨性和学术价值。

总之,我感到这本书非常值得国内从事信息系统研究的学者和从业人员参考,特别是对国内信息系统领域的研究生们,本书将对研究选题有很好的参考价值。早日阅读此书,将会使国内学者和研究人员在信息系统领域的研究中少走弯路,缩短与国际水平的差距。

汪应洛

西安交通大学管理学院

2009 年 9 月

# 序　2

信息技术的飞速进步和广泛应用，使得当代信息系统研究在技术和管理两个维度上均呈现出持续、迅猛发展之轨迹。特别是新兴电子商务背景下的移动性、虚拟性、个性化、极端数据、社会化等特征引出了许多新的具有挑战性的课题。学界和业界一方面密切关注着信息如何被表达和处理，以及系统如何被开发和整合；另一方面也敏锐感测着信息技术如何被采纳和使用，及其导致的对于个体和组织行为的影响。尽管不同的学术群体会分别侧重于技术、行为或经济学的视角来探索相关的理论和应用难题，采用不同的求解策略和方法路径，但是整个信息系统领域所包容的知识结构和学科内涵则反映出显著的技术与管理并重的主流特点。

美国俄亥俄大学的黄伟教授(哈佛大学 Fellow)和中国西安交通大学的王刊良教授主编的本部学术文集荟萃了海内外许多著名学者的研究成果，诠释了信息系统领域中的一些重要问题，其中不乏很有见地的观点。本书的一个特点是在内容上既包括对一些经典问题的新的解读，也包括对一些热点问题的深入分析。这无疑对读者更好地把握信息系统领域动向、凝练学术问题和实践经验具有积极启发作用。

国际信息系统协会中国分会(CNAIS)自 2005 年成立以来，广泛汇集了中国国内信息系统领域研究与教学的学术力量，同时活跃组织与海外学术团体和学者的互动，开展了一系列具有影响的学术交流、学科建设、教学研讨活动。2007 年 10月创刊的《信息系统学报》(清华大学出版社)又为海内外学者搭建了一个贡献和分享学术新知的平台。在当前中国经济发展和社会变革的历史进程中，中国国内学者承载着的学术使命具有发现和创新普适规律，同时反映和提炼中国元素的意味。这也决定了学术追求在"世界－中国"、"全球－本土"背景下的分野与融合特征。我相信本书将以其新鲜的视角吸引中国国内信息系统领域学者和实践者的关注，并有力推进信息系统理论与应用相关课题的深入探讨和学科发展。

陈国青

CNAIS 主席

中国教育部长江学者特聘教授(清华大学)

2009 年 9 月于清华园

# 序 3

Welcome to the exciting world of information systems research! In informa-tion systems we are not looking inwards towards the computer (or more generally to information and communication technologies), but more to the impact of these technologies on organizations, people and society at large. For me this is a really fascinating and challenging area to research. We can see how information systems are helping organizations compete, protect their knowledge, support their strate-gy as well as run their standard business processes efficiently and effectively. And if that was not challenging enough, information systems also help people, both within organizations and outside, make better decisions, manage the technology, and collaborate in these tasks.

This book presents an excellent introduction to the hot research topics of the moment and some possible future research areas in the subject. Some of these topics, like strategic information systems, evaluating information systems, hu-man-computer interaction, security, enterprise resource planning and knowledge management systems have been topics of research and practice for some time, but the discussion here raises new research issues and perceptions such as cognitive mapping and semiotics for information systems analysis, design and development. Other topics are somewhat newer and equally fascinating, such as outsourcing, eLearning, the role of the chief information officer, ubiquitous commerce, global IT management and the implementation and use of group support and eCollabora-tion technologies in organizations. Some important contributions have already been made by the information systems research community in all these areas and these have improved practice noticeably. But there is a lot more work to do!

Equally important, the book looks at research methods, that is, how we may do this research. Indeed the approaches discussed cover many of the methods that have only recently been adopted by information systems researchers. These inter-pretive approaches are designed to be appropriate to study the effective use of in-formation systems in organizational settings and apply in particular to aspects that concern people. Action research, for example, is an approach where researchers and practitioners work together to improve the work situation where information systems exist. It has been used very effectively in the area of information systems development. Case study research provides another example of an appropriate research method. Here researchers learn from the information systems experiences of one organization or sometimes many organizations with a view to providing more generalizable lessons for other situations in other organizations. Theories appropriate to the discipline are also discussed, including social network theory, again to provide only one example. Another chapter looks at the process of researching for a PhD following one particular research tradition.

Wayne Wei Huang and Kanliang Wang have done a fantastic job of bringing together in one book such an outstanding set of research topics written by experts in these topics.

I am proud to be associated with this book. I am particularly delighted that it will be read by present and future information systems researchers in China. As President of the Association for Information Systems (AIS), I am particularly delighted that Shanghai, China has been chosen as the site for our major research meeting—the International Conference in Information Systems (ICIS)—in 2011. This will be the first time ICIS has gone to Asia (and not before time!). We hope that this event—that we all look forward to in the IS community—will encourage greater membership and involvement of Chinese researchers in the AIS.

Having had the opportunity to visit researchers and research institutions in Hong Kong, Shanghai, Suzhou, Wuhan, and Xi'an already, I am aware of the outstanding research and researchers in China. This book, written by leading researchers in China and internationally, represents the best of research in our domain: it is truly an outstanding introduction to the world of information systems research!

David Avison

Distinguished Professor, ESSEC Business School, Paris, France

President, Association for Information Systems (AIS), 2008—2009

# 前　言

本书的编写源自与国内 MIS 学界知名学者的交谈与沟通。这些学者为中国 MIS 学科的建立与发展做出了很大的贡献,我从与他们的交流中学到了不少东西,也从中感到 MIS 学界需要一些关于 MIS 研究方法、前沿及热点问题等方面具有指导性的书籍,供 MIS 硕士生、博士生及青年学者作研究时参考。于是本书之出发点便产生了。这些有前瞻性的 MIS 学者包括陈国青、陈剑、黄丽华、李东、黄京华、毛基业、张金龙、王刊良、陈晓红等(其他一些知名的 MIS 学者,本书编者还期盼未来有机会结识)。

考虑到 1~2 位 MIS 学者可能不能很好地写出一本真正有指导意义的高水平的研究参考书,于是决定邀请世界上 MIS 领域一些知名学者一起来完成这样一本书,这是本书的第一个特点。

我们很感谢一些 MIS 学科知名学者的支持,使这本书能真正反映出世界 MIS 一流学者的研究理念与成果。这些世界一流学者来自美国、英国、法国、澳大利亚、新西兰、中国(包括香港及台湾)、德国等十多个国家与地区,包括三位世界信息系统协会主席 Richard Watson,Michael Meyers 和 Dennis Galletta,以及 MISQ 高级编辑或副编辑等学者,如 Dorothy Leidner,Elena Karahanna,Edgar Whitley,Guy Gale,Rudy Hirschheim,Robert Galliers,Geoff Walsham 等。

本书的第二个特点是不少国内知名的 MIS 学者在审阅有关章节后,专门为其写出点评,为研究生及读者更好地从本书各章节学到其精髓提供了指南。这些学者是汪应络、陈国青、黄京华、李东、王刊良、张金龙、陈晓红、毛基业、邵培基、张鹏柱、姜锦虎、沈惠璋、鲁耀斌等。

本书的第三个特点是特别邀请这些知名的 MIS 学者将他们个人生活与学习经历,以及如何步入 MIS 学术领域等简要地介绍出来,让研究生及读者了解到那么知名的世界 MIS 学者也如同普通人一样曾经在学术研究的路途上遭遇过挫折,但他们能孜孜不倦地追求,直到达到目标为止。所以只要对科学研究充满激情,你也能在不久的将来像他们一样成功。

希望本书的以上三个特点能真正对读者的研究以及将来进入的研究领域有所帮助。

借此机会感谢那些为本书的翻译、编辑整理作出贡献的学者及研究生,尤其是西安交通大学管理学院的研究生。同时也感谢中国信息系统协会的大力支持,以及清华大学出版社和本书责任编辑的支持。没有他们,这本书不可能与大家见面。

黄伟

美国俄亥俄大学商学院终身教授,哈佛大学 Fellow

王刊良

中国西安交通大学管理学院教授

# 目　　录

## 第3部分　信息系统/管理信息系统最新研究问题

# 第1部分

信息系统/管理信息系统
研究方法论

# 第1章 信息系统定性研究的现状及趋势①

**Michael D. Myers**

(University of Auckland, New Zealand)

**摘 要** 过去10年来,用定性研究方法对信息系统领域进行研究的兴趣不断增长。该领域的所有顶级期刊都配有在定性研究方面经验丰富的专业编辑,使用定性研究方法撰写的文章不断在这些期刊上发表,并有一些文章获得最佳论文奖。本文讲述了信息系统定性研究方面的发展状况,介绍了定性研究的四种常用方法,包括行为研究、案例研究、人种学研究(ethnographic research)和扎根理论(grounded theory);讨论不同研究方法如何对数据进行处理和分析;本文还针对如何在学术会议及学术期刊上发表定性研究文章提供了一些建议;最后,本文对信息系统领域定性研究的发展趋势进行了展望。

## 1 绪论

过去10年来,定性研究方法在信息系统(Information System, IS)领域得到了广泛的应用。该领域的所有顶级期刊都配有在定性研究方面经验丰富的专业编辑,使用定性方法研究的文章也在这些期刊上发表并获得最佳论文奖。例如,自从1997年来(除一次外)*MIS Quarterly* 期刊的最佳论文奖都不同程度地使用了定性研究方法,而 *MIS Quarterly* 是信息系统领域顶级的同行评议期刊之一。

信息系统领域定性研究不断发展的主要原因并不能简单归因于技术因素,它更多取决于管理和组织因素(Benbasat, Goldstein, & Mead, 1987),以及对丰富的现实问题研究的理解。Lee 这样描述 IS 中独特的研究主题和研究视角:"……信息系统领域的研究并不仅仅局限于技术系统、社会系统或这两者的交叉;在此基础上,信息系统研究是这两个系统相互影响时出现的新现象。这种研究对象使得信息系统领域相应的研究视角和主题都有别于其他学科(Lee, 2001)。"

这意味着这个领域中的研究视角和主题非常广泛。研究主题可以从较强的技术性(如数据库设计和语义建模)延伸到较强的社会性(如信息隐私)。大多数的 IS 研究倾向于这两个主题的交叉部分。

---

① 本章由张金隆、王禹辰翻译、审校。

鉴于 IS 研究的广泛性和多样性,各种各样的研究方法、理论,甚至哲学思想被运用到 IS 的研究中(Avison & Myers, 1995;Galliers, 1992;Landry & Banville, 1992;Orlikowski & Baroudi, 1991)。因此,定性研究和定量研究都是 IS 领域不可或缺的研究方法。本文仅介绍有关定性研究问题。

定性研究的特色之处在于着眼于"文字"(相对于"数字"而言),这里的"文字"指人们的口头或书面语言。定性研究使得研究者能够理解并解释社会及文化现象(Myers, 1997b)。

定性数据的来源包括观测和参与者观察(实地调查)、访谈和问卷调查、文档和文本、研究者的印象及反应等。一般而言,采用定性方法的研究者通常会问以下几种问题:

- 发生了什么?
- 为何会发生?
- 如何发生的?
- 何时发生的?

这些问题的答案也许不会立即得到,同时很大程度上取决于被调查的对象。然而,这些答案仍然对于研究者对现象的理解和解释有所帮助。

定性研究方法非常适合于理解和解释信息技术的社会特性及组织特性。同时,定性研究也有可能反驳对人们为什么使用 IT 的传统认识。定性研究可以提供对组织中 IT 的价值及影响的丰富理解。

例如,Markus 所著的一篇文章在 IS 领域里被广为引用,她在文章中讨论了多种理论如何解释权力和政治在管理信息系统实施中所起的作用。文章中的这些发现至今仍然有重大意义和作用(Lee, Myers, Paré & Urquhart, 2000)。

本文的结构如下:第 2 节介绍各种不同类型的定性研究,第 3 节重点讨论四种定性研究方法:行为研究、案例研究、人种学研究和扎根理论,第 4 节介绍了对定性数据进行分析的不同方法,第 5 节提供了一些针对如何在会议及同行评议期刊上发表定性研究文章的建议,最后总结并展望了信息系统领域定性研究方法的发展和未来趋势。

## 2    定性研究的类型

分析研究者的基本哲学假设是对定性研究进行分类的一个好办法。不论是定性还是定量研究都是基于一些基本的哲学假设:哪些构成了"正确的"研究?哪些研究方法是恰当的?为了实施和评价定性研究,一定要了解这些假设是什么(有时这些假设甚至是隐含的)。这些基本的哲学假设包括研究者的本体论和认识论假设(Klein & Myers, 1999;Myers, 1997b)。本体论假设是基于什么是"现实",而认识论假设则基于什么是知识和如何获得知识。

　　与我们的讨论最相关的哲学假设是那些指导我们如何进行研究的认识论假设（详见 Hirschheim，1992）。Orlikowski 和 Baroudi（1991）对 IS 研究中的各种研究方法和假设进行了综述性研究。继而 Chua（1986）提出了三种不同的认识论范畴：实证论、解释论和批判论。尽管这三种认识论在哲学上是有差别的，但在社会学研究应用中却并不容易区分。目前对这些"研究范例"或认识论是否彼此对立，仍然存在着分歧；同时，针对是否能够在同一项研究中使用多种认识论也存在着较大的争论。

　　显而易见的是，"定性的"并不是指"阐述性的"；定性研究可以是，也可以不是阐述性的，这取决于研究者所采用的基本哲学假设。定性研究也可以是实证、解释或批判的，这取决于研究者采用的定性研究的方法（例如案例研究方法），而与研究者的哲学假设无关。例如：案例研究可以是实证的（Yin，2003），也可以是解释的（Walsham，1993），或者是批判的；同样，行为研究可以是实证的（Clark，1972）、解释的（Elden & Chisholm，1993），或者批判的（Carr & Kemmis，1986），这三种哲学观点的关系如图 1 所示。

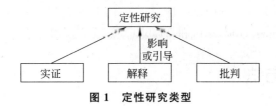

**图 1　定性研究类型**

　　（1）实证研究

　　实证研究通常假设需要研究的客观事实已知，并能够被可度量的属性所描述，而且不受观察者及其所用量表的影响。在实际运用中，研究者通常假设每个影响因子都能够被客观地分类并得到较好的预测（Klein & Myers，1999）。实证研究通常用来检验假设，从而提高对现象的预测能力。从这个角度出发，在满足以下条件时，Orlikowski 和 Baroudi 将 IS 研究归为实证研究：有正式的命题或假设，有可以度量的影响因子，有假设检验的过程，能够从样本推导到整体的结论或推论（Orlikowski & Baroudi，1991）。

　　Benbasat，Goldstein and Mead（1987）的文章是 IS 领域运用实证方法进行案例研究的典范。这篇文章通过分析 4 篇已经发表的研究案例，针对每一个案例提出了改进的建议；这些建议对每一个想采用实证方法的研究者都有很大的意义。另外两篇文章（Dubé & Paré，2003；Paré，2004）则讨论了如何对实证案例研究进行评价。

　　（2）解释性研究

　　解释性研究基于这样一个假设：我们仅能够通过语言、意识和共识等社会行为了解事实(Myers，1997a)。所有这些社会行为是中立的，而且都对人们的所见所感有深刻影响(Klein & Myers，1999)。IS 中的解释性研究目的在于理解信息系统所处的环境与背景，以及环境与信息系统之间的相互影响(Walsham，1993)。解释性研究并不事先定义好自变量与因变量，而是重点研究当事件发生时，人类感知的复杂性(Kaplan & Maxwell，1994)。

在定性研究中运用解释性研究方法的例子有 Boland（1991），Walsham（1993）和 Myers（1994）的文章。Klein 和 Myers（1999）提出了在 IS 中运用和评价解释性研究的原则。

(3) 批判研究

批判研究者假设所有的社会事实都由历史和人创造。尽管人们可以通过有意识的活动改变社会和经济环境，但批判研究者认为人们的活动仍然受到诸如社会、文化和政治等各种力量的约束。批判研究的主要目的是对社会进行批判，而使人们更加了解被限制和疏远的社会现实。批判研究更加注重当前社会中的对立、冲突和矛盾，并寻找解决方案来消除限制和统治的根源。IS 中运用批判方法进行研究的文献有：Ngwenyama 和 Lee（1997），Hirschheim 和 Klein（1994），Myers 和 Lee（1997），另外还有 Howcroft 和 Trauth（2005）的著作。

# 3　定性研究方法

如同多种哲学观点可以影响定性研究一样，定性研究也有各种各样的方法。研究方法是一种从基本的哲学假设过渡到研究过程设计和数据收集等具体行动的研究策略(Myers，1997b)。研究方法的选择会对研究者的数据采集产生影响，不同的研究方法同样意味着不同的使用技巧、假设和实践。这里我们将讨论四种研究方法：行为研究、案例研究、人种学研究和扎根理论。

(1) 行为研究

行为研究的定义有多种，但被广为引用的是 Rapoport 作出的定义：

行为研究目的是在公认的伦理框架下，研究当人们遇到问题时的反应和相应的社会科学知识(Rapoport，1970，p. 499)。

这个定义突出了在行为研究过程中可能面临的伦理问题和研究所受到的伦理框架约束。

行为研究作为一种有效的研究方法已经被广泛应用于组织发展和教育等领域。然而，行为研究仅在 10 年前才开始在信息系统领域里取得一定的影响。Susman 和 Evered（1978）的文章简要介绍了行为研究的发展。

Baskerville 和 Wood-Harpe(1996)的文章是应用行为研究的一个例子，他们讨论了 IS 中行为研究的起源、技术和角色;并提出了一种"严格路径"(a rigorous approach)和这种方法的应用领域(比如系统开发方法论)。

Avison 等(1999)则强调了行为研究是一种包括研究者和实践者的迭代过程。他们认为行为研究是与实际联系非常紧密的一种研究方法;这种方法通过试验,研究人为干预事件后产生的一系列系统反应。

Avison,Baskerville 和 Myers (2001)讨论了如何通过"关键选择"和"替代选择"控制行为研究。他们提出了控制的三个方面:行为研究项目的初始化过程、项目的凭据确定过程和形式化程度的确定过程。

2004 年 *MIS Quarterly* 出版了一期关于行为研究的专刊,其中所有 6 篇文章都是应用行为研究方法的范例(Baskerville & Myers,2004)。

(2) 案例研究

案例研究是 IS 领域里应用最为广泛的定性研究方法(Alavi & Carlson,1992;Orlikowski & Baroudi,1991)。同样,案例研究方法也有多种定义,其中 Yin (2003)这样定义了案例研究的范围:案例研究是一种根据经验,在真实环境中调查某种现象的方法,尤其当被调查现象和它所处的环境难以区分时(Yin,2003,p. 13)。

在信息系统领域中,案例研究更倾向于调查特定组织运用信息技术的经历。当采用案例研究方法时,研究者通常以访谈和文档为主要的数据来源。

因为在信息系统领域里,研究的兴趣已经从单纯的技术问题转移到了组织问题,所以显而易见案例研究方法非常适合于 IS 研究(Benbasat, Goldstein & Mead, 1987)。同行为研究一样,根据研究者采用的不同哲学假设,案例研究可以是实证的、解释的或批判的。

Yin (2003)的著作是进行实证与案例研究学者的必读经典著作。Benbasat (1987)等的文章是实证研究的一个好例子。Lee (1989)提出了一个 IS 案例研究的科学方法论,他的文章说明针对一个案例的研究也可以很好地符合科学研究的实证标准。Walsham (1995)则回顾了解释性案例研究的发展。

另外在 IS 中运用案例研究方法的例子有 Markus (1983),Myers (1994),Walsham 和 Waema (1994)的文献。

(3) 人种学研究

人种学研究最初来源于社会和人类文化学。人种学者沉浸在其所研究的人种的生活中(Lewis,1985, p. 380),了解他们的社会和文化现象。

尽管在案例研究和人种学研究之间没有严格的区别,但它们主要的差别在于:当研究者采用人种学研究方法时,需要在社会种群的对象上花费更长的时间,进行更大范围的调查。通常案例研究中,研究者采用最多的是访谈和文件资料,而很少对参与者进行长时间的观察研究。相反地，人种学研究的最大特色就是研究者花费大量时间进行观察研究，实地调查笔记和在当地的生活经验代替了其他数据收集技术成为最主要的数据来源。正如 Yin 所说，人种学研究需要对研究对象进行长时间、近距离和细致的观察(Yin，2003)。

在 Wynn(1979)、Suchman (1987) 和 Zuboff (1988)的开创性研究工作后，现在人种学法已经广泛应用到组织中的信息系统研究中。通过这种方法，可以在系统设计时整合各方的观点和看法(Holzblatt & Beyer，1993)。

Harvey 和 Myers (1995)提出了在 IS 研究中如何应用人种学方法，Myers (1999)总结了不同类型的人种学方法应用。

Myers，Young (1997)和 Schultze 的文章在信息系统研究中采用了一种所谓的"忏悔人种学法"(Schultze，2000)。

（4）扎根理论

扎根理论是一种研究系统化收集和分析数据的理论。根据 Martin 和 Turner (1986)的定义，扎根理论是"一种引导式方法论，它能帮助研究者提出一套能兼顾研究对象一般特点和经验化观察数据的理论"。扎根理论与其他研究方法最大的区别在于它在理论发展过程中所采用的方法，它认为数据采集和数据分析之间有着连续的相互影响。因为扎根理论能够极好地适用于对研究对象进行基于上下文和面向过程的描述和解释，它已经被广泛运用到了 IS 的研究文献中(Myers，1997b)。

在 IS 研究中较好运用扎根理论的例子是 Orlikowski (1993)，他在文章中讨论了两个组织在采用计算机辅助软件设计工具(CASE)时的经历，另一个例子是 Urquhart (1997)的文章。

# 4  定性数据的分析

定性数据的分析很大程度上是对文本的分析（无论是口头的还是书面的）。尽管在定性研究中有很多不同的数据分析方法，在这里我们仅介绍三种：诠释法、符号法及叙述和比喻法。也许有人认为扎根理论也是一种分析方法，但因为我们在前文已经讨论过，这里就不再赘述。

（1）诠释法

诠释法可以理解为一种分析定性数据的基本哲学方法(Bleicher，1980)。作为一种对人类思维的哲学研究方法，诠释法提供了理解人类思维的哲学基础(Klein & Myers，1999)。而作为一种分析定性数据的方法，诠释法提供了一种理解文本数据的方法。本文后面的讨论都是基于后者展开的。

　　诠释法主要关注文本或类文本(一个类文本的例子是：通过口头或书面文本了解一个组织)的含义。诠释法的基本问题是："这段话的意义是什么？"(Radnitzky，1970)。Taylor(1976)认为：诠释法中的解释是一种对研究对象及其意义的澄清。因此，这个研究对象必须是一段文本或类文本，也许它在某种程度上是混乱、不完整、不清晰和看似矛盾的。这种解释的目的在于理清对象的含义(Taylor，1976，p. 153)。

　　诠释的循环过程是指：对文本的整体理解与在整体理解的指导下对文本各部分的理解间不断循环的辩证过程(Gadamer，1976)。因为在文本阅读时，我们会通过分析上下文的环境对文本的某部分内容有一种预测。这种理解或预测的过程是在整体理解和局部理解之间循环往复的。正如 Gadamer 解释的那样："这是一种循环关系，理解整体有助于我们理解局部，同时对局部的理解又构成了对整体的理解"(Gadamer，1976)。Ricoeur 认为："诠释是一项从表面意义挖掘隐含意义，由字面含义挖掘深层含义的工作"(Ricoeur，1974)。

　　从"纯"诠释法到"批判"诠释法，有很多不同形式的诠释分析法，但对这些不同形式的讨论已经超出了本文的范围，如果读者有兴趣，请参见 Bleicher (1980)，Palmer (1969)，Myers (2004)和 Thompson (1981)的文献。

　　当诠释法运用到信息系统研究中时，研究和解释的对象即"组织"这种类文本。在一个"组织"中，人们(比如不同的股东)会对很多问题有混乱的、不完整的、不清晰的和看似矛盾的看法，而诠释分析的目的就是理清人与组织和信息技术间的关系。

　　Myers(2004)对 IS 研究中的诠释法应用做了综述研究，而 Boland (1991)，Lee (1994) 和 Myers(1994)的文献则是成功运用诠释法的例子。

　　(2) 符号法

　　同诠释法一样，符号法可以视为是一种基础哲学或者是一种分析定性数据的特殊方法。以下将从后者的角度进行讨论。

　　符号法主要研究符号的含义及语言的象征。其本质思想是词语或符号都能被归类到一些主要的概念范畴里，并且这些范畴代表了被测试理论的重要特征。这些特征的重要程度通过它在文本中出现的频率来体现。

　　符号法的一种形式是"内容分析"。Krippendorf (1980)将内容分析定义为"一种在文本中由数据到上下文环境中得到有效而且可重复参考的技术"。研究者搜索文本的结构和规律性，并在这些规律性的基础上得出相应的推论。

　　符号法的另一种形式是"对话分析"。这种分析假定在内容的交换过程中，内容的含义就已经清晰了。研究者通常会致力于对实际背景的调查研究。

　　符号法的第三种形式是"论述分析"。论述分析建立在内容分析和对话分析上,但是更注重"语言博弈"。语言博弈由经过明确定义的一系列口语上的交互单元所构成。在这个交互过程中,短语、隐喻和比喻均扮演了重要的角色。

符号法在信息系统中的运用在 Liebenau 和 Backhouse (1990)的著作中有简要的介绍,Wynn's (1991)的论文是在信息系统中运用符号法的较好范例,Klein 和 Truex's (1995)的论文是在信息系统中使用论述分析法非常好的例子。

(3)叙述和比喻法

叙述在《简明牛津英语辞典》中的定义是:"对事实的讲述、报道和陈述,特别是以第一人称的讲述。"叙述有多种类型,从口头叙述体到历史叙述体等。比喻是一种用名称、描述性术语或短语对无法确切描述的对象或行为的解释(比如在 Windows Vista 操作系统中"window"的意义)。

叙述和比喻方法在文学讨论和分析中一直都受到重视。最近几年,它们在思想领域和社会实践方面越来越受到重视。同时,许多学科的学者都已经对叙述和比喻方法在相关领域的应用进行了研究,如:本土文化、组织学、医学与心理学等领域。

Morgan (1986)介绍了在组织理论中运用比喻的方法。Polkinghorne (1988)关于叙述法的著作对当今的社会科学产生了极大的影响。在信息系统领域,研究的焦点集中在系统开发者和组织成员之间的语言交流及需求的理解方面。

Hirschheim 和 Newman (1991)的文章是在信息系统开发中运用比喻法的一个非常好的例子。

# 5 定性研究的撰写

如同存在许多不同定性数据分析方法,也存在多种写作风格和方法。Harvey 和 Myers(1995)以及 Myers(1999)的文章概述了关于人种学方法的写作风格。

对于一般情况下的定性研究报告的撰写,我建议参考 Wolcott's(1990)的著作。这本书有许多切实可行的建议。举例来说,Wolcott 指出,许多定性研究者都犯了这样一个错误,就是直到最后才可能将整个"故事"都描述出来。Wolcott 指出"写作是一种思维"。写作事实上帮助研究者直接思考并且描述出"故事"的本来面目。对每个定性研究者的忠告是:尽可能早地开始撰写。

商业领域内定性研究的一个共同问题是,最好的研究者们都期望在期刊上发表他们的研究工作。一般来说,期刊文章比书籍更被商学院所看重。然而,大多数的定性研究将会导致海量数据的聚集。对于定性研究者来说,很难在期刊所规定的范围内撰写出研究成果。另一个问题是:希望每篇论文只有一个重点结论,例如期刊文章应该只有一个"主要点"。通常一篇采用定性研究的博士论文,如人类学研究,会有许多论点。

一个可行的办法是定性研究者把每篇论文视为整体工作的一部分。也就是说,定性研究者需要找到一条划分研究工作的途径,让划分出来的每一部分都可以单独地发表。于是,问题就变为在一篇特定的论文中讲述故事的哪一个部分。定性研究者不得不承认:谁也不能在一篇论文中讲述"整个故事",因此必须一次只详细论述整体中的某一个部分(Myers,1997b)。

这种策略的一个好处是一个人种学研究者有可能根据一段时间内的实地调研工作发表许多论文。通常这些论文论述的是相同的对象,但却是从不同角度。一个采取这种策略的很好的例子是 Wanda Orlikowski。Orlikowski 根据她在麻省理工读博期间的人类学领域研究工作,成功地在顶级期刊上面发表了多篇论文。

在写作定性研究初稿时,应该考虑读者(如杂志的审稿者)可能做出怎样的评价。一般而言,我认为大多数审稿者至少看重两点:即理论和数据。

就理论方面而言,一个关键的问题是论文中作者是否发展或者应用了新的概念和理论。这些概念或者理论不一定是全新的,但如果它对于信息系统研究是新的则会有帮助。另外,作者通过使用一个新的或者独特的方式来应用一个著名的理论,也可能对该领域做出贡献。另一个关键问题是作者是否表现出丰富的洞察力。更进一步的理论问题是论文原稿是否和传统的知识相抵触。举例来说,Bentley 等(1992)发现他们的人种学研究在系统设计上与传统的思维相矛盾。他们发现传统的准则,即通常认为的"好的设计"可能不适合于协作系统。

就数据方面而言,或许最重要的问题是故事的兴趣。这个故事有趣吗?重要之处在于研究是否包含案例研究、人种学研究或者扎根理论研究。故事必须吸引读者的兴趣。其他标准也很重要,取决于使用的定性方法的类型。比方说,在解释性领域研究中,人们可能会期待研究者给出多个观点和可供选择的视角。

或许对于研究的整体质量最重要的一点是,最终的发现是不是对研究者和参与者有意义,如果回答是肯定的,那么论文值得发表在信息系统领域的前沿期刊上。

## 6 总结

过去十年以来,定性研究变得非常重要,现在的信息系统影响着整个企业。信息系统影响顾客、供应商,甚至是所有的利益相关者。定性研究方法非常适合于理解和解释这个"大背景";定性研究在帮助我们了解 IT 的社会、组织和文化等方面提供了大量的帮助。幸运的是,目前在信息系统研究中,定性和定量研究得到了同等的重视,尤其是在我们涉及领域的高级层次。没有一个研究方法可以单独捕捉到所有的信息系统现象,所以需要多元化的方法。

事实上,随着未来定性和定量研究越来越多的渗透,这个领域的研究将会取得更大进展。我也相信,行为研究和批判性研究将越来越重要。因为在未来几年,信息系统领域需要展示它与实践的相关性,因此行为研究将变得更为重要。批判性研究也将变得更为重要,因为在后 Sarbanes-Oxley 时代,道德和环境问题将成为商学院的舞台中心。

总之,近年来许多信息系统方面的定性研究者已经在该领域做出了诸多重要贡献。开展高质量的定性研究是不容易的,但对那些想在现实组织中与人们交谈的人,做定性研究是有意义和挑战性的。

# 7　个人经历

在新西兰奥克兰大学完成博士学位后,从 1984 到 1988 年我在新西兰为 IBM 公司工作。这给我提供了一些 IT 产业的宝贵的实践经验。1989 年,我在奥克兰大学担任信息系统专业讲师。自那以后,我一直在奥克兰大学工作。

由于我以前的博士学位是社会人类学,在我的早期学术生涯中,我的系主任和院长都非常希望我能够周期性地休假。这也使得我能够在信息系统学科的研究中显得"社会化"。1992 年我与我的家人一起离开新西兰,作为访问学者前往美国加利福尼亚州的克莱蒙研究院。我去那里,因为我此前见过 Paul Gray 教授,当时他正在奥克兰访问(当时他是 Information Science 的项目委员会主席)。另外,Lynne Markus 教授当时也在那,我真地很欣赏她的一些使用定性研究的信息系统的文章,特别是 1983 年她在 *Communications of the ACM* 上的文章。

那时我的财政非常困难,因为我不在克莱蒙工作,而且新西兰元在那一年很不值钱。然而,我在克莱蒙的 6 个月时间里做过的事情后来被证明是我做过的最好的事情之一。我参加了一些博士生研讨课,与老师和学生们交流,学到了在信息系统领域做研究的如此之多的东西(往往由美国学者主导)。回到新西兰的时候,我觉得我在信息系统学科的研究确实是"社会化"的。从那不久后,我开始做研究和撰写会议论文以及期刊论文。

我在研究生涯中认识到与其他学者合作的价值。我认为对我们大多数人来讲,在顶级杂志上发表文章是非常困难的。然而,如果你与那些比你更有经验的人一起合作,那么这就有可能。同时,这也是这个领域"社会化"的价值所在。就我而言,让我在一流期刊发表论文的良师是 Heinz Klein。这些年来我从 Heinz 那里学到了很多。我们的合作成果之一,是赢得为 1999 年 *MIS Quarterly* 上发表的最优秀论文设立的最佳论文奖。*MIS Quarterly* 是享有盛名的顶级信息系统期刊。根据 Google scholar 的检索，该论文(Klein and Myers，1999)已经被引用了 593 次。当然，除了和 Heinz 的合作，我也发表了许多其他期刊文章（包括在 *MIS Quarterly* 上的一些），但 Heinz 是真正使我开始从事研究的人。

继在 MISQ 上的成功后，我在 2000 年被任命为全职教授，随后在 2003 年被任命为奥克兰大学商学院副院长（研究生院）。2006 年，我被任命为信息系统协会主席。

我给刚涉足信息系统的研究者的建议是：选择一个你真正热衷的题目或研究领域。如果你不热爱你的研究，其他人更不会。我相信你需要对你的工作充满热情，使你能够坚持下去并取得成功。

一条来自 Paul Gray 的忠告是：随时将研究建立在以往的经验之上。由于我以前的课程和博士学位是社会人类学，我能够利用我以前的经验和知识为信息系统领域的定性方法做出贡献。很少有人可以做一些全新的研究。因此我也建议尽量去获取在特定领域研究的专业指导。如果你无法获得好的意见和指导，在信息系统方面完成定性研究的博士学位将会非常困难。

同时我也强烈建议加入一些对高水平研究进行介绍和讨论的社会团体。此外，参加介绍高水平研究的高质量学术会议（如 ICIS，或 IFIP 会议）也是非常有好处的。这是因为研究是由特定领域的研究者主导的，如实实在在的人。根据定义，评价研究工作质量的同行评审过程（例如学术期刊的评审过程）是一个社会过程。因此，积极参与介绍和讨论与你自己相关的研究工作的适当社会网络是必需的。只有这样，你才能看到这个领域的领先者在做什么，遇到一些志同道合的研究者，并在这个领域变得社会化。我就是这样从许多不同国家的合作者身上学到了很多。我深信，如果没有这种社会交往，我就不可能在我的工作上做到国际知名。我建议，如果你想成为某个领域学术研究国际团体的领导者，这是一个最好方法。

# 8　关键术语

| 定性研究 | 研究更多地关注文字而不是数字 |
|---|---|
| 实证研究 | 假定现实是客观的 |
| 解释性研究 | 假定现实是社会性的构造 |
| 批判研究 | 假定现实是历史性的构造 |
| 行为研究 | 目标为实践和研究做贡献 |

续表

| | |
|---|---|
| 案例研究 | 目的在于研究现实环境里同时发生的现象,主要使用访谈方法 |
| 人种学研究 | 目的在于研究现实环境里同时发生的现象,使用实地调查和访谈方法 |
| 扎根理论 | 目的是发展以系统地组织和分析过的数据为基础的理论 |
| 诠释法 | 关注文字的意义,解释的科学 |
| 符号法 | 关注语言中的标记与符号 |
| 叙述和比喻法 | 关注使用叙述和比喻作为分析定性数据的一种途径 |

（因为出版页数限制,本章 15～20 页在所附光盘中）

# 第2章 社会网络分析和信息系统研究[①]

## Richard T. Watson, Christina I. Serrano, Greta L. Polites

(Department of MIS University of Georgia, Athens, GA 30602-6273 USA)

**摘　要**　从20世纪50年代开始,社会网络理论就被用于检验社会网络中角色间的关系。这些网络可能由组织成员、地理区域成员或学科成员组成。社会网络分析(SNA)技术可揭示网络的整体结构,网络中子群的结构,以及网络中个体和子群间的影响和互动模式。在信息系统研究领域,SNA已经被用于探索思想和技术的扩散性、技术对网络结构和力量的影响、健康信息学以及与组织通信、软件开发和在线社会网络相联系的现象。在本章中,首先将介绍SNA在信息系统期刊排名上的应用,然后将论述SNA在信息系统研究领域中的应用。

期刊排名研究是非常重要的,因为排名能使研究者认识到在其研究领域或学科分支中最受尊重的出版物列表。排名研究通过识别核心期刊和研究主题,有助于追踪领域内的最新发展。过去,通常用于期刊排名的方法都是主观方法,往往会产生偏差。随着信息系统领域逐渐的成长和成熟,期刊排名的方法也逐渐成熟起来。由于引用数据电子资源的增加及处理这些数据的技术的提高,现在研究者可利用更多的客观方法分析期刊排名。SNA已成为被广泛接受的方法,是一个很有希望获得客观的、基于引用的测量期刊威望及影响的新方法。

在研究期刊网络方面,SNA可能会包含一个特定的学科或学科中更小的子群内所有的期刊。既可探究一份期刊在其指定的网络中所扮演的角色,也可探究其在代表特定研究流派的期刊派系或子群中所扮演的角色。因此SNA能够提供对IS学科的整体结构及该结构随时间流逝的变化的丰富认知。SNA也能用其他类型的引用研究,如对单独的作者、文章及研究主题的网络的审视。

我们运用120个信息系统期刊的最新的SNA的例子,描述了如何应用一些更加常用的SNA技术。分析的结果表明一小部分的期刊不仅在各项威望指标中排名靠前,而且其还在网络中其他的不相连接的期刊群间的信息流中扮演重要的角色。不仅要基于信息流的相似模式,而且要基于引用模式的相似性,才能识别期刊的相关群。这样,可以使我们能识别核心期刊群,这对于"纯的IS"研究是很重要的,同时也能识别其他子群,这对感兴趣的专业领域也相当重要。

对SNA在信息系统研究中应用的论述,可以让读者对该技术的学术应用有更宽广的认知。

---

① 本章由黄京华翻译、审校。

# 1　引言

在社会科学领域中社会网络的研究是极其常见的,因此在广阔的社会科学中跨学科的研究者发现了社会网络分析的有用的应用并不奇怪,这其中也包括信息系统(IS)。从 20 世纪 50 年代开始,社会网络理论就被用于检验社会网络中角色间的关系。角色是一个网络中的实体。角色往往表示人——比如说,组织、地理区域、国家或学科中的成员个人。

社会网络分析(SNA)技术是用于"发现社会网络中社会角色间的互动模式"(Xu & Chen, 2005, p. 104)。SNA 方法通过揭示网络的整体结构,网络子群的结构,以及网络中个体和子群间的影响和互动模式来实现这个目标。SNA 也允许研究者识别核心、有威望的或有影响力的网络成员和组成员。

由于 SNA 的效用,已经存在很多的应用。SNA 可以用于发现单个组织或整个社会中个体或组群之间的关系,还有公司、国家甚至整个地理区域间的关系。它甚至能帮助我们获悉疾病、产品或观点随时间的扩散进程(de Nooy, Mrvar & Batagelj, 2005)。最近,SNA 还用于揭示恐怖分子网络的结构及其运作(Xu & Chen, 2005)。在信息系统研究领域,SNA 用于探究创新技术的扩散性,健康信息学和技术采纳,以及组织通信、软件开发和在线社会网络相关的现象。此外,SNA 还通过对期刊排名与包括作者、文章、期刊或整个学科在内的关系的分析研究学科本身。一般来说,SNA 能揭示其他评估工具很难识别出的隐藏的关系。

社会网络分析的主题在范围上广而深。本章首先概述了社会网络分析的基本原理及关键定义。使用本章中介绍的基本的 SNA 概念,读者将看到 SNA 是如何应用于研究信息系统学科的期刊排名的。为了进一步阐述 SNA 的应用,本章总结了 SNA 在信息系统领域的应用方式并论述了 SNA 在信息系统研究中的可能的应用。

# 2　社会网络分析概述

在 19 世纪 30 年代,精神病学家 Jacob Moreno 提出了社会计量法(sociometry),该技术用于评估人与人之间的关系,是社会网络分析的起源。Moreno 还发明了社会关系网图(sociogram)——社会网络的图形化表示。社会关系网图是社会计量学的重要组成部分;这些图形提供了对社会网络的清晰描述,且允许研究者基于视觉线索直接得出关于社会网络的推论,并使研究者对社会网络有更丰富的理解与诠释。

要理解 SNA 的能力与该技术分析数据的方式,首先需要理解 SNA 的基本原理。下面是对 SNA 的一系列概念的定义和描述。虽然看起来像是术语的详尽的罗列,但我们已经对材料进行了浓缩,以简明地重点阐释 SNA 的相关概念。在 SNA 课本中整章才能覆盖的一些概念这里仅用一两句话作了阐释。读者也可以阅读附录 I 中的定义以快速地获悉 SNA 的主要术语和概念。下面将描述与网络结构有关的概念,接着深入研究 SNA 衡量指标。

## 2.1    网络结构

因为社会网络是网络的一种,其包含了网络结构的基本要素:节点和连接节点的连接器。节点也叫做顶点,表示角色,而连接器为线段,表示角色间的联系。社会网络可以是有向的(非对称)或无向的(对称)网络。在一个无向的网络中,所有连接器表示同等的连接;在大多数情况下,这些连接器是双向的。比如说,同胞子女的网络。每一个同胞在家庭关系中是平等的;如果 Paul 是 Ben 的兄弟,那么 Ben 也是 Paul 的兄弟。与之相对,有向网络包括一个或多个单向连接器,也可能还有双向连接器。单向连接器表示两个角色间的单向连接,其中一个角色选择了另一个,而该选择不能互换方向。简言之,如果一个网络包括任何单向的连接器,它就是一个有向网络。而本章稍后将就具体的社会网络的例子进行更深层次的探讨,因此理解有向和无向网络间的差异将相当重要。

图 1 阐明了一个公司内雇员的社会关系图及他们寻求战略建议时的首选同事。这个社会网络是有向网络的一个范例;单向连接用从发出者指向接收者的带箭头的线段表示,而双向连接用无箭头的线段表示。我们使用该社会关系图来说明常用的社会网络衡量指标和概念。SNA 术语和解释的汇总可查阅附录 I。关于社会网络分析的各种衡量指标将贯穿于全文并被反复使用。谨记在社会网络研究中,研究者经常将这些指标结合起来分析。此外,有时研究者将 SNA 与其他的评估工具相结合以研究一个问题。

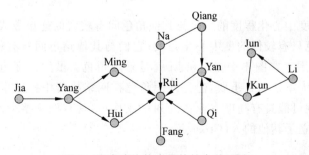

**图 1    寻求建议的雇员的社会关系图**

## 2.2  密度（Density）

网络密度是"网络完全性指标，表示所有可能的关系实际上出现的程度"（Scott，1991，p. 32）。密度是实际连接的数目与可能存在的最大连接数目的比（de Nooy et al.，2005）。当一个网络中所有可能的连接都存在时可获得最大密度。然而，因为密度会随着网络规模的增大而减小，密度并不是网络连通性或内聚性的最好衡量指标。内聚性是指一个紧密连接的网络结构。网络内聚性的更好衡量指标是度，其独立于网络规模。

## 2.3  度（Degree）、入度（In-degree）和出度（Out-degree）

度是指网络内角色间的连接数。顶点的平均度是网络内聚性的可靠度量，而且可用于比较网络间的内聚性，而与网络规模无关。

在有向网络中，单向连接有入度和出度之分。入度是指角色所接收的有向连接数。出度是指角色所发出的有向连接数。

## 2.4  中心化程度（Centrality）和集中化程度（Centralization）

在网络中度量角色重要性的指标之一就是中心化程度，"由于中心角色在关系中的广泛出现，中心角色是可见的"（Knoke and Burt 1983，p. 195）。中心化程度是衡量网络中角色及其相对地位的指标。在图 1 中，Rui 和 Yan 都是中心角色，因为他们都与网络中的大量角色相连接。最常见的中心化程度衡量指标是度、接近性（closeness）、中间性（betweenness）及信息（Freeman，1979）。度是一个局部衡量指标，仅考虑了角色的直接连接，而其他的中心化程度衡量指标是全局的，将网络作为一个整体进行评估。集中化程度（切勿与中心化程度混淆）是应用于整个网络的衡量指标，是网络中心和网络外围间边界的全局网络衡量指标。

### 2.4.1  度中心化程度（Degree Centrality）

具有高的度中心化程度的角色与其他角色间有较大的连接数或交换数。与之相反，外围角色只有较低的度中心化程度；它们与其他角色间只有较少的连接，并位于网络的外围。在图 1 中，Jia 和 Li 就是外围角色。虽然外围角色看起来在网络的整体结构中不是那么重要，但是外围角色在网络执行中担任重要的功能。比如说，外围角色可能具有高度专业化的知识或技巧，其有助于整个网络，但同时还要求其工作独立于其他的人（Cross & Prusak，2002）。

### 2.4.2  接近性中心化程度（Closeness Centrality）

接近性中心化程度是指角色间的距离。两个角色之间的最短路径定义为捷径

（geodesic）。具有很高的接近性中心化程度的角色之间能以最小化、零中介到达彼此。因此，信息能更快、更容易地到达其他角色。

### 2.4.3　中间性中心化程度（Betweenness Centrality）

中间性中心化程度衡量了一个角色作为角色间连接的重要性。在图 1 中，如果 Jia 想与 Fang 交流，Jia 必须经过 Rui。因此，Rui 具有很高的中间性中心化程度，因为他是该联系交换的必要中介，而 Ming 和 Hui 只有较小中间性中心化程度，因为他们之中只有一个是 Jia 到 Fang 的交换的必要中介。重要的中介角色对于社会网络中信息流有很大的控制权。

### 2.4.4　信息中心化程度（Information Centrality）

信息中心化程度用于信息总不是沿最短路径传播的网络。另外，信息中心化程度考虑了节点间连接的实际强度，因此它表示了移除一个特定节点所带来的网络效率的相对下降（Porta，Crucitti & Latora，2004）。

## 2.5　威望（Prestige）

另一个衡量网络中角色重要性的指标是威望，"有威望的角色是可见的，因为其具有指向（directed at）自己的最多的连接"（Knoke & Burt，1983，p. 195）。回到图 1，发现 Rui 是最有威望的角色，因为他具有最多的指向自己的连接。威望是对一个社会网络的评估，可应用入度（in-degree）、相近性（proximity）、接近性（closeness）和地位（status）来衡量。只能在有向网络中衡量威望。

### 2.5.1　入度（In-degree），或流行度（Popularity）

入度指的是一个角色所接收的有向连接的数目，表示了角色所具有的流行度水平。从图 1 中看出，Rui 所接收到有向连接是最多的；换句话说，选择 Rui 的人最多，因此它是社会网络中最流行的角色。当流行角色不进行互换（reciprocate）选择时，流行度将增加。尽管如此，流行度对于威望的度量是有限的，因为其仅考虑了角色的直接近邻的有向选择。

### 2.5.2　相近性威望（Proximity Prestige）

相近性威望在直接近邻的基础上还考虑了远邻，不过它对直接近邻的有向选择赋予了更高的权重。为了评价角色或节点的相近性威望，社会网络分析家度量了所有有向选择的路径距离，包括从远邻到角色的距离。换句话说，相近性威望考虑了遵循同样的有向路径的角色的整个"尾部"，或连接系列。更长的尾部将产生一个更高的相近性威望指标。当一个角色接收到网络中所有其他角色的有向选择时,相近性威望达到最大(如星形网络)。

### 2.5.3 接近性威望(Closeness Prestige)

在一个通讯网络中,接近性威望意味着产生于最中心的角色的信息将在最短的时间内以最大的效率扩散到网络中(Freeman,1979)。

### 2.5.4 地位(Status)

地位是一个衡量威望的指标,与近邻相似,也包括了网络中的近邻。如果一个角色被一个高流行度的角色选择,那么该角色比被低流行度的角色——比如说,外围角色——选择的角色的地位高。换句话说,一个角色的地位依赖于该角色所在局部网络中其他角色的地位(Wasserman & Faust,1994)。图1说明 Fang 比 Na 拥有更高的地位,因为 Fang 被 Rui 所选择,Rui 是网络中的流行角色。

## 2.6 扩散(Diffusion)

扩散是指事物(如信息、产品、观点)是如何随时间从一个角色扩散到另一角色的。本质上说,扩散与蔓延(contagion)相类似。根据 de Nooy 等人(2005)的研究:"网络模型将扩散看成是污染(contamination)的过程,就像传染病的蔓延一样"(p.164)。在信息系统和信息技术领域,扩散研究往往集中研究创新技术的扩散,并调查创新技术的采纳率。在一个社会网络中,角色可能影响其他角色采纳新思想、新技术等的决策。

## 2.7 层次网络结构

有大量的方法可用于研究网络所包含的子结构。这些各种各样的方法可分为自上而下或自下而上的方法。

### 2.7.1 对点和三点组(Dyads and Triads)

对点(点到点的一对)和三点组(三个节点的组)在 SNA 中是寻找聚合子群和派系的基础,还用于研究并描述网络的层次结构。关系属性如两份期刊间的相互引用和期刊三点组的传递关系,所有这些都是整体网络结构的线索(Hanneman,2001)。

### 2.7.2 自上而下的分析

自上而下分析首先从宏观角度观察网络结构,接着将其分割为更小的连续的局部稠密的子结构；该方法包括稍后将解释的块（block）和割点（cutpoint）、桥梁和类别（faction）的识别（Hanneman，2001）。

- 割点（Cutpoints）和块（Blocks）

    考查网络结构的方法是寻找割点，即关键点，如果移除割点将使整体结构分为互不连接的子群或块（Hanneman，2001）。在图1中，如果Yan被移除，网络将被分为两个独立的网络。割点可视为支持网络中不同子群相连接的经纪人。

- 桥梁（Bridges）

    桥梁表示两个不同子网络中的两个角色间的连接，该连接将这些互不相连的群连接起来。如果那些关键的连接被移除，群之间的信息流将被打断。图1中桥梁的一个例子是Kun和Yan之间的连接。如果该连接被移除，网络将被分成两个单独的网络。

- 类别（Faction）

    类别分析是另一种基于与网络中其他成员连接的相似性将网络成员分组的自上而下的方法。较简单的观察网络图方法而言，该技术被视为确定结构等价的更正式的方法。

### 2.7.3　自下而上的分析

与至上而下的分析相反，自下而上的分析从网络中最小单元开始看起，然后从这些单元建构整个系统（Hanneman，2001）。自下而上的方法包括各种各样的识别派系的方法。

- 派系（Cliques）

    派系是大型网络中一类子网络。明确地说，派系是由三个或更多的节点构成并具有极大的密度。因为在社会网络中派系往往与其他角色隔离，在派系之间存在交迭。换句话说，一个角色可能是多个派系的成员。派系对检验角色的子群内强相似性非常有用。

### 2.7.4　结构等价（Structural Equivalence）

结构等价测量角色间的相似性（similarity）强度。如果两个角色不仅在彼此之间有同样的连接，而且与网络中其他角色的连接也相同，那么可认为这两个角色结构等价（Wasserman & Faust，1994）。结构等价的水平越高表明相似性的水平越高。

## 2.8　SNA工具

我们已经论述了SNA的主要概念，读者可能很想知道什么类型的数据适合该分析，以及研究者是如何分析这些数据的。

### 2.8.1　社会关系矩阵（Sociomatrix）

SNA 首先要求有矩阵数据——能以行列形式组织的数据。分析社会网络数据的第一步就是将数据转化为矩阵形式，叫做社会关系矩阵（Wasserman & Faust，1994）。根据 Hanneman and Riddle（2005）的研究，在 SNA 中常运用两种类型的行列式：矩阵和方阵。矩阵列是由主题或观察变量的行与定量或定性指标的列所构成（参看表 1）。与之相对应，方阵列是由包括同样的带有表示真/假指标（1＝"真"，0＝"假"）分数的主题或观察变量的行列所构成（参看表 2）。

表 1　表示企业内员工的矩阵数据

| 姓　　名 | 性　　别 | 部　　门 | 工 作 年 限 |
|---|---|---|---|
| Jia | 女 | 营销 | 3 |
| Yang | 男 | 人力资源 | 10 |
| Ming | 男 | 信息技术 | 5 |

表 2　表示员工寻求建议选择的方阵数据

| 选　择　者 | 选　　择 | | |
|---|---|---|---|
| | **Jia** | **Yang** | **Ming** |
| Jia | — | 0 | 1 |
| Yang | 1 | — | 0 |
| Ming | 1 | 0 | — |

### 2.8.2　数据分析

有各种各样的能执行社会网络分析技术的软件工具。在 SNA 软件中最常见的功能包括统计分析和网络的可视化。特别需要指出的是，典型的 SNA 程序包括中心化程度衡量指标的计算（以测定网络中个人的角色）、信息流分析（以测定通过网络的信息流的方向和强度）、层次聚类（以发现成员完全或几乎完全连接的派系）、块建模（以发现网络中不同子群间的关键连接）、结构等价指标的计算（以识别有相似特征的网络成员）（de Nooy 等人，2005；Hanneman，2001；Xu and Chen，2005）。常用的 SNA 软件列表见注释①。而且，Huisman and van Duijn（2005）对 SNA 软件进行了更广泛的回顾，并提供了对各种 SNA 软件包的相似性和差异性的比较。在进行社会网络分析时，学者及业界人士可选择最适合他们研究的 SNA

---

①　http://www.insna.org/INSNA/soft_inf.html

软件包。

下一部分将描述一个最近的 SNA 研究（Polites and Watson，2006），用以评估信息系统学科及其与其他领域的关系，以及信息系统内子群之间的关系。该研究举例说明了本章所论述的常用的 SNA 技术。使用的主要软件工具是 UCINET 和 Pajek。为了详细阐述该研究，我们首先解释在学术研究中期刊排名的重要性，然后将论述方法论、数据分析以及结论。

## 3　SNA 在信息系统期刊排名中的应用

期刊排名研究相当重要，因为它能使研究者识别研究领域或子学科中最受尊敬的出版物，有助于研究者选择阅读源，以及发表论文时对目标期刊的选择。排名还用于雇用、提升和任期决策，以帮助大学决定如何资助研究所或支付资金，还可帮助图书馆员决定如何花费有限的分配资金。最后，排名研究有助于追踪领域的前沿，识别核心期刊和研究主题，并追踪这些主题的变化。

过去，期刊排名的常用方法都是主观的，往往产生一些偏差。信息系统领域已逐渐成长与成熟，期刊排名的方法亦然。比如说，主观的调查从前都是在纸上进行，对象也只是一小部分相当有名的研究者，现在可以通过在线的方式进行，从世界范围内成百上千的研究者那收集反馈信息。这些电子化调查也将研究者从不得不提供有限的、可能是不完全的期刊列表进行排名的尴尬境地中解救出来，而且回应者也可很方便地建议新的期刊并进行排名。

由于引用数据电子资源的增加及处理这些数据的技术的提高，现在研究者可利用更多的客观方法分析期刊排名。基于引用的客观研究，从对一小部分期刊（往往是主观选择的）的人工计数引用，发展到从电子资源发展而来的基于引用的，对大量期刊的多重测量，如 ISI 的期刊引用报告[1]。

在研究期刊网络方面，SNA 可以在一个特定的学科或学科的更小的子群中潜在地包含所有的期刊。研究者可运用 SNA 分析期刊间的关系，而该分析能包括社会科学引文索引（SSCI）[2]或科学引文索引（SCI）[3]中一个特定学科或学科的更小的子群中的所有期刊。可识别和探究出期刊、派系或代表研究流派的期刊子群在指定网络中所扮演的角色。因此，SNA 能够提供对信息系统学科的整体结构及该结构随时间变化的丰富认知。SNA 也能用于其他类型的引用研究，如对作者、文章及研究主题网络的审视。因此，SNA 可用于客观的、基于引用的信息系统期刊

---

[1]　http://scientific.thomson.com/products/jcr/

[2]　http://scientific.thomson.com/products/ssci/

[3]　http://scientific.thomson.com/products/sci/

排名研究。

在我们的研究之前,据我们所知,还没有全面运用 SNA 评估信息系统期刊重要性的综合性研究。因此,我们将通过信息系统期刊网络,运用 SNA 对信息系统学科的评估进行深入的研究。下面将论述方法论。

## 3.1  方法论

### 3.1.1  期刊选取

进行社会网络分析的一个重要因素就是网络边界的适当选取。在本研究中,基于以前的 31 篇关于期刊排名的研究,我们使用了所有可能的信息系统和信息系统相关期刊的子集。值得注意的是,我们集中研究在 ISWorld Journal Rankings Web 页面上(其代表了在 1995—2005 年间所进行的 8 篇有着广泛基础的主观和客观研究的综合排名)曾经进行过排名的 125 种期刊列表。然而,我们与此前多数的研究不同,我们将 IEEE 和 ACM Transaction 及 ACM SIG 出版物作为网络中的单个实体。这就允许我们得出实际引用模式、贡献及单个出版物间的关系。

我们的主要数据源是被 SCI 和 SSCI 2003 年收录的"被引用的期刊"和"引用期刊"索引。其中未被 SCI 或 SSCI 收录的引用期刊则人工使用 2003 年的电子版或纸版文章,进行人工制表。我们最终的期刊集合包括了 120 种期刊。

我们的最终列表中的很多期刊并不是"专注于信息系统"(IS specific)。然而,事实上一份期刊不大量出版与信息系统相关的文章并不意味着它在该领域没有很强的影响力。因此,我们的方法中尽量多地包括了在以前的研究中被认为相当重要的期刊(不考虑期刊所属学科),并用 SNA 识别何种期刊在信息系统研究的各个子领域或派系中有较强的影响力。我们使用了此前 3 篇研究的期刊分类对网络中的每种期刊进行了划分。基于我们的研究目的,一份信息系统期刊定义为基于以下一个或多个准则的分类之一:

- 在 Walstrom and Hardgrave (2001)的研究中,有"纯信息系统","混合信息系统"或"部分信息系统"三种
- Peffers and Tang (2003)中的"信息系统"
- Rainer and Miller (2005)中的"管理信息系统"

### 3.1.2  数据标准化

在从数据集中消除了自引用后,我们运用 Biehl,Kim and Wade (2006) 和 Holsapple and Luo (2003)所描述的过程对数据进行标准化,以消除由于期刊参考文献表述不同、文章长短不同、期刊发表周期不同、每期中包含文章数量不同所带来的引用差异。该标准化方法可得出被网络中其他期刊引用较多的期刊,也能得

出被每种期刊整体引用比例较高的期刊,即在网络中排名较高的期刊。标准化后的排名(参看表3)显示本研究与此前信息系统期刊排名的大多数研究有着显著的相关性。完整的期刊名称和相对应的缩写与类别参看附录Ⅱ。

表 3　前 25 位被引用期刊的标准化排名分数

| 排名 | 期　刊 | 实际被引用数 | 标准化排名分数 | 被引用数占网络整个引用数的百分比 | 网络中的所有引用期刊数 | 所有引用期刊数占网络期刊数的百分比 |
|---|---|---|---|---|---|---|
| 1 | Communications of the ACM | 1961 | 9.904 | 0.085 | 101 | 0.849 |
| 2 | Management Science | 2226 | 6.506 | 0.056 | 71 | 0.597 |
| 3 | MIS Quarterly | 1694 | 4.811 | 0.041 | 55 | 0.462 |
| 4 | Administrative Science Quarterly | 1226 | 4.064 | 0.035 | 50 | 0.420 |
| 5 | Harvard Business Review | 1014 | 3.995 | 0.034 | 56 | 0.471 |
| 6 | IEEE Transactions on Computers | 639 | 3.641 | 0.031 | 60 | 0.504 |
| 7 | IEEE Trans. on SW Engineering | 650 | 3.441 | 0.030 | 52 | 0.437 |
| 8 | Academy of Management Journal | 1146 | 2.965 | 0.026 | 52 | 0.437 |
| 9 | IEEE Transactions on PAM | 734 | 2.888 | 0.025 | 26 | 0.218 |
| 10 | Academy of Management Review | 1009 | 2.870 | 0.025 | 49 | 0.412 |
| 11 | IEEE Trans. on Info. Technology | 1199 | 2.720 | 0.023 | 32 | 0.269 |
| 12 | Artificial Intelligence | 407 | 2.610 | 0.022 | 38 | 0.319 |
| 13 | Organization Science | 855 | 2.557 | 0.022 | 47 | 0.395 |
| 14 | IEEE Computer | 393 | 2.546 | 0.022 | 61 | 0.513 |
| 15 | IEEE Trans. on Communications | 1173 | 2.486 | 0.021 | 25 | 0.210 |
| 16 | JASIS | 373 | 2.415 | 0.021 | 29 | 0.244 |
| 17 | Journal of the ACM | 379 | 2.287 | 0.020 | 45 | 0.378 |
| 18 | European J. of Operational Res. | 633 | 2.117 | 0.018 | 38 | 0.319 |
| 19 | OR | 837 | 2.074 | 0.018 | 33 | 0.277 |

续表

| 排名 | 期　刊 | 实际被引用数 | 标准化排名分数 | 被引用数占网络整个引用数的百分比 | 网络中的所有引用期刊数 | 所有引用期刊数占网络期刊数的百分比 |
|---|---|---|---|---|---|---|
| 20 | *IEEE Trans. on Sys., Man & Cyb.* | 480 | 2.064 | 0.018 | 46 | 0.387 |
| 21 | *Information Systems Research* | 587 | 1.848 | 0.016 | 45 | 0.378 |
| 22 | *Information Systems* | 519 | 1.791 | 0.015 | 46 | 0.387 |
| 23 | *Sloan Management Review* | 507 | 1.783 | 0.015 | 48 | 0.403 |
| 24 | *Information & Management* | 537 | 1.767 | 0.015 | 45 | 0.378 |
| 25 | *IEEE Transactions on KDE* | 259 | 1.627 | 0.014 | 46 | 0.387 |

## 3.2　数据分析

### 3.2.1　信息流的图形化表示

UCINET 和 Pajek 两者都可用于创造整个网络的可视化图形。图 2 表示了整个 120 份期刊网络的所有引用关系(忽略期刊到期刊引用的相对权重)。网络均匀分割,而与计算机科学比较接近的期刊放在左边,与面向商业学科(包括信息系统)

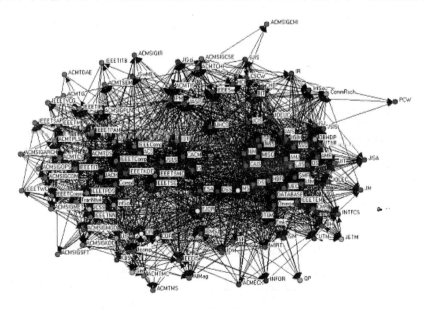

**图 2　UCINET 信息流的图形化表示(整个网络)**

比较接近的期刊放在右边。*Communications of the ACM* 几乎位于整个网络的最中心位置,成为了偏计算机技术科学期刊和偏商务导向的信息系统期刊之间的桥梁。*MIS Quarterly*,*Information Systems Research* 和 *JMIS* 通常被认为是权威的"纯信息系统"期刊,均位于中心地区。

为了更好地理解网络中的信息流的方向和强度,我们使用了跳跃嵌入(spring embedding)的方法,该方法基于成对测量差异(pairwise geodesic differences)(Biehl 等人,即将发表)将网络节点放入网格中。以0.10为分界线(如期刊 A 对期刊 B 的引用比例≥0.10),我们首先查看相关期刊的族群,还有作为其他族群的连接的那些期刊(参看图3)。在该分界线上,"纯信息系统"族群开始显现(右上角),其较多地引用 *MIS Quarterly*,但是在很大程度上与该网络中的其他期刊隔离。换句话说,在该分界线上,*Communications of the ACM* 继续成为计算机科学和信息系统领域的期刊的信息源,但是却不再是运筹学族群和专业/管理期刊族群的重要的信息源。

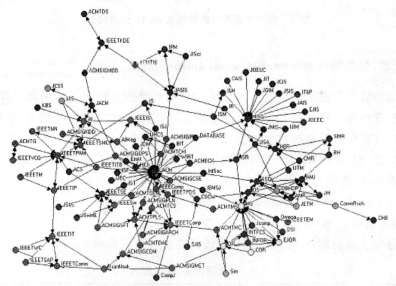

**图3　信息流图形(跳跃嵌入,0.10分界线)**

将信息流的分界线从0.10增加到0.15(参看图4)不会对 *Communications of the ACM* 与其他期刊间的关系性质产生较大的影响,虽然其确实使整个图形的期刊关系更加清晰。在该分界线上,我们可以看到"纯信息系统"的期刊族群不再与网络的其他部分交换任何信息。这个小族群还呈现出完美的星形网络结构,而*MIS Quarterly* 为中心期刊。族群也开始体现其他的研究焦点,如信息科学、人工智能、运筹学、管理、网络和电子商务。

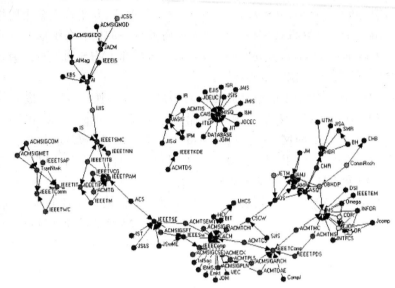

**图 4　信息流图形（跳跃嵌入，0.15 分界线）**

### 3.2.2　信息源（sources）和信息池（sinks）

　　网络中各个节点间的信息传递方式也是很重要的。较之于引用其他期刊，而更多地被其他期刊引用的刊物称为信息源。与之相反，引用许多不同期刊，但其本身不被广泛引用的刊物被称为信息池。总体来说，网络中的 2003 年的 52 份期刊属于信息源，而 67 份期刊属于信息池。表 4 和表 5 罗列了前 10 位信息源和信息池。许多来自其他学科的在以前的研究中排名较高的期刊（如 *Academy of Management Journal*，*Administrative Science Quarterly*，和 *Management Science*）也获得了相对较高的信息源分数，表明即使通常并不被认为是发表有关信息系统研究文章的期刊，仍然对信息系统研究有较强的影响力。

**表 4　信息源中前 10 位期刊**

| 排名 | 期　　刊 | 出度（引用其他期刊） | 入度（被其他期刊引用） | 净度（被引用-引用） |
|---|---|---|---|---|
| 1 | *Harvard Business Review* | 1 | 56 | 55 |
| 2 | *Communication of the ACM* | 49 | 101 | 52 |
| 3 | *IEEE Computer* | 16 | 61 | 45 |
| 4 | *Academy of Management Journal* | 9 | 52 | 43 |
| 5 | *Administrative Science Quarterly* | 10 | 50 | 40 |

续表

| 排名 | 期　　刊 | 出度（引用<br>其他期刊） | 入度（被其他<br>期刊引用） | 净度<br>（被引用-引用） |
|------|----------|--------------------------|---------------------------|-------------------------|
| 6 | *Academy of Management Review* | 10 | 49 | 39 |
| 7 | *IEEE Transactions on Computers* | 21 | 60 | 39 |
| 8 | *Sloan Management Review* | 11 | 48 | 37 |
| 9 | *Management Science* | 37 | 71 | 34 |
| 10 | *Journal of the ACM* | 13 | 45 | 32 |

**表 5　信息池中前 10 位期刊**

| 排名 | 期　　刊 | 出度（引用<br>其他期刊） | 入度（被其他<br>期刊引用） | 净度（被<br>引用-引用） |
|------|----------|--------------------------|---------------------------|-------------------------|
| 1 | *Communications of the AIS* | 66 | 16 | −50 |
| 2 | *Information Technology & Mgmt.* | 47 | 2 | −45 |
| 3 | *Journal of Global Information. Mgmt.* | 46 | 3 | −43 |
| 4 | *Journal of Computer Info. Systems* | 47 | 5 | −42 |
| 5 | *Journal of the AIS* | 45 | 7 | −38 |
| 6 | *Expert Systems with Applications* | 49 | 13 | −36 |
| 7 | *Journal of Org & End User Computing* | 40 | 4 | −36 |
| 8 | *Information Technology & People* | 41 | 6 | −35 |
| 9 | *Wirtschaftsinformatik* | 34 | 3 | −31 |
| 10 | *Electronic Markets* | 37 | 10 | −27 |

### 3.2.3　网络密度和集中化程度

120 份期刊的网络具有相对较低的密度——19.46％。然而,因为 JCR 对大多数单个引用的切断,该数字必须要谨慎处理。基于对由人工统计的 27 份期刊(44.2％)所做的单个引用的检查,实际上网络密度可能高达 25.19％。不过,这仍然是一个相对稀疏的网络。虽然密度衡量指标可告诉我们网络内聚性的一般水平,但是利用集中化程度衡量指标对其进行补充是很有用的,其告诉我们"该内聚性在特定的焦点附近的内聚程度"(Scott,1991,p.92)。信息系统期刊网络的集中化程度依赖于所使用的衡量指标而变化,它在最大限度上趋于平缓(范围从中间性衡量指标为 21.50％到度衡量指标为 66.45％)。

（因为出版页数限制,本章 36～58 页在所附光盘中）

# 第 3 章  开展解释性研究①

**Geoff Walsham**

(Judge Business School, University of Cambridge)

**摘　要**　信息系统(IS)的解释性研究现在已成为公认的研究领域。然而,这个领域仍需要许多教材来指导怎样从开始研究到成果发表。我在十几年前发表的文章(Walsham,1995)中曾指出了解释性 IS 案例研究的要点,以及做这类研究的方法。本文在以前工作的基础上,对 IS 的解释性研究进行了更广泛的观察。我在"开展实地调研,运用理论和分析数据"等章节增添了新的素材。同时,本文还讨论了"构建和证明研究贡献,解释性研究中的道德问题和压力"等新兴的话题。本文的主要读者是缺少经验的信息系统研究人员,但我希望这篇文章也能够引起经验丰富的信息系统研究人员和其他社会科学领域研究人员的反思。

**关键词**　解释性研究;信息系统;实地研究;理论的使用;数据分析;研究贡献;道德问题

## 1　简介

在我十几年前出版的一本关于 IS 解释性研究的书中(Walsham,1993),就讨论了始于现实知识的位置的解释性研究方法是人类行为的社会化建构。关注于现实的理论是了解世间万物的方法。共享知识的形式是主观的而非客观的。直到现在,我的观点还是和以前的保持一致,尽管我也乐于接受现实主义者的那些对于本体论的猜测(Mingers,2004),他们认为世界上存在一个客观的现实。事实上,我认为严格的现实主义可能是支持解释性研究的一个哲学观点,同样的还有现象学和解释学。考虑到这篇文章的主题,即解释性研究的指导,Geertz(1973)一句经典的话总结了我们在此类研究中收集的数据的解释性观点:那些我们所称的数据实际上是我们对于他人对自己及其同伴正在做的事情的构建的构建。(p.9)

---

①　The original article appeared in European Journal of Information Systems, Vol. 15, No. 3, pp. 320-330, 2006, titled "Doing interpretive research" by Geoff Walsham (Publisher: Palgrave Macmillan). It is reproduced with permission of Palgrave Macmillan in the current book, MIS (Management Information Systems) Research: Current Research Issues and Future Development as edited by Drs. Wayne Wei Huang and Kanliang Wang, by Tsinghua University Press. 本章由李蒙翔翻译,王刊良审校。

在 20 世纪 90 年代初期,Orlikowski 和 Baroudi(1991)注意到解释性研究在主流的美国学术出版物上只占一小部分。相比而言,解释性研究现在越来越成为 IS 研究的重要手段。Mingers(2003)统计了 1993—2000 年间 6 种著名的美国和欧洲的信息系统期刊,其中有 17% 的研究是解释性的。其中,*Information Systems Research* 中有 8%,*MIS Quarterly* 中有 18%,*Accounting*, *Management and Information Technologies*(现更名为 *Information and Organization*)中有 35%。对于 *European Journal of Information Systems*(EJIS),Mingers 的统计结果显示在同样的时间段里,有 12% 的研究是解释性的。EJIS 从 2000 年后也不断地发表了相当多的解释性研究论文(例如,McGrath,2002;Sarker and Sahay,2004;Lin and Silva,2005),还在 2004 年发表了一个特刊(Bhattacharjee and Paul,2004)。

可见,现在有很多信息系统期刊都发表解释性研究论文,解释性研究的研究人员也能在他们想发表文章的期刊中找到很多范例。但是,这些发表的论文说明了如何进行解释性研究吗? 在我看来,答案是否定的。对于我以及其他解释性研究论文的作者而言,我们把文章的大部分时间和空间用来分析研究主题,只有很少一部分来说明研究的指导过程和方法。这种做法是可以理解的,但同时也给那些缺少经验的研究人员造成了障碍。例如,我发现许多地方的博士生都希望更多地了解"如何去做"。的确,对于方法论的学习,这几年已经有相当多的关于社会科学研究方法论的书出版(例如 Layder,1993 或者 Bryman,2001)。我想强调的是,这些书对于 IS 研究者是很有价值的,但是它们都不包含 IS 解释性研究的专门材料和范例。

为了满足 IS 解释性研究的研究人员对实践指导的需求,我在 1995 年写了一篇关于解释性案例研究的要点和相关实施方法的文章(Walsham,1995)。这篇文章虽然篇幅不长,主题突出,但它已经被广泛引用(到 2005 年 7 月,累计被引用了 87 次,Web of Science 数据)。不仅如此,该文近期被引用次数仍在上升中,这些现象证明了我的论点:对于 IS 解释性研究指导的需求是持续不断的,尤其是针对性的资料和实践建议。然而,这篇文章是 10 年前的作品,在这期间,IS 研究领域不断地发展,我个人的认识也有了很大的变化。因此,本文的目的就是试图综合这 10 年来我在开展解释性研究分析工作的结果和其他人研究的成果。

希望这篇文章和我的前一篇文章一样短小精悍。不过,文章的各个小标题不会和前作保持一致,因为我想要强调一些以前没有强调的东西,也想从新的视角审视一些已经讨论过的题目。本文接下来的章节安排如下:开展实地调研;理论和数据分析;构建并证明贡献;道德问题和压力。我的前一篇文章仅仅谈到了解释性案例研究,这篇文章则站在更宏观的角度,探讨了包括人类学(如 Schultze,2000)和行动研究中的解释性研究(如 Braa 等人,2004)。我相信解释性研究也能是批判的。所以本文也是一个基于解释性方法的批判性 IS 研究。

## 2　开展实地调研

对实地调研的设计和开展是每一项解释性研究的基本功。本节将分以下四部分进行阐述：选择参与方式；获取和保持联系；搜集实地数据；在不同国家开展研究工作。尽管我认为本文旨在告诉大家"如何去做"，但本节以及其他章节所提供的材料并不是一个详细的成功指南。所有的实地调研都依赖于情境，并且需要深思熟虑方可决策。我的目的是提供一些评判标准和我个人对这些评判标准的评价。所以，不论是独立的研究人员还是研究团队，应该在充分考虑自己所处的情境、自己的偏好、机会以及限制条件后，做出自己的选择。

### 2.1　选择参与方式

我在 1995 年的论文中对"外部研究人员"和"参与式研究人员"这两个概念进行过区分。我认为外部研究人员主要是通过开展正式的访谈来进行研究工作，他们并不直接参与被研究对象的工作，也不会给被研究对象任何反馈信息，而参与式研究人员是研究对象的观察者或行动研究者。尽管该分类仍然有效，我现在却认为参与方式应该像光谱一样有连续性，并且随时间而变化。在参与方式"光谱"的一端是"中立"的观察者，不过，这并不表明该观察者是无偏见的。我们都会因我们的背景、知识以及成见而对事物有自己的固有看法，我所谓的"中立"是指研究人员不应该被认为是和一些特定的被研究对象有关系，也不应该被认为是为了赚钱而来做研究的咨询人员，或者是被认为对被研究的某人、某种系统或过程有成见的人。在参与方式"光谱"的另一端是专业的行动研究者。最新一期 *MIS Quarterly* 的特刊（Baskerville and Myers，2004）就提供了 6 种信息系统行动研究的详细内容。

充分参与的好处是什么？充分参与有利于深入地了解被研究对象、问题和数据。它能促进观察和参与，而不是仅仅像访谈案例那样来评估研究对象。充分参与还能带来其他好处，被研究对象会认为研究者是努力地帮助自己，而不是为了写文章而从被研究对象身上获取数据。例如，行动研究表现为高参与程度的研究，就像（Baskerville 和 Myers，2004）指出的那样，可被认为是信息系统领域对研究与实践密切结合的呼吁的回应。

然而，充分参与也有潜在的缺点。一项人类学研究或行动研究是十分耗时的，在这期间，许多机会就被错过了。例如，如果不进行充分参与的研究，节省下来的时间足以开展一项新的案例研究。充分参与研究的第二个缺点，是实地的被研究对象可能不会对研究人员开诚布公,特别是当被研究对象感知到研究人员有既得利益的情况下。更为危险的是,充分参与的实地研究人员会被社会化而全盘采纳实地被研究对象的观点以至于丧失了新鲜的视角。对于行动研究,固有的风险是,研究人员可能丧失对于自己贡献价值的批判立场,而且可能采取更积极的态度。

所以,有些情况下,应当考量优点和缺点后再做出选择。在另外一些情况下,充分参与是不可能的,因为被研究对象可能不允许这么做。对研究人员自由选择而言,微妙的一点是,不论个人开始的立场如何,持续介入实地情形可能会将研究人员推到被研究对象的立场。正如 Walsham 和 Sahay(1999)所描述的那样,当我们花费了三年时间进行的印度区级政府的地理信息系统的部署问题的纵贯实地研究时,我们面临的就是这种情况。刚开始,我们是很中立的观察者,随着时间的推移,我们也希望能够给他们反馈一些有用的信息——这一点也是他们想要得到的,作为在我们身上花费的时间和精力的回报。事实上,在这个情况下我们在道德上也有义务这样做,因为拒绝提供有建设性的建议会被视为对经济落后地区人民的轻视。

## 2.2 获取以及保持联系

不管采用何种参与方式,解释性研究需要获取和保持与特定组织密切的联系,以便于开展实地调研工作。我告诉博士生们他们最需要的就是好的社交技巧,但我不能教他们怎么去获得这些技巧！更重要的是,每个人都能够通过反思和勇于面对问题来提高自己的社交能力,并且可以通过和朋友、同事以及导师的讨论来增强这种能力。第二种需要掌握的技巧是要勇于接受否定意见,但要坚持不懈地进行尝试。在一项研究中,刚开始的 3 家企业可能拒绝你的研究请求,但第四家或许就同意了。在某些情况下,可以从不同的角度来获得你所要研究对象的同意。例如,刚开始研究伦敦保险市场时,我们遭到了拒绝,但后来我们成功地联系到了一家独立经纪公司和一家保险公司,最后,我们对整个市场进行了深度的研究(Barrett 和 Walsham,1999)。

正如上文所说,获取联系的过程包含了机会、运气和意外的收获。但是,这并不意味着任何组织都能够按照这样的方式来获取关系。例如,如果研究课题是 ERP 的实施,研究人员就必须和已经实施了 ERP 的组织取得联系。如果还不能和这些组织建立联系,研究人员或者继续试下去,或者改变他们的研究课题。仅在为数不多的组织甚至一个组织开展的研究工作会否影响到研究结果的普遍意义呢？不！我十分肯定地说。正如我在 1995 年的文章中讲到的,一般化可以采取的形式有概念、理论、具体的启示或丰富的见解。Lee 和 Baskerville(2003)对那些持有"你不能用一个案例来进行一般化"观点的人已做了比我早年的文章更为全面的批判工作,他们描述了一个一般化框架:从数据到描述;从描述到理论;从理论到描述;从概念到理论。对于一个单案例研究或一个多案例研究,所有这些都是可行的。

对于保持联系,我反复地告诉博士生们良好的社交技能是必不可少的。一个人要么被实地的被研究对象所喜爱,要么被这些对象所欣赏,最好是两者兼而有之。以一个关于访谈时间长度的问题为例,众所周知,实地工作人员在当代组织中通常都非常忙碌,并且工作压力很大。因此,至关重要的一点就是对时间的敏感,设计的访谈时间一定不要给对方带来时间上的压力,并尽可能地在对方还对你有好感的时候结束。如果受访者已经清楚地表达了有压力的意思,与其占用过多的时间以至于惹恼对方,还不如省略一些互动交流的环节,尽早地结束访谈。

另外一个保持联系的观点是,组织一般会对实地研究的请求和各种反馈进行正式回复。我认为信息系统研究人员应该在需要的时候为组织提供适当的反馈,即便是作为中立的观察者。反馈的形式从向实地工作人员进行一次讲演到邀请更大范围内的实地工作人员参加为期稍长些的研讨会。Walsham and Sahay(1999)中提到的 GIS 研究中,我们就举办了这样的研讨会,不仅是对研究的参与者,更是对整个印度政府的地理信息系统计划提供一些有价值的反馈。书面报告是另外一种反馈的形式,但出于两方面原因目前我不愿意用它。首先,演讲或研讨会是一种双向的交流形式,工作人员和研究人员都能从中学习,而书面报告只是静态的展示。其次,在书面报告中很难用委婉老道的语言陈述有争议的或敏感的话题。这一点我会在后面"道德问题"一节再次讨论。

## 2.3　搜集实地数据

访谈是大多数解释性研究的重要组成部分,用以获得实地工作人员提供的解释信息。前述我已经评论了访谈中保持良好的守时习惯的必要性,我还讨论了在被动和主动之间权衡的重要性(Walsham,1995)。对于访谈研究我还要补充一点,重要的是要让被采访者在一开始就知道你的访谈目的和对访谈信息保密的承诺。有时被采访者可能会紧张,解决这个问题的方法就是在采访刚一开始,研究人员多说一些。这样做的确会浪费很多宝贵的访谈时间,但是能够让被采访者感到放松,访谈的质量就会得到保证。同时,被采访者对研究人员的信任感也会随之提高,进而更愿意说出自己的真实想法。

这就让我想到了一个永恒的话题——录音访谈。我会简要地通过罗列录音访谈的优点和缺点,以此来表明我对这个话题的理解。录音访谈的一个优点是,相对于笔头记录,录音能够更真实地记录受访者的原话,这样就能在以后的研究分析中回溯原话,也能够在撰写报告时找出引用的原意。录音访谈消除了研究人员在访谈时对受访者的过度关注。最后,这种方法在一些流行杂志的新实证主义评论员中很流行。缺点是,在录音访谈的后期,将录音材料转换成文本文件和从中抽取相应的主题信息是一件耗时且成本昂贵的事情。在多数的访谈和分析中,一个十分严峻的问题摆在了我们面前,录音采访会使受访者变得无法畅所欲言。最后,录音访谈不能捕捉到访谈时潜在的言外之意。我们可能不知道如何通过感知去了解别人,但我们知道不能仅靠人们所说来评价人们的观点或态度。

访谈也应该得到其他类型实地数据的支持,包括与被研究组织的情景相关的新闻、媒体和其他出版物。假如能够获得组织内部文件的话,它将会提供诸如战略、计划或评价等数据。对行动的直接观察或参与观察也是一种数据来源。来自电子邮件、网站或聊天室的网络数据也是十分有价值的。最后,问卷调查可以作为其他数据来源的一种有效的补充手段。

最后一点要注意的是,解释性研究并不等于定性研究。从问卷或其他调查中得到的定量数据是解释性研究很好的数据来源。这并不意味着每个解释性研究中都要有上述数据,但是,对于特定研究而言,收集定量数据应该被认为是各种方法组合的一部分。Mingers(2003)提供了采用多方法研究的文章在信息系统期刊中发表的频率数据,从 1993 年到 2000 年,在 6 大权威的信息系统期刊中,有 20%的文章采用了多方法研究。其中一个主张结合定量和定性方法的作者就是 Kaplan(例如 Kaplan 和 Duchon,1988)。在最近的一份研究报告中,Kalpan 等(2003)描述了使用定量调查和人类学面试的方法来评估基于电话联络的保健系统。调查表明,总体上对技术的回应是正面的,"更微妙和令人惊讶的反应"补充了人类学访谈,尤其是一些在技术互动上添加了"私人关系"的含义。

## 2.4　在不同的国家开展研究工作

我曾在 16 个国家和 4 个大陆开展过信息系统的解释性实地调研(参见Walsham,2001)。我的经验是,世界上任何受访者的回应模式是基本相同的。当受访者认为研究人员对他们的谈话内容感兴趣,了解研究人员的访谈安排且对访谈内容的保密性没有疑虑时,人们一般都愿意公开地和真诚地谈论关于他们自己、工作以及生活情况。这并不是说在任何情况下都能达成这种互信,也不能说只要按照这个方法做了,就一定能够获取别人的信任。

然而,尽管有上述相同之处,不同的国家还是有不少差异。因此,如果你计划在某一个国家开展实地调研,就要在研究开始之前做大量的功课来研究这个国家,通过阅读纪实文学或小说,了解该国的历史、政治、宗教信仰和生活方式。人们坚持认为旅行开阔了人们的眼界,但是,国际旅行的许多方面反映了相反的状况,即人们是身在旅游,而心在故土。研究者应试图将自己的身、心都"放"在研究对象所在的地方。这让我想起了 Ciborra(2004)倡导的重新定义"处境"(situatedness)的含义以包含情境和感受在内,而不仅仅是认知过程。如此,我们才能对自己的国家了解更多,也才能通过阅读、反思和移情等类似过程开展研究。一个人"知道"自己国家的观点在任何意义上都是明显错误的。

最后一个需要注意的就是语言。说一口流利的当地语言能明显地促进解释性研究在当地的开展。然而,这不是任何时候都适用。例如,当我在印度开展实地研究时,只有一小部分印度人说英语,他们大多是受过高等教育的。尽管北印度语在印度北方使用广泛,但在印度没有一种人人会说的语言。实地研究也能够通过翻译来开展。例如,我在印度南部开展实地研究时,我的合作者就能够流利地说当地方言。我在日本进行采访指导时就请了一位我所研究的软件外包公司的员工,他能说流利的日语。我自己从没有用过专业的翻译,那十分昂贵,也不能理解研究领域的专业知识,但我不是想把他们排除在外。我想强调的是,我们不能阻碍别人与不会说他们语言的人进行交流。

# 3　理论和数据分析

我曾经给许多机构和国家的博士生做过方法论的讲座,理论话题总被认为是必要而困难的。我在 1995 年的文章(Walsham,1995)中谈到了这个问题,当时我的论点是理论可以作为设计和数据收集的最初指导,也可以是数据收集和分析过程的一部分,亦可以是研究的最终产物。我现在仍支持这个分类,不过,在这篇文章里我将深化这个观点,通过对过去 10 年内的四个典型案例研究的描述和分析,我将阐述理论在其中扮演的角色。接着,我会讨论如何选择一个合适的理论。在本节的最后,我将对我之前文章中没有明确表示的数据分析这一话题进行考察。

## 3.1　理论的角色

我会以早期的关于 CASE 工具使用的一篇文章(Orlikowski,1993)谈起。在这篇文章里,Orlikowski 通过对两个不同组织的实地研究,描述了扎根理论的应用(Glaser 和 Strasuss,1967),包括开放的和轴心的编码技术,旨在产生一组来自实地数据的概念。她将这些概念集合起来,构造了对 CASE 工具采纳和使用问题进行概念化的一个理论框架。有趣的是,Orlikowski 将来自实地数据的扎根理论与"已有的正式理论"的许多方面联系起来,这里所提到的正式理论是指创新文献中渐进变革与激进变革两种类型的区别。我们不知道 Orlikowski 为什么要采用这个理论,事实上,连她自己也没有在文章中说明。这篇 10 年前发表的论文,现在读来仍然令人感到十分"扎实",文中对数据的分析也很"科学",并且不掺杂作者的任何主观臆断。

若干年后，Walsham 和 Sahay（1999）描述了利用行动者网络理论（例如Callon，1986；Latour，1987）来分析在印度实施 GIS 的案例研究（本文前面已提到）。作者指出，他们研究的理论基础都是"随着时间而演变的"，以反映实地数据和相关领域的理论进展。作为这篇文章的作者之一，我有资格说，随着我们对行动者网络理论作为概念化 ICT 角度的一种具体方式的兴趣渐增之后，我们才考虑采用了该理论。我们在文章的一些地方描述了自己作为研究人员的角色，但这个主观的描述是应一位审稿人的意见后来加上去的。

和上面讨论过的文章不同，在一项为期 8 个月的有关知识工作的人类学研究中（Schutze，2000），作者将作为研究人员的自己放在"自白"说明的舞台中心（Van Mannen，1988）。文章研究了一个典型组织中的三组知识工作者，并将其工作实践归纳为以下三类：表述、监督和翻译。作者认为，他们的工作的共同特点是对主观和客观的权衡。这篇文章的"自白"成分体现在作者将自己与其研究对象进行的比较，认为自己作为知识工作者也从事类似的知识任务，也需要对自己的主观性和客观性进行权衡。就这项研究中对理论的使用而言，扎根的概念产生自实地数据，但关于研究人员角色的理论见解，主要来自 Schultze 对人类学文章的研究。

Rolland 和 Monteiro（2002）描述了总部位于挪威的一家海事分类公司的案例研究。该公司试图开发一个基础信息系统来支持在全球 100 多个国家范围内的船只调查。作者对理论的使用明显地比上述文章要宽松得多。作者描述他们的"理论基础"源于两篇文章：第一篇讨论的是标准化解决方案的好处；第二篇讨论的是局部差异和局部特性对设计的需求。Rolland 和 Monteiro 描述并分析了标准化解决方案和局部资源如何塑造并吻合了正在使用的信息系统，但这并不是一个不须花钱的过程。研究人员角色的一些成分在本文中提及，例如文中谈到，他们采用的研究方法受到"行动者网络理论"的启发，尽管这句话只是一带而过。

## 3.2 选择理论

上述讨论的文章都可用以说明选择理论的要点。首先，在理论选择方面有很大的自由度，并且在研究的不同阶段都可以选择。其次，理论可以严格地使用，也可以宽松地使用，这两方面都有其自身的优点。至关重要的第三点，我认为理论的选择是一个主观的过程。即便是对研究人员角色的详细介绍的文章（多是后来发表的），也有不少遗漏之处。那么，为什么 Orlikowski 选择了创新方面的理论，Walsham 和 Sahay 选择了行动者网络理论，Schultze 选择了自白式说明理论，而Rolland 和 Monteiro 同时运用了标准化和局部化的文献？答案取决于研究人员的经验、背景和兴趣。研究人员选择了特定理论是因为这些理论能表达他们的思想。

当然,作者接下来会在文中说明他们所选理论的原因——所选理论与研究的问题、实地数据是如何关联的,毋庸置疑的是,对理论的选择带有作者的主观性。

　　所以,对新入门的研究人员,我的第一条建议是:选择那些自己感到有深刻见解的理论。不要因为某个理论十分流行或者你的导师喜欢某个理论就选择它。只要这个理论对你没有吸引力,你最好别选择它。审稿人会要求你回答为什么你的理论是最适合的,或者要求你回答为什么使用的理论不是该领域最"流行"的理论。你必须要在说服别人之前先说服你自己。例如,Sundeep Sahay 和我准备写一篇基于行动者网络理论的文章,因为该理论能很好地符合我们拥有的印度的实地数据,并且比其他理论解释更深层次的见解。我们能不能说服读者是另外一回事,但至少我们得说服自己。

　　尽管选择理论是主观的,在本小节的末尾,我还要提几点普适性的要点来帮助指导理论的选择。不要专注于一个理论而忽视其他理论,不要将你的理论提出放在研究的最后。我会在下一小节的数据分析中说明这个问题。当你没有对某一个理论有深刻的理解时,不要忽视该理论的价值。从积极的角度讲,要将他人发现有价值的理论作为你自己的灵感之源。最后,要广泛阅读不同的理论,这将给你带来更大的选择范围,进而有更大可能发现对你有启发的理论,并使你能够从实地数据中得到很好的见解。

## 3.3　数据分析

　　理论提供了数据分析的思路和方法。例如,假设你曾经在实地调研中利用行动者网络理论指导数据收集。你会试图跟随行动者或网络,并试图理解题名、转译等和该理论相关的其他过程。这意味着你已经着手建立数据和理论的联系了,并理所当然地根据这些材料进行文章的撰写。另一方面,你可能发现其他理论能更好地分析现有的数据。在这种情况下,试着将发展的数据和理论间的联系显化,如一个公开演讲或一篇工作论文。同时,请同事或其他人评论这些材料。

　　就从数据中学习而言,扎根理论提供了一种学习方法,虽然"编码"在一定程度上是一种主观的过程,因为研究人员选择了自己关注的概念。我自己倾向于使用更宽松的做法,例如我在每次访谈后都会写下印象深刻的事情。在一组访谈或某次重要的实地访问之后,我会提出更多的有组织的主题和议题。然后,我尝试想想迄今自己从实地数据中学到了什么。这听起来是一个相当主观和相对无计划的过程,但它的确如此。我认为,研究人员的最佳分析工具是他或她自己的思想,辅之以他人在了解了相关工作和想法后的思想。

　　这使我想到运用如 Nudist 这样的软件进行定性数据分析的做法。这种软件可以在研究主题和笔记或转录簿中的特定文字之间建立链接。然而,该方法也有一些严重的缺点。这非常耗费时间而且常常是一种置换活动,代替了主题产生或建立数据-理论间链接等高难度工作。该软件的有效使用仍然需要思想,因为主题的选择仍然是研究人员的责任。这个方法的另外一个缺点是,我自己的博士生们使用这个方法蔚然成风,由于需花费很大的力气来建立数据和研究主题间的链接,自己被"锁定"在那些以一种方式观察数据的主题上。

# 4  构建并证明贡献

假设实地调研已完成,数据已经过分析,理论也已经选取。此时,你应该与别人探讨你所做的工作,尽管在研究的整个过程中你早应这样做了。不过,博士学位论文、期刊文章、会议文章或书籍的撰写过程恰恰是将各项严谨的学术工作进行整合的过程。本节的重点是说明如何构建研究的贡献,如何书写以获得别人的认同。这么做的目标可能是为了获得博士学位,投中会议论文或期刊论文,或者实现难度更大的的目标——让别人引用你的研究成果。本节首先探讨用于评价已有研究工作的方法。

## 4.1  证明你所使用的方法是恰当的

近年来在信息系统解释性研究领域中的一个突出研究热点是,用适合的方法去证明某研究中所使用的方法论是得当的。例如,对于入选 *MIS Quarterly* 特刊的论文,其中一项要求是入选论文应明确阐述研究方法是否恰当的标准。Walsham 和 Sahay(1999)就是一篇被该特刊收录的文章,本文采用了 Golden-Biddle 和 Locke(1993)提出的三个判断标准:真实性(authenticity)、善辩性(plausibility)和批判性(criticality)来进行评判。真实性关注作者的文字表达能力,主要通过对实地状况的生动描述来体现。善辩性着重于文章的内容如何很好地联系读者的个人经验和专业经验。批判性关注文章内容以某种方式激发读者探究其理所当然的想法和信念。本文将通过例子来详细展示我们是如何实现这些目标的。

一个更全面的用来证明解释性实地研究方法得当的方法是由 Klein 和 Myers(1999)提出的七个评价标准。这些标准源于作者对人类学、现象学以及解释学的文献的研究。简言之,该标准揭示出研究人员是通过对研究的社会、历史背景和个人在研究中所扮演的角色进行批判性反思来表明其对解释性方法的运用;解释性方法是为了证实被试对某一现象具有多种理解,解释为何有时数据分析的结果与早先的理论存在矛盾,并将研究结果与理论进行联系,这一做法的目的是为了说明研究人员对偏见和失真问题是高度敏感的。Klein 和 Myers 评估了三篇解释性信息系统研究论文,来推敲它们是如何经受住这些标准的考验的。

我认为,所有的信息系统研究人员都应该采用 Klein 和 Myers 的标准,或 Golden-Biddle 和 Locke 的标准来衡量自己的工作。不过,我想对这些标准的使用提一个"忠告"。正如 Klein 和 Myers 自己所说的,一项研究可能符合所有的标准但却没有得出有趣的结论。对于研究人员而言,关键是不要为了获得某种结果而扰乱了研究过程。所以,仅仅说"我已经符合了所有的标准"是不够的,还应该说"我获得了有趣的发现"才算是充分的。现在我就来谈谈构建贡献的方法。

## 4.2 构建贡献

我常对学生说,他们的作品好像是为自己写的,换句话说,他们没有考虑到文章的潜在读者。在写作之初,我们通常不知道谁是文章的读者,但是我们至少可以构建文章的目标读者是某一类型的读者或读者群。其次,我们可以提出文章所使用的文献类型。再次,文章能够向读者和已有文献提供哪些新的内容?最后,其他人如何使用该研究成果?这些问题可能看起来非常简单和显而易见。但是,每年在我评审期刊论文和会议论文时,有相当多的文章都没有涉及以上这些问题中的任一个,而且绝大多数文章并没有认真讨论这些问题。

我将再次以 Klein 和 Myers(1999)的文章为例,但这次的目的不同,因为该文章以非常清晰的方式回答了以上所有问题。首先,论文的主要读者是信息系统领域中开展解释性研究的研究人员,他们想在自己的论文中使用该方法并在书写文章时论证运用解释性研究的方法是恰当的。其次,Klein 和 Myers 希望能有所贡献的是信息系统解释性研究领域,特别是方法论的处理上。在对人类学和哲学文献学习的基础上,他们提供了一套可以评价信息系统解释性研究方法论的评判标准,随后,他们通过在三篇文章中应用该标准证明了自己的观点。最后,针对其他学者对其文章的借鉴,Klein 和 Myers 说,"研究人员会发现,参照标准写出的文章在评审过程中会占有优势"。如果读者正是这样做的,Klein 和 Myers 的文章在未来几年内肯定会被大量引用。

上述问题为如何构建贡献提供了一个宽泛的框架,但还不够详细。正如前文提及的,在 Walsham(1995)讨论如何将解释性研究结果一般化,我曾讨论了构建贡献的一个方面。在后续研究中(Barret 和 Walsham,2004),我们采用上述观点来考察在论文中构建贡献的方法——考察作者构造文章的过程及文献引用,这在 Star 和 Ruhleder(1996)中有详细论述。例如,反思现有文献的不足并识别与现有文献的差异;为特定读者组织素材;强调读者想知道的有趣现象。我们希望这种观念对未来的作者会有所帮助,但我们认识到他们自己不进行实际的写作工作。现在我就来谈谈写作这个关键的话题。

## 4.3　写作

我在自己 1995 年的文章中(Walsham,1995)引述 Van Maanen(1989)的文章来提醒自己,写作是一种说服的艺术,它在某种程度上等同于修辞能力,并且与理论和方法密切相关。对于任何一个人来说,学习文法并不困难,困难的是形成一种有趣和可读的文风。不断地练习是达到这种境界的唯一途径。回应建设性的评论是一个很好的学习方式,例如,和善于写文章的人进行合作。如果你的母语不是英语,但必须写英语文章,你往往会需要额外的帮助。但是,不要以此作为差劲的写作能力的辩词。如果你可以通顺地用母语写作,并能用流利的英语发言,你就可以学好如何用英文写作。

限于篇幅,我不能在这里系统教导读者如何写得更好,但希望通过我自己的写作经验和在阅读其他学者文章的基础上,提供几点组织和撰写论文的建议。首先,我要讲的是文章的结构。举例来说,假设某人要与同事合作写一篇文章,我采用的做法是制定一个详细的大纲,包括章节和小节。预估每节的长度和措辞,旨在充分利用文章的空间和平衡各章节的比例。我在每个章节和小节处都简要罗列了主要内容,并说明章节之间是如何联系的。接着我与同事讨论大纲,经过反复推敲最终使双方达成一致。俗语说,计划赶不上变化,所以论文会在写作过程中不断演进。但是,这并不意味着可以不制定计划。即使是我一个人单独写作时,我都会写一个大纲。如果是写一篇毕业论文或者一本书,而不是一篇文章或者会议论文,一个良好的大纲是绝对必要的,而且图书出版商也经常会索要这个大纲。

现在我就来简要地评论一下期刊论文应该具备的要素。标题应精炼,并直指文章的贡献。看看那些被大量引用的文章的标题,例如 Orlikowski 所写的"CASE tools as organizational change：investigating incremental and radical change in systems development"。摘要应该概述整篇文章,不要写成跟引言一样。在摘要中应该说明为什么这个题目是重要的,你做了哪些工作,获得了哪些关键的结论。写摘要须在整篇文章动笔之前,这是一个很好的测试,能帮你明确自己是否知道文中说明了什么事情以及为什么。

在我看来,引言不应该很长。它说明了研究题目的重要性和如何安排章节来构建文章的贡献。要仔细地为文章余下的部分制定大纲。文献综述不应该仅仅是罗列你已经阅读过的文章,它应该是一个对研究领域结构化的审视,并突出为什么你需要写这篇文章。你可以谈谈那些你认为不好的文章,要有理有据,点到即止,并注意用词礼貌！就方法论部分而言,我在 1995 年的文章中(Walsham,1995)就指出,报告人类的软性因素不能成为应付差事的借口。我已经提供了方法论写作应该包含哪些内容的建议,但现在还想补充一点,那就是需要介绍研究人员自己的角色,你不可能仅仅因为文章中方法论部分的论证充分,就一定能够在高水平期刊上发表;相反,你肯定会因未能在方法论部分给予充分论证而被高水平期刊拒绝。

　　在数据处理和分析部分,试图使它连贯成一个有趣的故事呈现给读者。以案例研究为例,在进行细节分析前,提供一个概述往往是有帮助的。应该尽可能引述受访者的话,这些引述往往能生动鲜明地表达论点。不过,要确保此前你就介绍了研究的要点,而不是让这些引述"做你该做的工作"。表和图有时在总结关键的论点和模型时比文字更有效。最后,在讨论和总结部分,切记要更加专注于你所声称的贡献。它们如何增进该研究课题的知识?它们如何扩展现有的研究?研究的普适性怎样?注意最后要有一个令人鼓舞的结尾。

　　(因为出版页数限制,本章 72～79 页在所附光盘中)

# 第4章 信息系统中的行动研究[①]

## Ola Henfridsson

(Viktoria Institute and Halmstad University, Sweden)

## 1 引言

人们越来越多地认识到研究的最终目的应该是为社会服务,当前学术界关于信息系统学科研究相关性(如 Benbasat and Zmud, 1999；Dennis, 2001；Lyytinen, 1999)及学科身份(如 Benbasat and Zmud, 2003；Weber, 2003)的讨论就论证了这一点。其他文献也认同研究应该在社会中扮演这种角色(Gibbons, Limoges, Nowotny, Schwartzman, Scott 和 Trow, 1994)。事实上,人们一致认为,研究的目的不仅仅是为研究者自己服务,更重要的是能够为其他人服务。然而,当前的争论表明,并没有一个可以解决研究相关性问题的有效办法。

行动研究(action research)通常被描述为一种能够产生与实践相关知识的研究方法论(如 Baskerville and Myers, 2004；Kock, 2007),之所以这样描述,主要由于行动研究关注的是信息系统从业人员所面临的现实问题,并为这些问题提供解决方案。与其他以学术文献为出发点的研究方法不同,行动研究人员从感知到的实践问题中产生研究动力,而且为了确保研究议程的实践相关性,从业人员需要参与整个研究过程。

不过,行动研究人员将兴趣放在实践问题上并不代表他们不关心理论应用和理论贡献。和其他研究方法一样,行动研究人员也认为(见 Checkland and Holwell, 1998；McKay and Marshall, 2001)没有理论基础的研究不能被视为真正的研究(Sutton and Staw, 1995)。不仅如此,行动研究人员往往期望所得到的研究结果既能够有益于客户(client),又能够对理论发展有所贡献。因此,尽管行动研究以指导实践为首要目标,但其中仍然有理论发展的空间。试图服务于科学和实践(Lau and Kock, 2001)是行动研究的双重义务和目标(见 McKay and Marshall, 2001)。研究应该同时对理论的发展和现实问题的解决有所贡献,正如本章下文所述,这是一个既有价值又富有挑战的目标。

多年来,相关学科中有关行动研究的开创性工作为 IS 领域应用行动研究提供

---

① 本章由廖列法翻译,王刊良审校。

了灵感和理论依据。除了 Kurt Lewin(Lewin,1997)和部分来自 Tavistock 学院的学者的研究成果之外(例如 Curle,1949),一系列发表在 *Journal of Management Studies*(Hult and Lennung,1980)和 *Human Relations*(Foster,1972;Elden and Chisholm,1993;Rapoport,1970)等期刊上的学术论文也经常被 IS 研究引用。虽然这些文献还将继续出现在 IS 行动研究中,但我们有理由说,IS 学科正在形成一个相对独立的行动研究范式。事实上,最近出版的 *MIS Quarterly*(见 Baskerville and Myers,2004)和 *IT & People*(见 Lau and Kock,2001)特刊、相关书籍(Kock,2007),以及行动研究实施与评价标准(Checkland,1991;Davison et al.,2004;Lau,1999;Nielsen,2007)的出现都充分说明,行动研究已被 IS 学术界所接受。

本章将行动研究视为 IS 研究中一种有用的研究方法论在这里做一介绍。为此,本章简要概述行动研究的内容以及在 IS 研究中如何应用该方法。其目的并不是说行动研究是达到 IS 研究相关性目标的唯一途径,而是为了介绍一种有前景的研究方法论,它可以支持 IS 研究人员完成以影响社会为目标的、严谨的研究成果。

本章的结构如下:第 2 节介绍行动研究的概念及其关键特征,为此,本节将概述行动研究的本质、形式和评价标准,以使读者能够对行动研究的现状有所了解;第 3 节首先给出 IS 文献中应用行动研究的著名论文,然后概要说明行动研究未来的一些研究方向;本章最后部分的附录对与行动研究有关的关键概念进行总结,并提供一则简要的作者介绍,来说明是什么引导着我从事 IS 学术研究。

## 2  行动研究:本质、形式和标准

行动研究一个被广泛引用的定义为:"行动研究的目标是,在研究人员与从业人员相互接受的道德框架下,二者共同协作,来解决从业人员在即时问题环境(immediate problematic situation)中面临的现实问题,并发展社会科学理论(Rapoport,1970,p.499)(另一个有影响力的定义请参考 Hult and Lennung(1980)的著作)。"这个定义强调了在大部分行动研究形式中所包含的方法论核心元素,即行动研究应该能够实现知识生产和实际效用双重目标。在本节中,作者以其双重目标为中心简要概述行动研究的本质,并讨论运用于 IS 学科的各种行动研究形式及其评价标准。

### 2.1  本质

Rapoport(1970)的定义对即时性(immediateness)的强调表明,行动研究主要应用于存在问题的经验情境,这一点与其他形式的定性研究相似,如人种学研究(Myers,1999;Schultze,2000)和解释性案例研究(Klein and Myers,1999;Walsham,1995)。与解释性研究一样,行动研究是表意的(ideographic),因为它以即时情境为中心,并力图从中获取能为其他情境服务的知识(Checkland and Holwell,1998)。因此,行动研究人员将成为其所研究的社会情境的一部分,这意味着无法通过像实验情境中控制因变量的方法来实现此类研究(Susman and Evered,1978)。在从事行动研究的过程中,研究人员要选择一种被 Walsham (2006)描述为"亲密"(close)的参与方式,介入组织从业人员的日常问题并尝试改善这些问题。

实际上,研究人员在行动研究过程中是一个主动的参与者而不是一个被动的观察者,研究人员要与从业人员紧密协作,对即时问题情境进行有理论指导的改变(theory-informed change)。虽然在长期的定性研究中采取单纯的观察方法是可能的也是可行的,但采用行动研究意味着研究人员要通过协作和干预的方式来开发客户系统,而不仅仅是通过观察来研究现实情境(Susman and Evered,1978)。研究人员与从业人员协作是这类客户系统开发的核心,这需要双方齐心协力,一起来处理研究驱动(research-driven)和实践驱动(practice-driven)目标之间相互交织的问题(Mathiassen,2002)。当然,研究人员与从业人员在协作过程中会不可避免的产生一系列的道德挑战;Rapoport(1970)的定义中"相互接受的道德框架",强调了处理研究人员-从业人员协作过程中有关道德问题的重要性。正如 Rapoport 所述,在客户选取、被试者信息保密和研究人员参与程度等问题上都存在着道德困境问题。其中,客户选取困境是指,研究人员在决定其研究应该支持哪些客户时要进行多种考虑。例如,支持烟草企业赚更多的钱显然在以支持社区健康为目的的研究项目看来是不道德的(cf. Braa,Hanseth,Heywood,Mohammed,and Shaw,2007)。被试者信息保密困境是指,当行动研究人员在致力于行动研究干预活动前,他可能会面临企业管理者索求被试者信息(如访谈数据)等问题;当管理者是否同意在其组织中实施行动研究干预活动成为项目成功的关键时,如果没有管理者的支持,研究者难以进行有效的干预,从而阻碍了研究进度,但另一方面,如果泄露被试者有关敏感事件的保密信息将违反研究的实施原则。最后,由于一个行动研究人员会长时间呆在研究现场,他往往会将自己看成客户组织的一员,从而存在研究问题被现实压力推至幕后(pushed backstage)的风险(Baskerville and Wood-Harper,1996)。这种被实际议程所吸收的困境被称为行动研究中的研究人员参与困境。综上所述,在行动研究过程中显然存在着道德挑战。正如 Rapoport(1970)的定义中所强调的,在行动研究中必须建立一个能够处理各种形式道德困境的框架,这可以通过在项目开始的时候建立一个正式的研究者-客户协议(Davison,Martinsons,and Kock,2004)来实现,但这仍然需要研究者在行动研究的整个过程中不断关注可能出现的困境。

研究干预的首要目的不仅仅是为了解决问题和对实践有所贡献,它还注重知识视角以及如何从所研究的现象中获取知识。干预是一种获取知识的重要方法，如果不试图挑战组织现有的潜在规则，是不可能产生这种知识的，Chris Argyris 的工作（Argyris and Schön，1996；Argyris，Putnam，and McLain-Smith，1985）充分说明了这一点。这也反映了一种观点，即没有比尝试改变组织更好的方法来学习组织是如何运作的。行动研究中知识生产的这种观点和 Dewey，James，Mead 及 Peirce 等实用主义者相关。Baskerville and Myers（2004）指出了这种关联并概述了应用行动研究的必要前提，例如，他们论证了实用主义如何将理论原理与实践产出联系起来，并讨论了行动促进理性思考的方式。

如上所述，行动研究是一种通过研究人员-从业人员协作的方式、旨在产生理论知识和解决现实问题的研究方法论。行动研究利用实用主义的哲学观点，认为知识和行动是相互关联的，研究情境中的干预被看作是获得知识的一种方法，然后根据这些知识在后续实践中的可用性程度来评估其质量。

## 2.2　形式

Baskerville and Wood-Harper（1998）在 10 年前撰写了一篇有关信息系统行动研究多样性的著名论文，这标志着在 IS 学科中行动研究方法论的应用进入了一个更加成熟的阶段。在这篇论文中，作者认为在学术界存在着多种具有不同特定特征和本质的行动研究形式。自此，研究人员日益尝试将他们所应用的方法论置于与此框架相关的位置中，这种定位有益于实施更加系统化的、严谨的和明晰的行动研究。其中，严谨性是指一种能够使研究人员和期刊评审人对所实施的研究在可行性和稳健性方面进行评估的性质。

Baskerville and Wood-Harper（1998）的一个主要观点是行动研究（在当时）常常被错误地认为是一种单一的方法，而不是一种有明确定义的方法论，他们则认为行动研究应该被视为一种研究方法的流派。据此，Baskerville 和 Wood-Harper 根据研究的过程模型、结构、典型的参与方式和首要目标等特征将行动研究分成 9 种形式，分别为：规范行动研究（canonical action research，CAR）、信息系统原型（information systems prototyping）、软系统（soft systems）、行动科学（action science）、参与者观察（participant observation）、行动学习（action learning）、多视角（multiview）、ETHICS、临床实地工作（clinical field work）和过程咨询（process consultation）。Baskerville and Wood-Harper（1998）在展示这些不同形式的行动研究时，赞成采用一种综合性的定义（这种定义应该不仅仅包括那些被明确认为是行动研究的研究方法）。作者这样认为的内在原因是，他们感觉到在学术界存在这样一种趋势：在很多情况下，研究中的主动性因素表明研究人员更适合以行动研究作为研究框架，但他们却经常以案例研究作为最终的研究框架。作者推测，之所以存在这种情况是由于研究人员不能确定行动研究的适用标准，因此避免采用这种方法论。

10年后的今天，研究人员日益认识到他们的定性研究属于行动研究，因此这也是重新审视 Baskerville and Wood-Harper(1998)的早期分类并识别 IS 领域所使用的主要的行动研究形式的时候了。通过分析，我们发现在研究中出现了一些新的行动研究形式，如：协同实践研究（Collaborative Practice Research）(Mathiassen,2002)和对话式行动研究（Dialogical Action Research）(Martensson and Lee,2004)，而 Baskerville 和 Wood-Harper 分类中的某些行动研究形式则在目前的研究实践中扮演着相对次要的角色。根据本文的目的，我将详细说明三种行动研究形式及其实施方法，包括：规范行动研究（CAR），协同实践研究（CPR）和软系统方法论（SSM）。表1描述了这三种行动研究形式的主要文献来源、特性和相关的 IS 论文。

**表1  三种行动研究形式概述**

| 行动研究形式 | 文 献 来 源 | 特   性 | 论    文 |
|---|---|---|---|
| 规范行动研究 | Susman and Evered (1978)<br>Susman(1983)<br>Davison et al. （2004） | - 研究人员参与协作<br>- 周期性过程模型<br>- 以组织发展和科学知识为主要目标<br>- 严谨的结构 | Baskerville(1993)<br>Henfridsson and Lindgren (2005)<br>Kohli and Kettinger(2004)<br>Lindgren et al. （2004）<br>Olesen and Myers(1999)<br>Street and Meister(2004) |
| 协同实践研究 | Mathiassen(1998)<br>Mathiassen(2002) | - 研究人员参与协作<br>- 多元方法论<br>- 专门研究计划组合<br>- 专业实践 | Börjesson and Mathiassen (2005)<br>Iversen et al. (1999)<br>Iversen et al. (2004) |
| 软系统方法论 | Checkland(1981)<br>Checkland and Scholes (1990)<br>Checkland(1991)<br>Checkland and Holwell (1998) | - 研究人员参与协作<br>- 迭代过程模型<br>- 以组织发展和系统设计为首要目标<br>- 严谨的结构 | Hindle et al. (1995)<br>Rose(2000)<br>Rose(2002)<br>Venters(2004) |

到目前为止，CAR 方法是 IS 领域中应用最为普遍的行动研究，虽然是 Baskerville and Wood-Harper(1998)提出该名称，但这种研究形式的起源可以追溯到20世纪40年代以 Kurt Lewin(1997)为先驱的行动研究群体动力学流派（Group Dynamics stream）。CAR 也与 Susman and Evered（1978）发表在 *Administrative Science Quarterly* 上的论文紧密相关，之后在 Gareth Morgan 编

辑的 Beyond Method(Morgan,1983)一书中由 Susman(1983)撰写的章节扩展了该方法。最近,Davison et al.(2004)重新审视并概述了 CAR 方法的详细原则、实施及评价标准。大量的 IS 论文都采用了 CAR 方法,如 Baskerville(1993),Henfridsson and Lindgren(2005),Kohli and Kettinger(2004),Lindgren,Henfridsson and Schultze(2004),Olesen and Myers(1999)以及 Street and Meister(2004)等。

　　CAR 的特点包括:周期性过程模型、结构严谨、研究人员参与协作以及以组织发展和获得科学知识为主要目标(Baskerville and Wood-Harper,1998)。其中,周期性过程模型结合了 Susman(Susman,1983;Susman and Evered,1978)提出的行动研究周期,它包含五个不同的阶段,经历这五个阶段就完成了一次研究干预,以检验研究开始时提出的工作假说(working hypothesis)。研究人员将从一次行动研究周期中获得的学习成果看成是对研究问题的临时性理解,然后开展更多周期的研究来对这些成果进一步加以完善。行动研究周期描述了研究人员要在与客户协作的情况下循环反复地完成这些阶段。这五个阶段具体包括:诊断、行动计划、行动实施、评估和详述所获得的知识(Susman,1983)。诊断是指研究人员与从业人员通过合作来识别当前面临的问题及其潜在的原因。这个阶段通过采用多种不同形式的数据收集方法,获得用于分析问题的基础信息,并最终提出工作假说,以便为后续研究提供指导。行动计划是指制定能够改善问题情境的行动。行动计划的制定要取决于实际问题,同时还要以可用于工作假说的理论框架为基础。行动实施是指按照行动计划执行研究干预。在这一阶段,研究人员在理论框架的指导下,通过在实际社会情境中实施行动来检验理论模型。干预有多种形式,在应用 CAR 方法的 IS 研究中,出现的干预形式有:采用流程图进行系统分析,战略规划,需求确定(Street and Meister,2004),增进某一特定信息系统,简化实施流程(Kohli and Kettinger,2004),或者是基于原型的(prototype-based)行动(Lindgren et al.,2004)。评估是指研究人员和从业人员为评价工作假说而采取的联合评估行动。评估的内容包括:工作假说与实际结果的一致性;对实际结果是由研究行动所产生的确信程度;从工作假说和实际结果的偏差中可以学到的经验教训(Susman,1983)。最后,详述所获得知识是总结行动研究周期学习成果的过程,特别地,这个阶段需要考虑行动研究项目的各个部分,如数据来源和行动执行等。这个阶段应该专注于形成两种不同类型的知识成果:对增进某一特定研究领域的现有理论有贡献作用的知识,以及有益于解决从业人员所面临的实际问题的知识。在理想状态下,这两种类型的知识紧密相关,但也要注意,在运用从行动研究项目中获得的知识时需要做相应调整以适合特定情境需要。

　　近来另一种引起广泛注意的行动研究形式是协同实践研究(CPR)

(Mathiassen,2002)。CPR 是 Aalborg 大学(丹麦)计算机科学系信息系统小组的研究成果,该方法的带头人是 Lars Mathiassen,其他知名的学者还包括 Ivan Aaen,Jakob Iversen 和 Peter Axel Nielsen 等。虽然是由 Mathiassen 于 2002 年将该方法命名为 CPR(Mathiassen,2002),但其研究议程的发展得益于已编入书籍(见 Mathiassen,Pries-Heje and Ngwenyama,2002)和发表于期刊的众多行动研究成果(见 Iversen,Mathiassen and Nielsen,2004)。CPR 的理论基础有很多。首先,Aalborg 大学的研究人员接受了由 Kristen Nygaard 领导的北欧地区行动研究的训练。作为面向对象程序设计的发明人,Nygaard 可能是行动研究领域以其深入投入和领导才能享誉客户的最为出名的学者。对客户重要性的强调也是 CPR 的一个主要特征。另外,CPR 还吸收了 Donald Schön(1983)的反思实践者(reflective practitioner)理论和 Checkland 的软系统实践经验(Mathiassen,1998,2002)。关于 SSM,值得一提的是,Peter Axel Nielsen,一位在 Lancaster 大学(Nielsen,1990)Checkland 团队的工作中获得博士学位(Nielsen,2007)的 CPR 学者,在提到 Checkland 对 CPR 影响时指出(2007,pp.355-356):"Lancaster 大学的行动研究对研究实践具有深远影响,在该研究之后我们才可以清晰探求并解释我们做了什么和为什么我们的发现是有研究贡献的。"在 IS 研究中,有许多应用 CPR 的例子,如 Börjesson and Mathiassen(2005),Iversen,Nielsen and Nørbjerg(1999)以及 Iversen et al.(2004)。

　　CPR 的特点包括:研究人员参与协作、多元方法论、专门研究计划组合(portfolio of focused research projects),以及以专业实践为中心(Iversen et al.,2004)。正如其名称一样,CPR 将研究过程中研究人员与从业人员的协作视为其重要组成部分,虽然这对于行动研究而言似乎寻常,但 CPR 还包含了一个如何组织这类大型协作的模型(Mathiassen,2002),该模型描述了全体人员(研究人员、从业人员和学生)讨论会、研究人员讨论会、地区性研究小组和全国性研究网络之间的关系。在这点上,CPR 是当代行动研究中为数不多的能为管理各利益相关者之间的复杂关系提供支持的行动研究方法(参见 Braa,Monteiro and Sahay,2004)。CPR 的另一个特征是在项目开始时不应该试图确定一个单一的研究方法,而是要认识到研究人员-从业人员协作需要采用多种研究方法来匹配活动的多样性。以实践的需求和多方法途径为基础(Mingers,2001),CPR 方法主张使用多种研究方法来平衡学术和实践两方面的学习(Germonprez and Mathiassen,2004)。第三,CPR 将整个研究项目视为某些专门研究计划的组合,从而有利于研究、实践学习和教育之间的融合。例如,CPR 方法在实施"丹麦 SPI 项目"过程中初步形成,这是一个为期三年的大型研究项目,该项目的成员来自三所大学(Aalborg University,Copenhagen Business School and Technical University,Denmark)和四家公司(Danske Data,Brüel & Kjær,Ericsson Denmark and Systematic Software Engineering),其目的是为了改进软件流程。显然,SPI 项目是一个非常全面的研究项目,很难模仿。正如 Mathiassen(2002)指出的那样,似乎没有研究机构能够为研究人员开展这样全面的研究项目提供必需的环境。然而,Mathiassen 强调,还没有具体的理由说明为什么在较小的研究项目中不能采纳 CPR 方法(例如,Börjesson and Mathiassen,2005;Fredriksen and Mathiassen,2005)。最后,与北欧地区行动研究的传统及其系统开发实践的特征相对应,CPR 方法依赖于专业实践的观点,强调从业人员如何在行动中思考和反思(Mathiassen,1998,2002;Schön,1983)。也许"反思实践者"方法的引入能够最好地反映 CPR 对协作和相互学习的关注。

很少人怀疑 SSM 是对我们学科影响最大的行动研究方法(虽然主要是在欧洲地区应用该方法)。研究人员认为该方法和 Lancaster 大学 Peter Checkland 的工作关系密切,例如,Baskerville 和 Wood-Harper(1996)指出:"(Checkland,1981)在系统开发中广泛应用行动研究方法是 IS 研究技术发展过程中的一个里程碑。"(p.237)事实上,Checkland 有关 SSM 及其实施方法的著作(Checkland 1981;Checkland and Scholes,1990)已经成为 IS 研究人员应用行动研究的基础。即使 SSM 自身是在长期的行动研究过程中才形成的,这种方法论现在也已经被明确视为行动研究的指导框架,如 Checkland and Holwell(1998b,p.156)指出:"行动研究的本质是需要保证其研究结论具有坚实的基础,而不仅仅是讲故事。这就要求我们提前声明一个如何表达研究结论的知识框架。我们已经力图将 SSM 作为这种框架。"同样,Checkland 还在很多论文中直接论述了行动研究(Checkland,1991;Checkland and Holwell,1998a)。在 IS 文献中,有很多结合行动研究和 SSM 的例子可供参考,如 Hindle et al. (1995),Rose(2000,2002)以及 Venters(2004)。

SSM 的特征包括:迭代过程模型、灵活的结构、便利的研究人员参与、以组织发展和系统设计为首要目标(Baskerville and Wood-Harper,1998)。特别是在模式 2 中使用(对于"模式 2"的描述请参阅 Checkland and Scholes,1990;Checkland and Holwell,1998),SSM 本质上反映了一个迭代过程模型。即使采用顺序方式描述特定的阶段(表达、相关系统的根定义、构建和测试概念模型、概念模型与现实的比较、实施灵活而期望的变化)(Checkland,1981),行动研究人员将 SSM 方法论应用于定义不良的问题时,需要规避、调整和迭代使用所推荐的阶段模型。正如 Checkland and Holwell(1998b,p.162)所述:"在使用 SSM 方法的过程中,研究人员需要对此方法加以调整,以使其能够同时适应研究所处情境和研究人员自身心智模式的要求。"然而,这并不意味着该方法没有固定的结构,毕竟 SSM 方法是一种结构清晰的、有坚实哲学和技术基础(如根定义和 CATWOEs)的方法论。与

CAR 一样,SSM 可以被看作当前最结构化的行动研究方法。

根据以上讨论,我们简要描述了三种重要的行动研究形式(CAR,CPR,SSM),其中,CAR 是使用最为广泛的行动研究形式,SSM 对该领域的影响历史悠久但影响力日趋降低。CPR 是最近出现的一种新的行动研究形式,能够支持包含多个行动者和客户的较为全面的研究项目,其他出现在 Baskerville and Wood-Harper's(1998)综述以后的研究方法还包括对话式行动研究(dialogical action research)(Mörtensson and Lee,2004)和"行动网络"方法(network of action)(Braa et al.,2004)。

## 2.3  标准

设计科学(Hevner,March,Park,and Ram,2004)、解释性现场研究(Klein and Myers,1999)、定性访谈(Myers and Newman,2007)等不同类型的 IS 研究都提出了研究实施与评估的原则。目前,评估原则趋向明确化,这表明标准在博士生委员会、审稿人、期刊编辑和其他人评估研究时具有重要作用,同时也便于在计划和实施研究项目过程中使用特定的方法论。

多年来,一些学者力图建立一个实施和评价行动研究的标准(Checkland,1991;Chisholm and Elden,1993;Davison et al.,2004;Jhonsson,1991;Lau,1999;Nielsen,2007),其中最著名的包括 Peter Checkland(Checkland,1991;Checkland and Holwell,1998a),Francis Lau(Lau,1999),Robert Davison,Maris Martinsons and Ned Kock(Davison et al.,2004)等提出的标准。虽然 Lau(1999)的论文可以看成是第一个尝试全面明确阐述各类行动研究评估标准的研究,但 Davison et al.(2004)的论文却可以被视为影响最大的研究。2004 年之后发表的行动研究论文大部分都引用了该文献,结合 Nielsen(2007)提出的 CPR 评估标准框架,表 2 总结了四种行动研究评估框架。

详细论述各个行动研究评价框架超出了本章的范围,在此,我们希望通过分析 Lau(1999)提出的一般框架,并将该框架与最近形成的 CAR(Davison et al.,2004)和 CPR(Nielsen,2007)评价标准相关联,以使读者能够对行动研究的评价框架有一个初步认识。Lau(1999)将行动研究分为四个维度,为了将不同形式的行动研究统一到一个评价框架中,他以相关标准来作为某一特定形式行动研究的概念性基础维度(四个行动研究维度中的一个维度)。其他三个维度是:研究设计、研究过程和角色期望。概念性基础维度涉及理论框架、研究假说、研究目标和所使用的行动研究形式。此维度所包含的标准力图获知研究选用何种行动研究形式,研究目

**表 2　行动研究的不同评估标准**

| 文 献 来 源 | 行动研究形式 | 主 要 标 准 |
|---|---|---|
| Checkland(1991)<br>Checkland and Holwell(1998) | SSM | - 现实世界问题<br>- 研究人员/被试者角色<br>- 框架和方法论<br>- 改变以改进<br>- 早期阶段的重新思考<br>- 退出<br>- 吸取教训 |
| Davison et al. (2004) | CAR | - 研究者-客户协议<br>- 循环过程模型<br>- 理论<br>- 通过行动来改变<br>- 反思中学习 |
| Lau(1999) | Unifying | - 概念的基础<br>- 研究设计<br>- 研究过程<br>- 角色期望 |
| Nielsen(2007) | CPR | - 角色<br>- 文档<br>- 控制<br>- 可用性<br>- 框架<br>- 可转移性 |

标在多大程度上是可信的和实际的,采用何种认识论立场,以及在研究开始或进行过程中,能在多大程度上定义一个清晰的框架。Lau(1999)的第二个维度是研究设计,这个维度关注研究的方法论细节。除了诸如数据来源和分析方法等常规方法论内容之外,该标准还包括研究情境的背景信息、有意的改变和干预、研究场所和参与的形式、参与者、研究的持续时间、退出点和呈现风格。研究过程是 Lau(1999)所提框架的第三个维度,它着重关注行动研究的实施顺序标准。此维度所提供的标准使行动研究和其他定性研究方法相区别,其内容包括:现实问题的定义、清晰确定的干预方式、反思式学习、反复的程度和对理论的贡献。最后,角色期望维度评价研究人员-从业人员之间的关系。除了与各个角色相关的标准之外,这个维度还包括与能力开发和道德困境有关的标准(Rapoport,1970)。

　　总的来说,Lau(1999)尝试建立一个通用的、能应用于各种行动研究形式的统一评价框架。客观地说,这个框架的提出是有一定价值的,它激励了新评价框架的出现。然而,试图涵盖所有形式的行动研究也显出其固有的缺陷。该框架确实界定了大部分行动研究形式的重要方面,但由于其仅反映了与研究相关的相对宽泛的问题,而非提供直接的建议,所以难以采用此框架对特定的行动研究形式进行评估。在 Davison(2004)等提出的 CAR 评估原则及其相关标准中,大量问题被表述为"是"或"否"。从表面上看,这点和 Lau 的框架具有相同的基本原理,然而,Davison 所提评估框架中的问题是针对特定行动研究形式的,在适用性方面与 Lau 的具有本质区别。将长长的 CAR 标准应用于受文字数量限制的期刊和会议论文中并不多见,不过在实践中该标准往往被直接拿来使用。一个严格应用 Davison 标准的例子是 Lindgren et al. (2004)的研究,在该研究中评估内容占了整篇论文 38 页中的 7 页,这种类型的评估真正说明了研究的严谨程度。然而,在追求研究严谨性的同时,我们必须谨慎地确保对方法论的坚持不至于成为真实事件调查的绊脚石。

Nielsen(2007)在评论现有的评价标准时指出,这些标准主要适合于评价已经完成的研究,很多评估问题只有在项目完成之后才能被明确地表达和采用。Nielsen(2007)根据行动研究的实用主义原则以及他对此研究流派的广泛经验指出,现有的标准没能支持实际研究过程的动态性特征。随着研究人员与从业人员在研究过程中的不断交互,项目目标往往会被重新确定,因此在项目不同阶段的决策过程中有必要不断反思评价标准。考虑到 Lau 的评价标准,Nielsen 指出:"这些标准由于仅从行动与研究内在关系的静态角度考虑,因此其使用受到了限制。"(p.360)他强调,最近所提出的 CPR 标准的目的在于:"与行动研究的设计(在开始阶段进行)、实施过程以及研究结束时的评价都相关。"(p.361)虽然 CPR 标准与其他标准存在大量的重叠(标准包括角色、文档、控制、可用性、框架和可转移性),但 Nielsen(2007)通过该标准为我们展示了如何在项目开始的第一天就应用评价标准。

## 3　行动研究:实例、多样性和未来方向

上一节介绍了关于行动研究的一些已有的形式和评价标准。本节主要通过分析 IS 领域的一些行动研究实例来对此方法做进一步解释,以便使研究人员对如何实施行动研究有更加细致的了解。同时,本节也将列举一些有益的研究文献,为那些有意开展行动研究并发表相关论文的研究人员提供帮助。此外,作者还通过这些研究实例,较为详细地列出了行动研究的一些核心元素的性质,如干预及其与理论和实践贡献的关系。

## 3.1  实例

有很多研究项目可以被界定为行动研究,但是在这一节所作的简短综述中,我们没有将所有这些研究项目都加以考虑,其中一个就是关于多角度系统开发方法论的研究(Avison and Wood-Harper,1990),另外一个著名的行动研究是 Davison 与香港警方合作开展的一项研究(见 Davison,2001;Davison and Vogel,2000)。行动研究中的软系统流派也有大量的相关研究(如 Rose,2002;Venters,2004),同时 Enid Mumford 所做的一些研究也有一定的影响(见 Mumford,1995)。不过,在考虑用于本章的研究实例时,作者选取了近年来所进行的较新的一些研究,以便对 IS 领域中以行动研究为基础的实证研究的现状做一个大体的描述。

我们在前面提到过,Iversen et al.(2004)应用协同实践研究(CPR)方法(Mathiassen,2002),描述了在丹麦 SPI 项目中进行的一个子研究计划,该子计划是通过与一家大规模的丹麦银行的信息技术部门合作而开展的。Iversen et al.(2004)结合 SPI 和软件风险管理领域相关文献,做出了两个方面的主要贡献:SPI 风险管理的方法论和元方法论(meta-methodology)。在这个 17 个月长的子计划实施过程中,研究人员与分布于 4 个 SPI 小组的从业人员合作,共同建立和评估风险管理方法,最终获得上述研究成果。这 4 个 SPI 小组分别负责着度量、项目管理、配置管理和质量控制 4 个方面。由于 CPR 并没有提供一个具体的过程模型,这项子计划的研究团队提出了一种能够适应于他们所面临的具体情况的研究过程(基于"关键启发"(key inspirations):Checkland,1991;McKay and Marshall,2001;Susman and Evered,1978)。整个过程包括三个阶段:发起、迭代以及结束。一共要进行四个迭代过程,在每个迭代过程中得到的经验教训都可以在下一个迭代过程中被吸收。当该子计划研究团队说服高管层应该将所收集到的测量数据在整个组织中公布时,研究人员便认为这种风险管理方法已达到一个稳定的形式,不需要行动研究人员进行更多的干预。在该子研究计划结束之后,主要的工作就变为总结经验教训,并形成软件风险管理研究论文。

接下来提到的是一个非常著名的,并仍在进行当中的行动研究的例子,叫做保健信息系统项目(HISP)。该项目是一项大规模的行动研究,涉及来自于不同研究领域的众多学者,其中,信息系统领域的一些重要人物包括 Oslo 大学的 Jørn Braa 和 Sandeep Sahay 等。除了学者之外,HISP 项目还包括许多其他从业人员,例如软件开发人员、培训人员和管理人员。不同背景成员的融合对于实施这个全面的研究项目是十分必要的。HISP 项目致力于发展中国家的保健信息系统的开发和普及。为了提高贫困地区公共卫生医疗服务的供给和管理水平,HISP 项目制订了相应的研究计划。HISP 项目最早开始于南非地区,现在已经覆盖到中国、古巴、埃塞俄比亚、印度、马拉维、蒙古、尼日利亚、莫桑比克、坦桑尼亚等国家和地区（Braa et al.,2004）。这个行动研究项目的结果便是大量研究文章的发表，包括期刊文章（Braa et al.2007；Braa and Hedberg,2002）、会议文章（特别需要提到的是 IFIP 关于"发展中国家计算机的社会意义"的国际会议）以及博士论文等，其中在 IS 领域最为著名的是发表于 *MIS Quarterly* 的两篇论文（Braa et al.,2004；Braa et al.,2007）。利用北欧地区行动研究的观点（Elden and Chisholm,1993），结合行动者网络理论（actor-network theory）（Callon,1991；Latour,1986），Braa et al.（2004）把应用于 HISP 项目中的行动研究视为一种"行动网络"（networks of action）方法。为了强调可持续性和可测度性，该文作者特别指出了行动研究中的一个核心问题，那就是"许多行动研究都没有在较长时间内持续下去"（p.337）。为了保证持续性，他们认为一个很重要的方面就是把行动研究人员的工作看作彼此相互依赖的，其共同目标在于通过每个人的能力形成一个持续性的行动网络。由于整个研究计划需要大量不同的活动来把研究、教育和大规模干预联系起来，HISP 采用了行动研究中的 CPR 方法。不同于小规模的研究（通常只涉及单个的研究者，例如Martensson and Lee,2004），HISP 项目需要实施大规模的工作，其所采取的 CPR和行动网络的研究方法都依赖于大量的资金支持和众多人员的参与。在这点上，作为行动网络方法应用的一个例子，HISP 项目的实施涉及遍及全球的众多国家或地区，且这些国家或地区相互间联系松散，所以这无疑是一项相当复杂、全面的工作。

　　"竞争性知识密集型企业"项目是应用规范行动研究（CAR）方法开展的一项较新的课题（Davison et al.,2004；Susman and Evered,1978），以瑞典 Viktoria 学院的 Rikard Lindgren 作为项目主持人，主要的研究成果见于 Lindgren et al.（2004），但一些中间成果发表在 Lindgren et al.（2003）和 Lindgren and Henfridsson（2002）等文献中。这个项目为期 30 个月，其目的是为能力管理系统（CMS）开发并测试设计原则。整个项目的实施分为两个行动研究周期，并与 6 家企业合作完成。在第一个行动研究周期中，研究者举办了一系列出来自于这 6 家企业的工作人员参加的研讨会，最终的结果就是界定了研究问题，即能力数据不准确且不完全。研究人员利用基于信息技术的能力管理方法来分析用户体验，以便能利用以前的方法来描述所界定的问题。基于分析结果，研究人员提出了两种设计原则来指导这 6 家企业的能力管理系统的配置和实施，然后通过实地调查来对这些干预行动的效果进行评估。评估结果显示，行动研究小组企图通过在所提设计原则指导下实施CMS 来提高数据质量的方法并不有效。第一个行动研究周期中获得的结果令人失望，在这个结果基础上，研究人员实施了第二个行动研究周期，对当前能力管理系统中存在的问题进行更深层次的追踪研究，这个周期的研究主要在 6 家企业中的两家(Guide 和 Volvo IT)进行。结合所获得的深度研究结果和 Lawler and Ledford(1992)的基于技能的能力理论,Lindgren et al.(2004)把第二个阶段的行动研究周期的工作假说具体表述为:"基于技能的 CMS 比基于工作的 CMS 更为有效"。在这个工作假说的指导下,Lindgren et al.(2004)提出了两种系统原型,包含了如下系统设计原则:透明性、实时性、兴趣综合、灵活报告等。对 Guide 和 Volvo IT 两家公司的评估显示,对这些原型及其包含的设计原则的应用同时得到了预料之中的和预料之外的结果。由于提出的假设只有部分得到支持,项目小组再次对设计原则进行了修正。在这两个行动研究周期的基础上,该项目最终做出了重要的研究贡献,即形成了关于能力的集成模型,并提出了 CMS 的设计原则。

采用规范行动研究方法把理论元素应用到相关实际问题中的另一个典型例子是 Kohli and Kettinger(2004)的研究。Kohli and Kettinger 从信息化视角(Zuboff,1988),并结合代理理论(Ouchi,1980),与一所大型医院的管理人员合作实施了一项医生信息系统(PPS),其目的是为了更好地控制因为医生的原因而产生的运营成本和服务质量问题。由于医生是一个具有相当大自主权的专业人士群体,相对于一般的管理者-工作人员的关系,医院对这个工作群体的管理控制程度要稍弱一些。Kohli and Kettinger 认识到已有的控制理论无法解释管理者控制力较弱时的情况,于是设计了一个为期 10 年的项目。该项目由两个周期的干预行动构成,包括了 Susman(1983)提到的行动研究周期的所有步骤。在第一个周期中,研究人员引进了一套决策支持系统(DSS)用于提高医生工作的透明度。提高工作透明度的目标实现之后,所实施的干预行动并没有达到预想的结果:医生行为的改善。造成这种失败结果的原因是,医生在早期就认识到,即使他们不改善自身的行为,也不会受到来自管理层的处罚。于是,在第一个行动研究周期获得的教训的基础上,Kohli and Kettinger 开始了第二个行动研究周期,尝试把信息化的概念(Zuboff,1988)拓展到整个医生群体(Ouchi,1980)。把医生理解为一个关系紧密的群体,然后实施相应的措施,就可以形成一个更加成熟的成本控制方法。这种方法建立在一种协同性控制的策略基础之上,其中成员间的压力是此协同性控制的核心元素。Kohli and Kettinger(2004,p.378)把这种"群体信息化"的方法定义为:"一种管理干预方式。在该干预过程中,缺少控制力的管理者通过正规渠道间接传递已被医生群体认可的行为绩效信息,然后以此作为催化剂激发协同性控制流程的实施,促使医生群体的行为向标准化模式转变,最终与管理者的要求取得一致。"对此方法进行评估时,需要指定一个不属于该组织范围的医生作为信息传递者,并指定一个新系统(PPS)作为面向同行的(peer-oriented)监控系统。对第二个行动研究周期的评估表明,医生的行为发生了改善,而且医院的财务收益也有了提高,因此干预行动是成功的。正如前面所提到的,该项研究的主要理论贡献在于把信息化的概念拓展到整个医生群体所在的情境中。

(因为出版页数限制,本章 94～105 页在所附光盘中)

# 第5章 基于符号学的信息系统开发方法[①]

刘科成[1]，杜晖[2]，孙莉[3]

(1. 英国雷丁大学信息科学研究中心；2. 北京交通大学经济管理学院

3. 英国雷丁大学系统工程学院)

## 1 引言

信息处理已经成为在一个国家经济发展中发挥主要作用的基础产业（Machlup，1980）。Porat(1977)基于对不同来源资料的分析指出：在诸如美国和西欧这样的发达国家，大概有50%，甚至更多的劳动力在从事信息处理工作。然而，大量的调查显示：尽管公司为信息技术编制了大笔预算，在信息系统开发项目上花费了大量金钱，但是，高投入并没有带来高回报。Strassmann(1990)认为，在信息技术上的高投入并不能保证商务的高性能和利润的高增长。在企业中，商务利润和计算机投入之间并不存在一般会计基础上的必然联系。对许多企业的调查也证明：很多花费大量成本开发的信息系统并不能满足用户需求，或者在使用它们之前必须对它们进行修改。造成这种现象发生的一个主要原因是：不正确的用户需求导致了不正确的系统分析和设计。

在信息处理和信息系统中，社会、文化，以及组织因素比技术因素发挥的决定性作用要大。Franke(1987)认为：只有当计算机处在正确的政策、战略、结果监测方法、项目控制、有潜力和有责任的人、合理的关系，以及良好设计的信息系统中时，才能真正体现它的价值，否则，它就值在一次拍卖中的价格。这些信息系统通常由组织基础设施、商务流程以及技术系统组成。一个组织，如果它的机构设计不合理，文化不完备，那么，它不但不能实现拥有的信息越多对管理质量的改善越有利的目的。相反，大量的无关信息还会对组织的管理质量造成负面影响(Ackoff，1967)。

在信息系统的开发过程中还存在着其他两个问题(Liu，2000)：一个是从启动系统开发到完成系统开发之间需要很长时间。许多系统的开发在完成之前通常都要经历一个相当长的时间。因此，出现了这样一种风险，即在系统开发过程中，用户很可能希望改变在启动系统开发时所确定的需求。如果选择的开发方法不支持

---

① 本章由陈向军翻译、审校。

系统开发过程中的需求改变,那么,经历长时间开发的系统将很难满足用户的当前需求。系统实际开发过程中所遇到的另一个问题与系统分析,特别是分析文档有关。由于分析文档通常被作为系统开发后续阶段,比如系统设计的形式化基础,因此,作为系统实际拥有者的商务用户并没有被认为是分析文档的服务对象。结果,由系统开发人员所发明并使用的人工语言通常被用来撰写分析文档。这对于系统拥有者来说,理解起来是非常困难的。

人们已经在信息系统开发方法上进行了大量研究。许多研究中也提到了一些问题。其中的一个问题是:大多数的商用信息系统开发方法倾向于忽视社会和组织因素。正如在 Galliers(1987)的前言中所指出的:"即使是在 1973 年 Stamper 出版了他的第一本著作后的今天,也很少有人认为对信息的研究,以及需要从与技术系统相对立的社会视角来研究信息系统开发方法仍然是重要的。"在上述相同原因的激励下,许多学者已经在提出可行的,能够同时处理社会和技术系统的信息系统开发理论和方法方面进行了研究(Mumford & Weir, 1979; Checkland, 1981; Lyytine & Lehtinen, 1986; Stowell, 1995)。

信息系统开发方法 MEASUR(抽取、分析和说明用户需求的方法)来源于由 Ronald Stamper 在 19 世纪 70 年代领导的一个研究项目。项目的主要目的是研究和提出一套能够被研究人员以及商务用户用来理解、开发、管理以及使用信息系统的方法。项目从 19 世纪 70 年代持续到 80 年代。正如在 Stamper(1993)中所叙述的:MESURE 是这样一些词的首字母缩写:方法、方式、模型……目的是探索、抽取、评价……描述、分析、评估……以及组织、说明、启发……用户需求。MEASUR 拒绝了信息系统开发领域多数实践者持有的信息系统是表达客观现实,并与客观现实交互的设备的观点。相反,MEASUR 建立在世界是社会的和主观的假设基础上。在信息系统开发过程中,特别是在需求分析和表达时,开发人员的注意力应是整个组织,而不仅仅是那些将被技术系统自动化的商务操作。分析的焦点应当是由社会的、文化的、制度的、经济的,以及其他种类的规范所控制的参与者(比如,智能体)及其行为。因此,表达用户需求的一种有效方式应当是根据社会规范描述智能体及其行为模式。

在这一章里,我们将介绍一种最初由 MEASUR 研究小组提出,基于符号学的信息系统开发方法。这个研究小组现在已经发展成为一个在世界上许多国家拥有研究人员的研究社团。并且,MEASUR 方法也已经被广泛地应用在许多的研究和实际问题中。

这一章的内容结构如下:第 2 节概要介绍了符号学基本原理,包括符号及其功能,指号过程,符号学框架,以及符号学框架的一个实际应用——电子警局的战略分析。第 3 节对 MEASUR 方法进行了概述。首先分别概要介绍了 MEASUR 方法中的三种重要方法;然后,回答了"在信息系统开发中如何使用 MEASUR"的问题。第 4 节重点介绍了 MEASUR 方法中三个重要方法中的一个方法——语义分析方法。首先给出了语义分析方法中使用的一些基本概念;然后,介绍了一种用于表达语义分析结果的图形——本体图;最后,逐个介绍了语义分析方法中所包含的四个主要阶段,并给出了相应的案例分析。第 5 节重点介绍了 MEASUR 方法中的另一个重要方法——规范分析方法。首先给出了规范的概念;然后,讨论了商务组织中的规范;最后,逐个介绍了规范分析方法中的四个步骤,相应案例,以及规范说明实例。第 6 节介绍了符号学在信息系统开发方法中的演进。第 7 节对本章进行了总结。

# 2 符号学基本原理

术语"符号学"来自希腊术语"征兆"。逻辑学家,同时在数学、天文学、化学、物理、地质和气象等科学领域都有很深造诣的学者 Charles Sanders Peirce(1839—1914)建立了符号学,并把它定义为"有关符号的形式化学科"。几乎同时,Ferdinand de Saussure(1857—1913)建立了欧洲学派的符号学——记号语言学。记号语言学研究"符号的组成及其控制规范"(Hawkes,1977,p. 123),侧重于社会心理学和一般心理学研究。符号学则覆盖了从符号的产生、处理,直到使用的整个生命周期,侧重于符号产生的作用研究。尽管在一些文献中,符号学和符号语言学之间有时并没有明显的区分,但是,在这一章中,符号学将是我们研究的主题。

根据 Peirce 的最初定义,符号学包括 3 个明显区别的研究领域:语法、语义和语用(Lyons,1977)。另一位对符号学做出重要贡献的学者 Morris(1938)主要从行为角度对符号学进行了研究,并使其成为更为人们所熟悉的符号科学。根据 Morris 的观点,语用研究的是在产生符号的行为过程中符号的产生,使用及其作用。语义研究的是在所有意味中的符号含义。语法研究的是在不考虑符号的特定含义或符号与产生符号的行为之间相互关系的情况下的符号组合。基于以上符号学框架,Stamper 在 1973 年又提出了符号学的其他三个研究领域:物理、经验和社会,使符号学更加贴近对商务组织以及信息系统的相关研究。

## 2.1 符号及其功能

符号是符号学的核心概念。符号是在某些方面或某种能力上能够让某人联系到其他事物的某个事物。每个符号都涉及一个"指示物",它是符号的物质形式。一个"所指物",它是指示物所指向的对象、行为、事件或者概念。另外,还总是涉及到某人,称之为解释者。对于解释者来说,含义是有意义的。下面是一个用来解释上述概念的例子(Liu,2000):

- 符号:写下来的单词"house"或者是一个房子的图画;

- 所指物：分类"house"；
- 解释者：任何阅读和解释符号（单词和图画）的人（解释者内部状态的变化被称为解释项）。

指示物与所指物的关系并不是一成不变的，根据背景，文化以及语言不同，它们之间的关系很可能会发生变化。比如单词"slim"，尽管在英语和德语中的拼写相同，但是，它在德语中的含义是切肉刀，而在英语中的含义则是薄的、细的。

Peirce 定义了三类符号：图标、索引和记号。图标是类似所指物的符号。图标符号主要通过相似性以及形态来指示对象。图标符号也可以是口头的，它通过对单词的拟声实现。图标符号的例子包括：图像、图形、地图、肖像、照片以及代数图标等。索引符号本质上可以通过某种方式与所指对象建立联系。一个索引符号通常具有指导性，并且通过转喻进行指示。比如烟可以指示火、温度计的读数、敲门声、足迹，以及胃部疼痛。作为第三种符号的记号，它与所指对象之间的关系通常是任意的或者是纯粹符合习俗的。它根据根植于社会或者文化传统中的规范来进行指示，比如：交通信号灯的三种颜色。以上介绍的三种符号并不是绝对分开的，一个复杂的符号很可能是三种符号的一种组合。

除非完全出于个人使用目的，人类创造和使用符号的最终目的就是为了交流。为了能够正确地使用符号，理解符号与其所指物（比如指示物）之间的关系是非常必要的。规范在其中发挥了重要作用。在定义符号与指示物之间的关系，以及控制符号的使用方式上，规范可以达到与规则同样的形式化程度。比如：用于确定名词单复数的英语语法。从实践中人们还可能学到许多非形式化规范，比如：在电视节目中，放大一些踢足球的动作并缓慢播放的语义（是强调还是失误），在一个浪漫电影中突然开始播放音乐的语义。习俗代表了符号的社会维，它是使用者合理使用符号，并对符号做出适当反应的协议。当产生和使用符号时，使用者必须理解和遵守社会和文化规范。否则，符号就只能是私有的，对人们的交流不会产生任何作用。

## 2.2　指号过程

符号学的另一个核心概念是由 Morris 引入的指号过程。指号过程是一个涉及某物对于某有机体是一个符号的理解过程。在 Nauta(1972)中将指号过程描述为一种通过媒介进行思考的符号过程。媒介是符号的表达方式；思考是解释者；思考的对象是所指物。上述三个元素发生在每一个符号过程或者指号过程中。符号的表达方式是被有机体（比如解释者）作为符号的某事物。作为符号，符号的表达方式被定义为诸如声音或标记的特定事件或对象。因此，符号的表达方式对于有机体来说是一种特殊刺激。在作为符号的时候，符号的表达方式指向某事物或所指对象。符号的表达方式对解释者的态度同样会有影响；这种解释者内部状态的变化被称为解释项。

图1描述了指号过程中的基本概念及其相互关系。指号过程是一个符号解释过程。在这一过程中，知识主体赋予事件或现实以含义。根据三种普遍分类，指号过程是一个普遍知识过程。其中，第一项表现（可以是任意的数量，事物或者思想）在被应用到第二项的过程中充当表达或者符号。在上述过程中，通过含义解释第三项的解释，第二项是一个对象或者现实（Kolkman，1993）。解释项这个概念比解释更加丰富和宽广。它还包括行为和感觉。

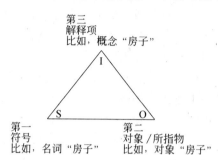

**图1　作为符号学行为的指号过程**

指号过程具有以下四个特点：首先，它是普遍的，适用于任何类型的符号处理行为，解释了所有的符号产生及其使用机制。其次，指号过程是一个能够根据特定标准或规范识别任何现有事物的过程。并且，表示过程还可以是递归的，被称为指号过程转换。换句话说，在另一个符号处理过程中，正如解释项和对象可以被看作是符号一样，符号也可以被看作是对象。这引出了指号过程的第三个特点，即对当前任何不存在事物的识别成为可能。最后，指号过程是主体依赖的。它与可以是具有一定知识或者遵守一定规范的个人、小组或者社会团体的解释者具有密切联系。依赖于解释者的视角及其所拥有的知识和能力，指号过程在对象表达上通常是部分的，而在解释上则通常是主观的。

图2（Liu & Tan，2006）描述了信息系统开发生命周期中的指号过程转换。图中的缩写"S"代表符号或者第一项，缩写"O"代表对象或者第二项，缩写"I"代表解释者或者第三项。在"$O_1$"中包含着用户需求。解释者"$I_1$"分析并解释"$O_1$"从而生成非形式化的，说明诸如开发一个会计信息系统或者将公司财务信息系统整合为在线银行服务的需求说明。这些顶层的非技术需求被抽取并被表达为"$S_1$"。然后，符号"$S_1$"将被作为"$O_2$"中的对象。作为解释者的系统分析员，"$I_2$"将对"$O_2$"中的对象进行分析从而得到形式化的说明集合"$S_2$"，这个集合将包括使用程序员容易理解的形式或语言为拟建信息系统所确定的用户定义初始需求以及业务流程需求等。其次，符号"$S_2$"将被作为"$O_3$"中的对象。按照顺序，这时，作为解释者的程序员"$I_3$"将对"$O_3$"中的对象进行分析从而得到程序代码形式的说明"$S_3$"。接着，符号"$S_3$"将被作为"$O_4$"中的对象。这时，作为解释者的系统开发者"$I_4$"将对"$O_4$"中的对象进行分析从而得到拟建信息系统形式的说明"$S_4$"。最后，符号"$S_4$"将被

作为"$O_5$"中的对象。这时,作为解释者的用户"$I_5$"将对"$O_5$"中的对象进行分析从而得到新的需求"$S_5$"。

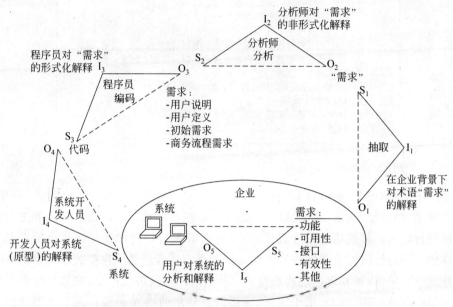

**图 2　信息系统开发生命周期中的指号过程转换**

## 2.3　符号学框架

传统上,符号学被划分为语法、语义和语用三部分。它们分别被用来处理符号的结构、含义和使用。Stamper(1973)为符号学增加了三项新的内容。作为处在信号和标记层,涉及符号物理方面的独立分支,物理已经被加入到符号学的分类中,并被主要用于控制在商务环境下日益重要的符号的经济性因素。作为符号学的另一个分支,经验也被加入到符号学分类中,用于研究在使用不同物理媒介和设备时符号的统计属性。在分类的另一端,Stamper 还加入了社会层。符号在人类社会生活中的作用是这一层研究的对象。所有上述符号学分支组成了如图 3 所示的符号学框架。

在符号学框架中,顶层的三个层次涉及符号的使用,包括:在传递含义和目的时符号如何发挥作用,使用符号的社会效果是什么。底层三个层次的研究将回答诸如符号在语言中是如何被组织和使用,以及符号具有怎样的物理属性的问题。

### 2.3.1　物理

以物理形式存在的符号是一种现象。这种符号既可以是运动的"信号",也可

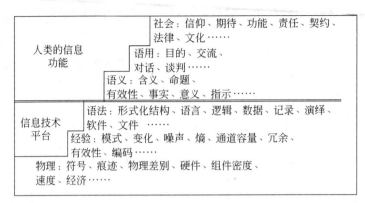

**图 3   符号学框架**

以是静止的"标记"。根据符号类型,符号的物理属性包括形状、尺寸、对比、强度、运动速度、加速度、响度、来源,以及目的等。这些物理属性可以通过物理和工程的方法进行研究。其他诸如符号载体,信号所携带和消耗的能量等问题也可以通过同样的方法进行研究。获知符号物理属性与通信及信息系统直接关系的目的在于设计用于存储、传播和表达的物理设备。从物理的角度进行考察,在数据库中存在着大量可以被存储、移动,用于输入、输出以及显示的物理记号。为了能够让信息系统在物理层正确地发挥作用,适当的内存和磁盘存储设备,以及个人计算机和工作站间的电缆连接都是必需的。

术语"信息"有很多种不同使用。比如,当谈论具有几兆容量的数据库时,在物理层,信息仅仅意味着一些记号。在实际应用中,我们还可能会讨论到诸如闪光这样的信号,这时,信息意味着诸如电影屏幕上透明部分的标记。处在物理层的信息系统模型描述了可以作为各种物理组件输入或输出的物理记号(信号或者标记)的可用范围,它们之间的因果关系,以及能量和物质需求。比如,在信息系统开发过程中,为了获得所需要的通信和存储设备容量,我们建模不同结点的物理位置及其通信连接,以及单位时间内所产生的信息量和存储量。

### 2.3.2   经验

作为符号学的一个分支,经验研究的是符号的统计属性,其研究对象是一组信号或标记。研究的问题包括:编码的作用、熵的测量、最佳的信号传输,以及通道容量等。在经验层,信息可以被看作是从一个节点传送到另一个节点的信号流,而不关心其含义。比如,使用二进制编码在两个结点间进行通信,将得到如下编码:

a=00001

b=00011

```
c=00101
d=00110
```

在这个通信中,发送端要进行编码,接收端要进行解码。编码和解码的目的是为了能够在通过有噪声通道时获得接近通道最大容量同时又具有较高准确性的最佳传送。通常,这样的通信过程需要一些措施,包括:传送前形成消息结构,发送描述结构的消息,在接收端处理结构消息等。为了从通道中获得更多的有效消息,需要更多的详细检查,需要传送和储存更大块的信号,需要适用于更复杂的过程。为了有效地编码和传输,应该使用数量最少的结构信号对信息进行编码。

### 2.3.3 语法

语法是组织简单符号形成复杂符号的规则。信息可以通过一定的结构进行编码。根据规则,一些基本的符号、单词、数学表达式,或者句子可以形成更加复杂的符号、单词、数学表达式,或者句子。对形式化语言而言,只要涉及语法、终结符(或词汇表)就是符号结构的基础。形成和解析形式化表达式的规则将被用来衡量单独公式或者符号系统的复杂性。当公式能够以两种或者两种以上的方式产生或解析时,就产生了语法领域的另一种符号学现象——语法含糊。 个公式或者表达式通常都携带 段信息。在语法层,可以通过使用转换规则研究信息的含义。如果任何一套公式都能够从另一套公式中演绎出来(互相解释),那么这两套公式就具有相同含义。如果一套公式可以从另一套公式中演绎出来,那么,前一套公式的含义就被包括在后一套公式的含义中。

组织基本符号的规则称为语法。自然语言语法告诉了我们如何组织语法正确的句子但却没有告诉我们如何表达语义。无论如何,为了精确地表达自己,遵守语法都是基本前提。

### 2.3.4 语义

符号的语义通常被认为是符号与其所指物之间的关系:符号指向所指对象。语义就是符号的所指含义。在对语义的上述定义中,必须存在一个"现实",在这个现实中,符号可以对应到现实中的对象。比如,符号"桌子"代表了具有多条腿和一个平面属性的一种对象。对于符号与现实间的界限非常清楚,并且已经对诸如对象属性等具有共同认识的简单问题进行了回答,这种处理语义的方法是合理的。在这种情况下,语义就成了实现单词与现实之间转换的函数。

但是,在大多数的社会事件中,事情却并不是这样的,在那里不存在统一并且唯一的现实。共同的认识永远都不存在。虽然人们努力地进行着分类想达到共同认识。但是,一旦达成共识,接着就会出现疑问、批评或者修改。虽然使用符号或语言可以理清思想,但是,也同样可以改变或者构建世界。在这方面,将语义看作是符号与行为之间的一种关系更为合适。符号具有自己的行为——符号行为,符号就产生在这个行为中(Morris,1946)。符号的含义是与特定社会环境下符号所引起的反应相关的。它意味着任何和所有的符号处理阶段(作为一个符号,解释项,指向指示对象的事实),同时也经常意味着精神和评价过程(Morris,1946)。这就是被 Stamper 称为的行为语义。在这种情况下,语义是使用符号的结果,并且通过符号的使用,语义被生成,并被不断地测试和修改。

在使用语言的语义层上,语义充当了符号与实际事物之间的可操作连接。人们在通信中使用符号或者语言。为了能够相互理解,在一个语言社会中,一定存在着被建立和共享的控制符号使用的规范。这些规范管理着人们使用符号,形成语句的行为。正是由于遵循规范使用,符号被同一个语言社会中的成员所接受和理解,因此,期望的效果才可能在听者那里得到实现。使用符号的最终目的是对听者产生作用,并进一步改变实际事务的状态,除此之外,目的和社会的作用也被包含在语句中。在这种情况下,它们被隐藏在语句中,并成为这个语句的扩展方面。语句最先反映的是处于语义层,并被包含在命题中的句子含义。虽然可以对语句的正确性、含义,以及与商务的联系进行检查。但是,只有在考虑了说出语句的实际背景的情况下才能真正地理解语义。一个单词,或者一个语句可能毫无意义。Searle(1979)认为:"一个语句的字面含义是独立于任何背景的(p. 117)。"人们可以想象建立这样的字面含义是多么困难。Winograd and Flores(1987)使用下面的例子说明,即使是为了限制看似简单的术语"水"的字面使用而建立背景独立的基础都是不可能的。

A:冰箱里有水吗?

B:有。

A:在哪儿?我怎么看不见。

B:在茄子的细胞里。

Andersen(1990)给出的汽车修理车间的例子也说明,为了理解单词,短语和语句片段的含义,背景信息通常是不可缺少的。语义总是依赖于使用语句的过程,依赖于智能体的行为。

### 2.3.5　语用

当符号具有语义时,它可以被有意识地用于某种目的,比如通信。在这种有目的使用符号的情况下,语用成为涉及符号与智能体行为间关系的一个符号学分支。在一个社团中,存在着一般知识和共享假设。这些基本假设充当了通信的最小基础。但是,个人经验、价值和期望的不同可能带来理解上的困难。只要在理解上存在问题,人们就不得不回到最小基础,在那里,人们扩展他们的共同知识并达成新的一致。Dik(1989)将个人拥有的知识和经验称之为"语用信息"。

两个人之间的语言通信过程可以建模如下:说话者和听话者都有自己的语用信息基础。说话者的语用信息基础使他可以发出带有期望听话者不但能够理解语义同时又能理解目的的声音。比如,说话者说"我饿了",听话者用他的语用信息解释这个语句,理解到说话者实际上是在说:"现在是吃饭时间了,我们去自助餐厅吧"。如果对话双方来自相同的文化社区,他们就会拥有大量共享的语用信息。在这种情况下,他们就可以互相假设对方的语用信息。知道对方的语用信息能够缩短对话的路线,提高对话效率。另外,对于对方语用信息的不正确假设将把对话领入歧途。因此,在对话之前,说话者知道他与听话者之间共享的假设是非常重要的。Dik(1989)认为,说话者应该以共享信息作为出发点推进到可能的非共享信息,目的是让非共享信息被添加,或者取代听话者的信息。共享以及非共享的语用信息主要是由文化差异决定的。

除了共享知识,通信的发生背景对于语用效果也是很重要的。下面这些元素可能被考虑在背景中:说话者、听话者、目的、意图、主题、时间、地点,以及诸如目的、欲望、信仰等说话者和听话者的心理状态。正如在 Searle and Vanderveken(1985)中所指出的那样:说话者和听话者的相对地位也是背景中的一个重要方面。比如,假设说话者和听话者之间有以下两种不同的相对地位:在第一种情况下,说话者相对于听话者处于领导地位,在第二种情况下,说话者和听话者地位平等。说出的同样句子"离开房间"会产生不同的语用效果。在前一种情况下,这样的句子可能是一种命令,然而,在后一种情况下,它却可能是一种请求。当说话者通过发出语言行为开始对话的时候,他带有一定的目的。比如,下面的一些单词,不管是动词还是其他词性都能够表达目的:"报告"、"通知"、"宣布"、"声明"、"建议"、"提出"、"要求"、"命令"、"允许"、"同意"、"询问"、"推想"、"假定"、"假设",以及"道歉"等。当说话者在他的说话中使用了上述单词的时候,人们就可以知道说话者的目的是想报告他的发现还是想要什么东西。但在实际的对话中,即使不使用上述单词,说话者也能够表达目的。在这种情况下,通过形式化的建模来分析目的是困难的。然而,对于听话者来说,通过非形式化方法中的直觉使用语用信息也能够捕获说话者的目的。

对话的目的通过说话者建立起来,并且与说话者的目的相联系。说话者可以通过一系列的语言行为达到清楚描述或被隐藏的目的。比如,如果说话者向听话者建议某事,他说话的目的很可能并不是简单的建议,而是劝说听话者参与到他的行为中。这样的目的在对话的开始很难被发现,但是,随着对话的深入,目的就会变得越来越清晰。在整个对话过程中,听话者对于目的的感知会不断发生变化。

在这个例子中,在对话的开始,听话者可能仅仅将其理解为"建议",但是,当他一旦改变了对说话者目的的感知,他就会将"建议"解释为"劝告"。采用形式化方法对通信目的建模是困难的。但是,通过研究处于社会层的社会和文化规范,我们就能够理解它们的潜在机制。

### 2.3.6 社会

当对话发生在两个或者多个人之间时就会在社会层引起变化。一次对话可以被看作是一系列的语言行为。它开始于通过语言表达目的的说话者。只要语言行为被传递给听话者,通常责任也就被施加给了听话者。不管谈话的内容是什么,听话者都必须做出响应。比如,如果一个人对一个小组的同事说了句:"早上好",那么,根据社会规范,小组同事中的每个人都会立刻产生一种应该对他的问候做出响应的责任。如果其中的某一个人没有这么做,那么他就会感到非常不安。在社会环境下,规范或者社会规则控制着人们的行为。通信必须服从一定模式。任何有悖于标准规范的行为都是不希望被看到的,它会被要求道歉或者被认为是不可接受的。比如,一个邀请可以有"感谢但并不接受"以及"接受"两种结果。责任将会在说话者与听话者之间同时建立。只要发出了邀请,说话者就必须为招待客人做好准备。如果听话者接受了邀请,被邀请者事实上就对邀请者做出了他将完成责任的承诺,比如,按时参加聚会或宴会。在特定环境下对语言行为的解释产生了社会效果。

### 2.3.7 符号学分析的简单例子

在战略层,符号学能够指导人们理解组织如何能够像信息系统一样工作。在操作层,它还能够帮助人们分析如何使一个诸如电话交谈这样的简单通信过程取得成功。这里,一个简单的电话交谈的例子将被用来说明在通信中,一个简单的语义分析是如何被执行从而诊断出可能存在的问题的(Liu,2000)。

一个成功的电话交谈是由六个符号学层次中的因素所决定的:

- 在物理层,电话必须由通过电话服务提供者的电话线连接在一起。
- 在经验层,声音信号被转换成电信号(或者光信号),并在两个电话之间进行传递。

上述两个层次是由电话公司提供的技术基础设施,它们通常并不被用户所关心。

- 在语法层,电话交谈中的两个人必须遵守同样的语法规则,比如,说同一种语言。
- 在语义层,单词、技术和非技术术语,以及在谈话中所说到的事物必须同时被两个人所理解。谈话中的句子和内容必须对双方都有意义。

- 在语用层,将涉及打电话者的目的,即谈话的表面还隐藏着"沉默"消息。比如,如果 A 给 B 打电话,并且说:"虽然我对你的产品感兴趣,但就是有点贵。"A 的目的实际上是在问 B 是否能够降点价。

- 在社会层,社会义务和责任通常可以通过对话产生或消除。接着上面的例子,如果 B 回答:"如果你购买十台或者超过十台的个人电脑,你将得到10％的折扣。"这时,如果 A 真地购买了十台或者超过十台的个人电脑,那么 B 就有义务提供 10％的折扣。

从发起者的角度进行考察,只有当发起者的消息能够被接收者所理解,目的能够被接收者所领会,发起者的社会目的才能够被达到,这时,一个通信才能够被认为是成功的。

（因为出版页数限制,本章 118～154 页在所附光盘中）

# 第 6 章　欧洲信息系统博士的多样化培养方案[①]

**Edgar A. Whitley**[1]，**Sandra Sieber**[2]，**Cristina Cáliz**[2]，**Mary Darking**[1]，
**Chiara Frigerio**[3]，**Edoardo Jacucc**[4]，**Anna Nöteberg**[5]，**Michael Rill**[6]

（1. London School of Economics and Political Science；2. IESE，Barcelona；
3. Università Cattolica del Sacro Cuore，Milan；4. University of Oslo；
5. University of Amsterdam；6. University of Regensburg）

　　**摘　要**　文中的内容以 2003 年 ECIS 会议中一个小组座谈会为基础。该座谈会的目的是在信息系统协会范围内探讨博士培养方案在实施中的差异化程度。会议中列举了德国、挪威、意大利、英国、西班牙和荷兰这 6 个欧洲国家的调查结果。与会者从入学、资金、论文类型、考核形式、就业前景等方面提出了博士培养方案的一些本质问题。虽然这些国家在博士培养上有某些共同的模式，但是差异也十分明显。本文结尾讨论了这一现象对全球信息系统领域的影响。

　　**关键词**　博士研究，欧洲，差异性，全球化

## 1　绪论

　　这篇论文是在 2003 年 6 月那不勒斯举行的第 11 届 ECIS 会议中的一个成功的座谈会的基础上完成的。通过让与会者提供更为详尽的信息，以及加入了一名未能到会的成员的相关信息，该论文拓展了原来的口头发言。论文中还涵盖了与会者针对观众提出的一些问题的回答。

　　原座谈会的目的如下：

　　众所周知，博士培养模式存在差异性，特别是在欧洲，不同国家的博士培养模

---

　　① The original article appeared in European Journal of Information Systems，16（1），20—35，2007，titled "Vive les differences? Developing a profile of European information systems research as a basis for international comparisons" by Galliers，R. D. and Whitley，E. A.（Publisher：Palgrave Macmillan）. It is reproduced with permission of Palgrave Macmillan in the current book，MIS（Management Information Systems）Research：Current Research Issues and Future Development as edited by Drs. Wayne Wei Huang and Kanliang Wang，by Tsinghua University Press. 本章由蔡付龄翻译，廖猍武审校。

式是不一样的。这次座谈的目的是从博士生的视角出发,探索欧洲博士培养模式的多样性。因此,参加该座谈会的有许多刚毕业或将要毕业的博士生,他们将对旨在突出其培养经历的异同点的一系列问题做出回答。

组织这次会议的目的是凸显各国培养模式中差异性的一面,即使许多欧洲国家存在相似性。以前座谈会的经验表明(Whitley, et al. 2000),尽管在培养模式中存在多样性是可以预期的,但具体环节上的差异仍令人吃惊。

从另一个层面看,培养模式的差异是建立在相似的基础之上的,例如,博士生遵守写会议论文的规则、对评阅人的意见进行回复等对其发表专论或博士论文都是有好处的。

因此对信息系统学术界来说,本文在三个层次上对信息系统领域有所帮助:

(1)提供了信息系统协会博士培养模式的相关信息。本文具有广泛的指导意义,并有可能找到最佳培养模式的范例。这篇论文对在国际市场上进行招聘的人员也是有用处的,他们可能是博士工会成员或是需要在国际范围内考核论文。

(2)提供了针对考察范围内的国家和机构的培养模式的异同点的综合分析。

(3)针对信息系统(IS)研究的全球特征,提出了更宽泛的问题:本文的议题对IS理论和实践有什么影响? IS刊物的选编模式是否应主动适应不同的博士培养模式?

## 2　文章结构

在下面的章节,首先提供了与会者的自我介绍及其博士学习情况的介绍,然后,分别给出博士生对下面七个问题的回答:

- 博士培养的时间规划模式是怎样的? 博士生如何被资助? 每年有多少学生加入博士项目?
- 博士生读博期间是否需要从事教学?
- 博士生在读博期间是否需要发表文章?
- 博士生自己选择课题,还是导师分配课题?
- 博士阶段的工作量如何?
- 博士毕业后会有什么样的职业机会?
- 博士考核的形式是怎样的?

接下来,显示了这些博士生对自己经历的代表性的评价。为研读方便,各问题的答案根据国家依次列出,而非根据学生姓名次序排列。本文在罗列每个博士生的回答的同时,对回答中产生的重要问题作了简要讨论。

最后,本文讨论了这些数据对 IS 研究领域的一些启示。

# 3　介绍与会人员

（1）德国

Michael Rill：我是雷根斯堡大学信息系统专业的一名博士生。我获得了雷根斯堡大学的学位证书。我的博士课题是银行业的服务导向结构。论文的终稿将于 2006 年以专题的形式提交。

（2）挪威

Edoardo Jacucci：我正在奥斯陆大学的信息学院进行博士阶段的学习。我在意大利米兰获得了信息系统工程专业的理学硕士。我博士培养的课题是"健康管理部门的信息基础设施标准及其标准化过程的研究"。我的研究是基于对挪威和南非原始地区的两个医院的案例分析。我刚开始四年博士学制中的第三年。最终的论文将是五篇文章的合集形式。我已经向国际会议递交了前三篇文章以供评审。我计划在 2005 年完成博士学习。

（3）意大利

Chiara Frigerio：我 1999 年毕业于天主教米兰大学的工商管理专业,当时的毕业论文研究了医院 ERP 系统,之后还提出继续研究这一领域的申请。2003 年我在米兰的天主教圣心大学(Università Cattolica del Sacro Cuore in Milan)讨论了我的博士论题。我参加了在罗马 LUISS 大学信息系统专业的为期三年的博士培养(罗马是意大利提供信息系统博士培养的唯一的一所大学,并且它和天主教大学是盟校)。我博士论文的主题是研究银行业中信息系统和组织设计的关系。我结合了信息系统和管理的相关文献,用以理解和研究实证主义观点和"解释主义"观点的联系。我在论文上投入了极大精力以求发表。

（4）英国

Mary Darking：我即将结束在伦敦大学经济与政治科学系的博士阶段第三年的学习。我现在正在写关于两所英国大学学习技术接轨的毕设论文。我希望在几个星期内提交我的论文。

（5）西班牙

Cristina Cáliz：我来自庞培法布拉大学(Universitat Pompeu Fabra)的经济系。现在,我正处于在纳瓦拉大学 IESE 商学院的博士学习的最后阶段。我现在正在写关于信息系统的毕设论文,论文主题是电子化学习。我的研究目的是对高层管理教育课程中采用新型信息技术的效率与效果提出一些建议,并提供了高管教育课程设计中关键因素的概念模型,以实现传统的面对面教育方式和电子化教育方式的结合。

(6)荷兰

Anna Nöteberg：我的专业背景是传媒研究。我在阿姆斯特丹大学商学院念博士,目前我即将完成毕业论文——"电子传媒对审计顾客调查中信念修正的影响"。这是我博士阶段的第四年,我希望能在 2004 年春季毕业。

# 4   博士培养的时间规划模式如何？博士生如何获得资助？每年有多少学生攻读博士学位？

(1)德国

博士培养平均需要 4 年时间。但由于与学校就业协议相互独立,博士培养没有固定的时间限制。2 年毕业和 10 年毕业的极端情况都出现过。通常情况下,博士生先被聘为教授的研究助理,然后再开始进行博士研究。他们的研究助理任务有可能是基于他们从事的研究项目,也有可能独立于他们的研究项目。因为不存在具有固定课程的明晰的博士培养方案,德国院校没有固定的博士生报到日期。教授在各时间段内有 5~7 个在读博士生。当学生取得学位离校后,教授会招新以弥补空缺。

(2)挪威

尽管按规定博士培养为 3 年,但学生如果获得信息学院资助一般需要 4 年毕业。实际也可能需要更长的时间。

读博与被资助相对独立。由理学院(信息学是其中的一个分支)决定是否接受申请者进入为期 3 年的博士培养。学生的经费可能来自挪威研究所(3 年合同)、私人赞助者(3 年合同)或信息学院(4 年合同和 25% 的教学要求)。我们目前有 14 个信息系统博士生。平均每年招收 2~3 个博士生。最近几年的招新情况统计如下：2003 年 3 名,2002 年 2 名,2001 年 1 名,2000 年 5 名,其中 2000 年的高招收量是由于随国际合作项目的开展,学院招入了来自莫桑比克和印度的博士生。

(3)意大利

在意大利,信息系统专业的博士学习需要 3 年。为能参加博士培养,学生必须参加一项面向所有获学士学位的学生的全国考试。考试包括笔试和口试。由考试委员会决定博士生的导师分配。意大利每年向信息系统博士生提供 6~8 个名额的奖学金。学生来自 4 个大学的联盟(罗马的 LUISS、米兰的天主教大学、罗马的智慧大学(Università La Sapienza in Rome)和巴里大学(Università di Bari))。其中有一小部分博士生(一般每年不超过 1~2 个)由私人资助。

（4）英国

正式规定中博士培养的时间是 3 年（全日制）。如果学生获得研究所或其他资助群体的资助时（很少发生），3 年后资助自动停止。但实际情况与所规定的 3 年培养模式是存在很大差距的。我们院博士生完成项目的平均时间是 4 年。在我们院的 55 个信息系统博士生中有 17 个已经学了超过 3 年，有一些读了 10 年也没有毕业。从学生的角度出发，考虑到还没有完成学位的学生人数，实际情况是 3 年毕业是不现实的。今年，与历年情况相同，有 12 名学生进入我们院读博。

（5）西班牙

博士培养最少 3 年，最多 5 年。学生通常是通过自己的资金、奖学金和银行贷款这些方式相结合来支持他们的博士学习的。申请者必须拥有西班牙大学的学位或同等学历。在西班牙完成学业的学生还必须有大学文凭和由一所西班牙大学颁发的工程或建筑师资格证。全部的申请者必须参加 GMAT，如果母语非英语的学生还要参加托福考试。管理学博士的招生委员会根据全部申请资料和面试情况审核申请者。

申请者不会因为资金原因被淘汰。学生补助金会根据学生的需要和能力由 IESE 通过奖学金的形式颁发，其颁发的具体领域是由 IESE 指定的优先研究领域。从有志在管理领域进行博士研究的学生中，IESE 选择 8 个出类拔萃的申请者提供全额奖学金。这些资助每年都可能根据学生在博士阶段的学术记录而变化。获得 IESE 的奖学金意味着从博士第二年开始成为研究助理。一般而言，每年会颁发 8 个全额奖学金。

（6）荷兰

在荷兰，信息系统的博士培养一般为 4 年，这意味着基金一旦获得就会持续 4 年。学生要么被聘用为研究助理，要么获得生活津贴。4 年学制延长的概率很小但也有可能发生，这取决于学校的财政状况。尽管许多信息系统学院招收的是全日制博士生，但一些情况下学生在完成论文期间，会兼职作讲师。不同的学校、院系和导师间，每年招生人数有很大差距。例如，我们商学院每年招收 1～3 个博士，但一般最多有 1 个是信息系统方向的。

**评论**

这些回答表明，博士培养规定时间一般是 3 年。当然，这个过程可能被延长，特别是当学生通过研究助理、助教获得经费时。有的国家，特别是英国，在努力尝试缩短项目时间，并提高博士毕业率（例如，在英国，国家拨款部门可能会因为学生无法在相当于 4 年的全日制学习时间中顺利毕业而处罚学校）。这个政策表明，博士学位逐渐被看成是持业证书的等价物；是实践管理项目而非开放式探索阶段。

## 5  希望学生在博士阶段从事教学吗？

（1）德国

博士生应该在每个学期至少协助一门课程。有时候，博士生的工作合同与学校的教学地位密切相关。教授通常亲自授课，博士生以准备课程和开展课后指导的形式对教学进行协助。如果教授休假则通常由博士生上课。

（2）挪威

在挪威，这个问题的回答取决于是谁资助学生。如果博士生由学院资助（4 年合同），学院会期望学生用 25％的时间从事教学和相关工作。而对其他学生，并不要求从事教学。

（3）意大利

在意大利，资助条例表明博士生不准在研究阶段从事教学。偶尔，教授也会让他的学生替他们上课，但这是非常规的事情并且需要提前经过人事部门同意。然而，博士生经常通过在一些课程上帮助他们的导师及其学生的方式进行教学协助。

（4）英国

博士生被强烈鼓励在博士期间从事教学。作为一个覆盖全部机构的实施办法，会有专门的政策和手续支持雇用研究生。这些政策是为了保证学生不被利用和维持学术标准而制定的。博士生获得的间接的教学经验来自他们接受的关于如何授课，如何布置作业，以及如何回答学生在课堂和去办公室提出的问题的正规和非正规的培训。学生普遍被聘任为临时教师或助教。临时教师的课程中的学生可达 15 人。助教参与授课并负责一个研究课题或项目的行政管理。临时老师和助教都不能发表演讲。学校强制要求学生一周的授课量不能超过 15 小时。对想从事学术工作但没有额外时间完成博士学位的学生来说，授课也像出版论文一样，是一种非常有益的经历。

在博士阶段的后两三年，博士生在学校会更加频繁地接触网上学习技术。在这些情况下，博士生当临时老师的同时也需要负责将教学素材放入涉及这些技术的网上学习环境中去。

（5）西班牙

尽管博士生有一部分由 IESE 资助，但是他们和 IESE 没有雇佣关系，也不表明 IESE 将来会聘用这些获得奖学金的学生。由于 IESE 只提供由具有博士学位的教授才可以讲授的研究生课程，因此在校博士生不能讲授任何的 IESE 课程。然而，他们可以当助教。博士生被鼓励在完成其在特定领域的考试后能在其他的学校授课。

（6）荷兰

被聘为讲师的博士生会花费比进行研究更多的时间从事教学。然而，对于研究助理，其重点是研究。学生被普遍希望能够一周讲授大约一天的课。

**评论**

这个问题表明在实践中存在分歧。想成为学者的博士生（而不仅仅是从事研究或商务职业）被期望授课；但是，在他们如何完成授课任务方面，不同国家存在相当大的差异。英国是最规整的，它为学生承担教学任务提供清楚的培训。相反，挪威仅仅为其直接资助的学生提供这种机会，而其他国家似乎期望博士生能够在完成他们的论文后奇迹般地成为熟练的教师。

# 6　期望学生在博士阶段发表文章吗？

（1）德国

这个问题没有官方规定，但是大部分教授希望他们的博士生在第一年就开始发表文章。

（2）挪威

一篇博士论文通常是由已发表的 5～6 篇文章和大约 100 多页的一个"kappa"（序文）组成。这些文章最好是发表在同行评议（peer-reviewed）的国际期刊上。但通常若有一篇文章发表在 IRIS 上也是可以接受的。除这些要求外，论文一般还要求用英语完成。

写一篇专论也是可以的，但已经不常用了。专论通常用英语完成。

（3）意大利

没有明确规定博士生要发表文章或论文，但希望学生能写一篇关于一个具体课题的专论作为论文。然而，学生需要每年写一篇关于他们活动的报告，并且他们的活动会受到专门委员会的评定。学生若有文章出版对评定是有积极作用的。

（4）英国

学院没有明确地规定或期望学生在博士期间能在期刊学报上发表文章。发表文章对考核没有影响。发表刊物对进入学术界的重要性是无可厚非的，但这是一个在信息系统领域并不总能正确对待的衡量指标。

（5）西班牙

这并没有官方要求，但是每个学生都被鼓励在博士的第二阶段发表文章。最后的论文可以是一篇专论或是一些文章的合集。鼓励那些想以文章合集作为论文的学生将每一篇文章在完成后尽早发表。那些选择写专论的学生也被鼓励将专论发表出去,但是这是在论文完成之后。

(6) 荷兰

没有要求博士生发表文章但是鼓励他们发表。在博士阶段结束时,论文会以一本书的形式出版。这本书不会删除已经在刊物上发表的部分。

**评论**

这个问题揭示出了各个国家实践中最大的不同和某些方面的相似。最明显的区别是发表文章对博士毕业的影响。对像挪威一样的国家,博士论文一般是一些出版物的合集,但是在其他国家,论文是专论的形式。

因此,合乎情理的设想是发表文章在这两类国家所扮演的角色不同。然而,在实践中博士生都通过向期刊提交他们的论文而获益。在指定的时期提交论文、用近 5000 字综合陈述论文的论点和通过同行评议过程来获得关于论文的细节反馈的程序对博士生是非常有用的。而且,很多学生将他们发表过的文章放入论文的章节中,这表明,通过将已发表的文章放入专论中可能使博士论文更容易完成。

在这个问题上进行学科区分是值得关注的,因为信息系统更加关注刊物文章的篇幅,而书的篇幅是其他学科的要求。在分析 ECIS 的引用模式中发现引用最频繁的文章全来自于书而不是刊物文章的结论也一样值得关注。

# 7  学生自己选择课题,还是导师分配课题?

(1) 德国

大多数情况下,申请研究助理这个职位的学生也会申请一个有奖学金的课题。从这个角度来看,学生通过选择导师来选择大体的课题方向。

如果申请的课题没有在一开始就分配给博士生,学生和导师之间会进行磋商,最终选择一个适合两者的课题。在一些情况下,学生可以选择他们自己的课题。

(2) 挪威

虽然会考虑到研究小组的研究方向和所采用的方法,但是课题主要由学生决定。小组和导师的选择通常反映了对研究领域的选择。

(3) 意大利

学生在与导师的兴趣一致的前提下选择课题。然而,做出最后决定的学生对论文负最终责任。

(4) 英国

大体上,虽然学生要咨询与这个大方向有联系且对其感兴趣的导师,但是由学生选择课题。

（5）西班牙

学生可以自由选择论文的课题，接着必须找一个愿意指导这个课题的导师。然而，IESE 有 8 个研究中心和 9 个研究席位，这些机构有他们自己的资金并且在 IESE 成员的指导下发展。虽然这意味着在选择课题时会受到干扰，但在这些领域工作有很大的机会获得资助。

（6）荷兰

在大多数情况下，学生在导师同意下选择他们的课题。然而，很多导师会在草拟了他们自己的研究方案后聘用博士生。

**评论**

虽然学生们叙述的学生与导师的协调过程不同，但这个过程在本质上是一样的：学生和导师的关系基于两者利益的协调。在某些情况下，特别是在德国，导师会专门寻找学生研究一个特定的课题。从上述回答看出，在一些情况下，学生与导师只是部分匹配（导师在一个大的领域寻找学生，学生寻找大体上对他的课题感兴趣的导师）。值得注意的是，导师并不是选择在这个领域表现最出色的学生然后将论文课题分配给他们。

# 8　博士阶段的工作量如何？

（1）德国

研究助理的合同中一般约定每周 40 小时的工作量。如果论文课题不是研究项目的一部分，那么博士培养的大部分任务都要在这 40 小时以外的时间完成。

学校希望博士生在本科阶段特别是在写学士论文时就学会相应的研究方法。因为仅有毕业成绩为 2.5 或更好成绩的人才允许读博，因此期望他们至少知道与研究相关的基础知识。在博士阶段，博士生更多的时间是学习而不是做事情（如，读关于研究方法的书、向同行学习）。尽管并没有要求，但如果学生努力去提高他们的正式研究技能，会让博士生活变得容易一些。

（2）挪威

过去学生需要获得 18 个学分，现在改为 10 个学分。通过一段时间到国外学习外国的博士课程可以获得两个学分。参加并通过相关课程可以获得余下的学分。每门课有 2～3 个学分。有两门具体的博士课程（其中一门是信息系统理论，课程时间是一个星期）和一些硕士课程（课程时间持续一个学期，每周 2～5 小时的课程量）。理想情况下，学生必须在第一年修满全部学分。

（3）意大利

意大利博士生由特定的政府奖学金资助。要求学生跟他们的导师作研究，因此学生不可能通过其他的额外工作获得酬劳。也就是说，博士生与政府没有任何合同可以强迫他们去做一定量的研究。因此，学生不需要在学校工作固定的一段时间。

博士生仅仅需要提交最后的论文和参加那些集中在第一学年的博士课程。博士课程主要由信息系统、组织论和社会学专业的全职教授讲授。虽然现在还没有正式的学分系统，但是学生必须参加所有课程。

在第二学年，学生要去国外学习不少于 6 个月。他们会选择与他们的导师相关联的大学学习。在这个阶段结束时，他们必须写一份关于在外国大学做了些什么的汇报。

（4）英国

在博士阶段的第一年，学生要上一门为期两个学期的关于研究方法的课程，这门课程是专门为博士一年级的学生开设的。他们还要上其他的两门课程（每门一学期）。"信息系统导论"被推荐为其中的一门课程，这是一门思考信息系统研究的哲学基础的理论课，另外一门课程在不同于本学院的其他领域选择，但是应该是研究的相关领域。

（5）西班牙

这依据年份变化。第一年是全额工作量，有多于 600 多小时的课程，按学期安排。在第二学年，学生要参加一些高级课程、专业课程和研讨会以准备专业领域的考核。从第三年开始，节奏和工作量根据最终的授课量、学生打算参加的会议量和论文的方法和结构等因素由导师安排。一旦学生通过了专业领域的考核，就开始正式的论文工作了。这个工作要事先经过批准，并且要求学生提交关于正式论文的建议书。在第四年、第五年里，学生正式开始论文工作。

另外，在第一二学年的暑假期间有 IESE 工作人员的研究助理的工作提供给学生。

（6）荷兰

大部分荷兰大学没有正式的课程结构和相关的具体要求。博士生一般根据他们的研究兴趣和方法论基础选择课程。课程在国内或国外层次上可选。

**评论**

这又是一个在实施中及其潜在逻辑上有相当大差异的领域。例如，德国模式假设学生具有所需要的背景知识和技能。然而在英国和西班牙模式中，对相关技能进行专业培训是博士培养中的一部分。这些培训所需要的时间也有很大的变化。表 1 给出了可获得的相关课程的链接。

　　特别地,意大利系统的一个特点是学生需要花至少 6 个月的时间在国外学习。这个要求是针对全部的博士,并不仅限于信息系统专业。忽略安排这些访问的细节,这个过程确保了学生接触到一系列新的理论方法和风格,因此能够发展他们自己的风格而不是简单地重复导师的风格。

表 1　学生课程链接

| 国　　家 | 博　士　课　程 |
| --- | --- |
| 挪威 | http://www.ifi.uio.no/~systarb/in460/<br>http://www.unik.no/~ketillu/emnebeskrivelser/MNVIT401.htm<br>并从高级硕士课程中加修一门(序列号为 INF5000):<br>http://www.uio.no/english/academics/courses/ |
| 英国 | http://is.lse.ac.uk/phdprog/IS555.htm and http://is.lse.ac.uk/Events/res_seminars.htm |
| 西班牙 | http://www.iese.edu/en/Programs/PHD/ProgramStudy/Programofstudy.asp |

# 9　博士毕业后会有什么样的职业机会?

　　(1) 德国

　　博士生毕业后可以向行政管理和科研岗位方向发展。一些学生选择了学术道路,他们会上博士后课程以成为一名大学教授或者直接申请在专业院校当一名教授。

　　在经济领域,博士可以进入大公司的更高层的行政岗位,但是会失去在小公司工作的机会。

　　(2) 挪威

　　博士毕业生可以在工业界、应用研究领域和学术界工作。我院近两年毕业的博士生都留在了学术界。

　　(3) 意大利

　　从事学术职业的前提条件是有博士学位。一般公司并不要求这样的研究能力,部分原因是因为意大利公司的文化比较不倾向于投资科研。

　　(4) 英国

　　博士阶段提供研究培训。许多上这些课的学生最终从事了科研职业。对一些人来说,可就业的方向还包括管理顾问工作和商务工作,但主要还是学术职业。

　　(5) 西班牙

　　一般博士生毕业后会在商学院和大学谋到研究和教学岗位。但是,由于是管理博士的学位,候选人也可以从事行政管理职位,特别是在跨国公司。

（6）荷兰

像其他欧洲国家一样,博士在荷兰要么从事科研和教育工作,要么进管理岗位,要么两者结合。将两者结合似乎是荷兰博士毕业生的一种普遍选择。

**评论**

假设博士生将花 3～4 年在一个特定的领域工作,若他们普遍继续从事在学术上的职业,这应该是不奇怪的,因为这个职业赏识且奖励这种程度的专业性。在不同的国家,博士生被认为适合于商业或管理职位的程度是不一样的。

# 10  博士考核的形式是怎样的?

（1）德国

博士考核分三部分:

- 论文

  论文是一篇专论,其中包括博士生的科学性结论。这一部分考核的是学生的科研能力。由两名博导和其导师为论文评分。在雷根斯堡,文章必须用德语,但博士委员会可以允许特例并决定是否接受一篇外文论文。

- 口试和辩论

  - 口试(rigorosum)：与两名博士生导师关于两个与论文课题有关的问题进行激烈讨论。这两个问题会提前告诉学生。口试要用 90 分钟并且不公开。

  - 辩论(disputation)：一旦论文和探讨通过,博士委员会会成立一个由三名教授组成的答辩小组。这个小组通常由两个博导和系主任组成。辩论的目的是和博士生讨论论文的主要研究成果,并检查学生是否掌握相关科学领域的知识。辩论是公开的,并且教授们可能会对论文的结论提出质疑,使辩论变得非常激烈。

    总成绩＝(4×论文成绩＋口试成绩＋辩论成绩)/6

在德国,博士阶段最困难的一部分是写论文,因为学生获得的反馈很少,这反而使得反馈从学生心理上讲特别需要。一旦他们熟悉地掌握了论文写作这部分(学生一般在口试部分以前得到他们论文的成绩),则在后续阶段不合格的可能性不大。我还没有听说过有人通过了论文而在口试阶段不合格的,因为学生们已经在他们的课题上用了三四年时间,一般很清楚他们的研究的优缺点。因此,他们在辩论考核中有"本领域优势"。然而,口试部分是博士学习的最后关键阶段。在德国,读博士是"一次机会"(one shot operation),即如果博士生不及格,那他就没有第二次机会了,因此学生必须充分准备。

(2)挪威

要求写论文,通常是带有绪论(100 页)的一些文章的合集。

在奥斯陆,其考核工作如下:

当候选人感觉准备充分并且(一般)经过导师同意,就可以组织模拟答辩。模拟答辩是真实答辩的模仿。其目的是为了保证论文的质量。正因为如此,委员会也是对真实委员会的模仿。委员会包括一名外员、一名内员和下一位等待答辩的院内博士生。作为委员会的一员,这个博士生也必须阅读要评审的论文并做出评价。在模拟辩论阶段会像下面描述的那样模仿真实的辩论。在辩论后,评委会会写一篇关于论文如何改进以及对论文总的评价的报告。

如果候选者通过了模拟答辩,学生和导师就可以向信息学院建议组织一个真正的委员会议,这个建议最后会转达给数学系。如果所建议的委员会被通过,要答辩的论文会被送到委员会进行第一次考核。委员会包括两名外员(一号和二号反方)和一个内员(管理者)。

在读完论文后,由委员会决定论文是否充分。如果是,组织真实答辩。如果不是……我不知道会怎样(这很少发生)——事实上,学生有至少 6 个月的时间重新提交有相当大变化的论文。在真实辩论中,候选人在早上会有两个小时的演讲,在下午进行答辩。

在答辩的前两周才告诉答辩者演讲的细节。演讲的目的是测试候选人在短时间内组织一篇深刻并有趣的关于一个新课题的演讲能力。因为这可能是一篇不涉及论文的关于其他观点的演讲。

下午的辩论以一号反方的陈述开始。接着反方用问候选人问题的方式开始论文讨论。候选人回答反方问题。接着二号反方通过问问题让候选人回答的方式对论文进行讨论。通常,内员(第三名委员)不问问题。我看见过反方提出尖刻的(尽管正确)评论的非常精彩的辩论。观看答辩是有好处的,因为这样你才能知道在写论文的时候需要的认真程度。位于一二号反方之间的观众可以干预和反对论文,这样的事情在 25 年前神学系有过一次,但以后就没有发生过了。

辩论后,委员会会退场讨论最后的评价,接着会通告评价并(一般)招待香槟。

必须明白,一旦委员会通过论文(在组织答辩之前),考核的结果更像是一个"正式的批文"而不是一个"真实的考验"。候选人不合格的情况在考核规则中没有被考虑。如上面提到过的,现在的博士培养系统在改变。旧的博士培养方案(科学博士)已经离开了哲学博士培养计划的舞台。这种变化也影响了考核的过程。表2 为我总结的主要的不同。

表 2 挪威的科学博士和哲学博士的比较

| | 科学博士（旧） | 哲学博士（新） |
| --- | --- | --- |
| 需要的学分 | 18 | 10 |
| 最少的导师数 | 1 | 2 |
| 如果委员会使论文不合格，最短的提交修改后的论文的时间 | 6 个月 | 4 星期 |
| 需要改变的部分 | 主要部分：基本上重写论文 | 改动很小也很具体（如加新的刊物或修改序列） |

（3）意大利

博士生要取得博士学位，他们必须在导师的同意下写一篇 200～250 页的专题论文。论文通常使用意大利文撰写，但是导师可以向委员会申请使用英语来撰写。论文应该在第三学期末进行答辩汇报（如果有意外情况可以推迟到第四学期），汇报以口头方式进行。汇报由 3 名全职教授组成的特殊的委员会来主持。这 3 名教授中有一位是学校内的老师，另外两名是外校老师。后两名由联盟提名，并在整个过程中保存固定。带这些博士生的全部导师也要参加。导师可以成为委员会的成员。委员会成员一般在每年 10 月或 11 月会面。也就是说，对所有希望在一年内讨论他们的特定课题的候选人必须在当天出席，并且都是由同一个委员会主持。

讨论包括 1～2 小时的辩论。在结束时，博士生可能获得博士学位，也可能没有。如果通过，博士生获得博士学位，否则他/她不能再申请任何博士考核和其他的博士课题。只有导师认可了他们所做的研究，博士生才能申请委员会考核，因此不可能不通过。导师不可能阻止博士生进行博士学位申请，但是那些在答辩之前负责审阅论文的导师则可以驳回博士生的博士学位申请。

答辩是公开的。但是，没有任何正式的庆祝典礼。答辩结束后，博士生回家，没有任何的香槟或葡萄酒庆祝。

（4）英国

通过有两个考核者进行面试的方式对博士进行评价。在面试前 6 个月，要求博士生提交他们确定的论文题目。导师提名两个愿意主持面试的考核者（通常征求学生的意见）。一个必须是本大学的教员，另一个一定是外校的。在伦敦大学经济政治学系，考试之前会让学生熟悉考核者，在其他英国机构（如剑桥），学生仅仅是在参加考试时才知道考核者的身份。

论文是否可以被考核的最后决定会告诉学生。虽然导师可以给学生很多建议，但他们不能阻止论文的考核。

口试是私下进行的，由两位考核者向候选人询问论文的相关问题。问问题的形式根据考核者的不同会有所变化。一般考核时间为 2～3 小时。如果论文很好，考核者会让候选人度过一段艰难的时期。

面试的结果由伦敦大学宣布，其可能结果如下：

- 通过
- 微小的修改后通过（通常是印刷上的修改）
- 3 个月的修改后通过
- 用 18 个月修改
- 硕士
- 不合格

（5）西班牙

博士阶段的第二年，在专业领域导师的监督下，会有专业领域的考试。这个考试测试学生对专业领域知识的理解程度。学生必须完成专业课程。在完成这些课程和演讲后，学生必须准备两份论文：

- 一篇文献我们称为"水平的"。这篇文献必须包括充分的参考资料、专业领域的清晰的总结或草图。文献不应该过长——一般少于 50 页——并非是描述全部的相关文献和作者，而应该是一篇关于这个领域的结构性的综述。
- 另一篇被称为"垂直"的文献。这篇文献以一个非常具体的事件或管理问题来组织文章，其目的是为学生以后的论文发展提供一个前进的桥梁。这篇文章的长度应该与在科学杂志上发表文章的长度相当。

这两篇文章都会在专业领域导师的监督和指导下完成。专业领域的导师会和学生一起草拟一份专业领域的陪审团的名单。一个陪审团包括两位 IESE 教授和专业领域导师，并且必须通过博士计划委员会的同意。对这两位教授，至少一位是从事专业领域的。博士计划委员会会让拟定的陪审团决定专业领域考试的时间。

陪审团成员阅读和评价学生准备的文献，并将他们的评价交给专业领域的导师。在专业领域考核中，按照事先与专业领域导师达成的一致，学生需要提交两篇文献的基本结构。在考试期间，陪审团成员会对文献进行评价并问问题，学生必须对这些问题进行口头回答。学生回答问题后，由陪审团决定学生是否通过专业化考核，或需要额外的工作，或应该重考或重写第一篇或第二篇文献。

专业领域考试仅有通过或不合格两个成绩。陪审团会写一篇对学生文献评价的报告。

为获得正式的"研究自给自足"学位，通过专业领域考试的学生必须准备一份关于他们按期实施的研究工作的报告文件，这个文件会由数据处理委员会指定的陪审团来评定。陪审团的成员也会收到一个由专业领域陪审团签名的对学生工作的纸面评价。学生按指定日期在陪审团面前作公开陈述。这个陈述应该强调候选人以前和现在的职业道路。

成功完成所要求的专业课程和专业领域考试后,如果选择不再继续博士阶段的学习,可以获得管理学硕士学位。

论文考核。论文在论文导师的监督下完成,论文主管和专业领域导师可以不是同一个人。一旦候选人通过了专业领域考试,根据论文题目就能指定论文导师。论文可以是三篇文章的合集或一篇专论。一篇专论近 250 页,附有各章的方法论、文献等,用英语完成。若写论文集,博士生必须按照在核心期刊发表文章的结构要求来进行撰写。论文考核分口语陈述部分,在这部分会有一个 5 位成员组成的陪审团参加,两位来自本校,3 位教授来自外校。尽管只有具有博士学位的人可以提问题和作评论,但是考核过程是面向所有学生。论文导师不能是委员会的一员。陈述的最长时间是 30～45 分钟,以使委员会成员有足够的时间提问。候选人必须在答辩前 3 个月提交论文。在委员会陈述和提问以后,最后的论文成绩会立即通知博士候选人。

(6) 荷兰

博士生和导师以及可能的联合导师密切合作。在安排好的论文答辩前 5 个月,导师组织一个博士委员会。这个委员会由 3～7 位成员组成。委员会成员必须已经获得博士学位,并且最好是本校或者外校的全职教授或副教授。由全职教授确定委员会的主要成员。成员应熟知论文的研究领域。虽然委员会成员是通过正式选举产生的,但是通常也会邀请将要答辩的博士生陈述他们的喜好。

一旦导师最后定稿(在辩论前 3 个月左右),这份稿件就交到博士生委员会。由委员会决定稿件是否可以参加答辩。委员会成员可以接受或拒绝稿件。在接受的情况下他们不能对论文进行任何改动。如果被拒绝,博士候选人在重新提交前,可以在导师的指导下用一年的时间调整论文。当委员会最后接受稿件,就可以安排论文答辩了。

公开答辩本身更加倾向于是一种形式而不是真正的考核。首先,由博士候选人进行 10～15 分钟的陈述,主要是向下面的听众讲述论文的中心思想。接着,导师、博士委员会和系主任会参加并向学生提问。从这个时候开始,候选人要通过回答委员会成员提出的问题为自己的论文辩护。整整 1 个小时后,仪式助理将进入并喊道"到时间了"。接着,导师、博士委员会和系主任退场讨论 10 分钟,仅在少数情况下,候选人会在这个阶段被拒绝。当他们讨论完回来时,候选人获得博士学位。

**评论**

在所讨论的国家中,也许在给出学校的历史角色的情况下,出现不同的博士考核方式不足为奇。需要特别指出的是论文对于博士候选人能否顺利毕业是十分重要的。在一些系统中,论文评价在内部进行,然而其他系统却将最后的决定留给被任命考核论文的考核者们。例如,在英国系统中,尽管导师可能觉得这篇论文还不能够提交,但他不能阻止学生提交论文。

全部的考核过程包括论文的考核和对论文观点的口述讨论这两种考核形式。挪威系统走得更远,要求候选人不仅能够陈述论文的研究,还能够通过陈述一个完全不同的课题来证实自己的综合学术能力。

(因为出版页数限制,本章 172～177 页在所附光盘中)

# 第2部分

信息系统/管理信息系统
主要研究问题

# 第 7 章　信息系统战略发展历程[①]

**Robert D. Galliers**

(Bentley University, USA)

## 1　引言

本章描述信息系统战略的发展历程并详细讨论信息系统战略的制定过程。一直以来,世界上的商学院都不太关注信息系统应用问题,不仅如此,在全球经济环境下,信息通信技术(ICT)的战略管理也没有受到足够重视。ICT 产品与服务市场份额大约有数十万亿美元/欧元。即使这样,在战略管理与组织行为方面的文献缺少对于信息系统(IS)战略及战略制定问题的密切关注(Orlikowski,2000 是一个例外)。本章的目的是讨论 ICT、知识管理在 21 世纪早期的重要发展以及全球商业环境瞬息万变的现象。用批评的观点分析知名的文献所发现的许多理所当然的"真理",如过分宣称 ICT、所谓的知识管理系统和 ICT 解决方案最佳实践对商业优势的转变作用。

在 21 世纪,与 ICT 相关的数据、信息及知识的战略管理是组织所面临的主要战略挑战与机遇。虽然源头产业对中国、中欧、东欧和印度的经济有着深远的影响,而我们仍要考虑信息时代、网络社会、全球化和知识管理——这些均由 ICT 使能与促进。因此,制定相应的战略就不足为奇,并且我们必须将焦点对准在正确地制定 IS 战略上——正如我们所看到的。

尽管我们对 ICT 的态度存在很大差异,有些人一直抱有强烈兴趣,而另一些人则没有兴趣,但 ICT 却在不断发展中(Land,1996)。因此,有些人预见"全球知识经济"的到来是一个千载难逢的机会。而另有一些人对 ICT 不断攀升的成本颇有微词,认为企业系统拖住了业务流程的后腿、"技工"(指信息系统)不了解组织生存的奥妙、IT 抹杀创造性、侵犯隐私、全球化对本地经济和文化具有负面影响,等等(Galliers,1992)。但是,ICT 的影响在世界范围将愈来愈大,超乎我们的想象,有时令人惊奇。无论是个人、组织、国家政府还是整个社会都会感受到这种影响。

因此,ICT 相关的管理与战略影响在绝大部分商业战略课程中很少被提及,令

---

① 本章由姜锦虎翻译、审校。

人遗憾。而这一主题常常出现在选修课中,至多出现在 MBA 课程中或管理与组织行为的硕士课程里。从实践观点来看,许多企业急于避免因管理信息与知识资源所带来的痛苦而将其外包出去,这点也令人遗憾(Lacity & Willcocks,2000)。等于表明我们没有从过去的失败、跟风和狂热中汲取教训的能力,以至放弃并常常后悔——因此发展的主题是本章的支撑。

本章的意图是反击这种对制定管理组织信息与知识的战略问题持有强烈反对意见的态度。这不是一种技术导向的,也不是技术决定论的和纸上谈兵的,而是 ICT 的迅猛发展对 IS 战略具有深远的影响。因此,我们必须从战略眼光研究 IS 应用问题,更为重要的是如何制定 IS 战略(参看 Cook 和 Brown,1999)。另外,我们将批判这些年来在较知名的文献里出现的一些有关 IS 应用问题的陈词滥调。

本章组织如下。第一,介绍 IS 战略的理论与实践从早期的商业数据处理(DP)到 1990 年代的发展状况(Somogyi 和 Galliers,1987;2003)。第二,讨论这一时期支撑 IS 战略的一些重要概念与框架。第三,分析该领域最新的进展和近十年出现的新观点,强调进一步的研究方向,最后提出一种更具包容和扩展的 IS 战略制定框架。

# 2 从数据处理到竞争优势

自从最早的商业计算以来 ICT 的发展不言而喻:我们在 21 世纪早期为技术人工构件制定的战略与 20 年前相比是非常不同的,更不用提 40 年前的战略。与此发展和组织内及组织间 ICT 应用复杂性不断增加的同时,我们对 IS 战略的理解大大增加。图 1 利用一个简单框架说明了这些进展。我们可以从下面这些观点看待这些发展:

(1) IS 战略可以被看作是业务驱动的、"自上向下"的过程,与此相应的是技术驱动的、"自下向上"的过程;

(2) 战略可以是短期的问题求解(例如,涉及企业发生的问题),对应的是长期战略目标搜寻。

图 1 表明 IS 战略制定的焦点具有四个阶段,并可以依据 ICT 迁移,即从重视效率迁移到重视效果与竞争优势。这是一种过分简单化的发展观点,但该框架有助于概括从 1960 年代以来所发生的变化。在某些方面,我们认为当前 IS 战略制定综合了每一阶段的因素。例如,发展到后来的"存储资源规划"就表明已经从关注整个企业的数据存储效率转变到改进当前与未来的效率、效果和竞争能力 。

在第一个阶段,由于处于计算机商业应用早期,所以 IS 战略主要关注运作和技术有效利用问题。可以看做是关注技术专家时期,从这个观点来看,IS 战略在

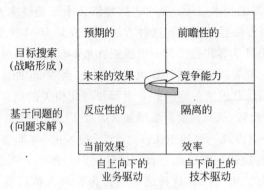

**图 1　追踪信息系统战略的发展**

相当程度上是与业务隔离的。下一个阶段更加成熟,"自上向下"的业务驱动战略是理所当然的,在极大程度上强调反应性的效果。这种战略需要了解现行的业务规划与目标,并且通过识别 IS 应用来满足业务需求。随着时间的流逝,IS 战略变得更加富有远见,并且坚持技术投资要经过时间考验的观点,尽管信息需求具有动态变化特点。这种战略本质上被看作是未来的。再向前走就到了下一个阶段,即 1980 年代和 1990 年代出现的,前瞻性地应用 ICT 创造竞争优势,这多半归功于哈佛商学院的 Michael Porter 和同事如 Warren McFarlan 提出的应用概念(Porter & Millar,1985;McFarlan,1984)。后来,这种观点被业务流程重组(BPR)所取代。BPR 的目标是根据客户需求使业务流程自动化、平滑无缝地连接,它坚持对业务流程进行大刀阔斧地变革,而且离不开 ICT 的支撑。下面的小节进一步详细讨论每一个阶段的发展情况。

## 2.1　运作效率——隔离阶段

第一个阶段处于商业数据处理早期,高层管理几乎不从战略上考虑 ICT 应用,而是考虑利用技术来提高运作效率或降低成本。经理们将计算机应用的开发与实施完全交给 IS 人员来处理。计算机化(即自动化)的目标是简化生产过程和记录数据,如相对简单的会计系统。基本上没有考虑"新"技术对现行业务带来什么影响的想法,也不关心需要什么技能来使技术投资收益最大化,并且绝大部分开发或采购是零星进行的。管理部门不过问或没有兴趣(他们关心成本),IS 被认为是我们现在称作信息技术职能部门的事情。总之,在该阶段,很少做 IS 规划,更不用说制定 IS 战略了。

## 2.2　当前效果——反应阶段

随着初始阶段消逝,高层管理越来越关注 DP 并不能带来希望的效率收益,转而重视关键业务和急需的技术应用。从 DP 被看作几乎都是技术专家的事情那时起，业务驱动的 IS 规划方法逐渐出现。这种方法的代表是 IBM 的业务系统规划（BSP）（Zachman，1982），IBM 为客户提供的一项服务就是不仅要识别组织如何利用 ICT 来满足业务需求，而且要展现更强的计算机能力需求，当然，这种计算机能力得从 IBM 那里购买。本质上，BSP 识别关键的业务流程和与此相关的信息需求。然后与现行 IS 的数据输出进行比较，从而判别需要增加新的 IS 应用、硬件和软件。

ICT 和业务需求协调一致的想法在这个"反应性的"时期首先被提出来。正如本章后面所讨论的，协调一致从此一直困扰着我们。在这个阶段，组织不得不依赖大型机系统和所谓的"哑"终端，这种终端通常为管理人员提供定期的输出用于控制。这就是众所周知的"批处理"，数据被成批处理而不是连续不断地、实时地处理。例如，产生周或月管理报告——形成所谓的管理信息系统（MIS）。这时常常需要付出大量的人力分析来提供有意义的信息。

## 2.3  未来效果——预期阶段

在 1970 年代后期和 1980 年代，数据库系统的出现不仅导致高层信息系统（EIS）的发展——经理们可以从数据库中查询运营数据，而且企业开始重新思考 IS 战略的意义。新的思想是组织只需识别关键的数据"实体"（如客户、产品）以及"属性"（如名称、地址、产品编码、数量），而不是识别特定的 IS 应用。然后建立实体之间关系，作为数据库设计的前导。James Martin（1982）首次提出这种方法。因此，原来用于 IS 战略的"垃圾桶"模型（参见 Cohen 等人，1972）等开始使用数据库技术。于是，组织不再必须关注特定职能部门、经理们或流程相关联的信息需求的识别与排序问题。相反，数据库将数据管理从应用程序中分离出来，无论什么数据、什么地点、什么时间，当需要时访问数据库即可。但有的时候，当一张发票收到后才发现有一行错误时必须增加程序计算去访问结果数据库以发现问题所在。

在某种意义上，该阶段诞生了被称作关键成功因素（CSF）的方法（Rockart，1979）。开始这种方法只用于高层定义其关键数据需求，后来很快地被中层经理和咨询人员所采用，因为它可以定义满足业务目标的关键因素。当 ICT 预算不断增加而企业财力有限时，高层一筹莫展，而 CSF 能够使人们更加关注预算超支，将精力放在关键之处，所以这种方法很受欢迎。总之，这种方法从整个组织或一个特定战略业务单位（SBU）的视角出发，先集中识别关键的业务目标，再识别关键的达成目标的管理流程。然后，精确地定位这些流程相应的 CSF，作为识别所需数据的手段，从而使高层管理与控制这些流程。还可以将 CSF 概念结合到各种商业方法中去，如 IBM 首创的程序质量管理方法（PQM）（Ward，1990），因此，直到今天这种方法还在使用。

## 2.4　竞争优势——前瞻阶段

当我们进入 1980 年代，Porter 与其哈佛同事提出的概念（例如，Cash & Konsynski，1985；McFarlan，1984)深深地影响着人们的思考。战略家们开始谈论企业从 ICT 应用所产生的竞争优势。Porter 与其同事利用"五力"和"价值链"模型说明 ICT 和它所产生的信息如何提供产品与服务的增值；如何限制传统竞争对手和新进入者的竞争威胁，以及如何平衡与供应商和客户的关系（Porter，1980；1985；McFarlan，1984；Porter & Millar，1985)。这些概念还派生了大量咨询活动，1980 年代到 1990 年代，很多文献都涉及这些主题。

这一时期，伴随着这些理念，出现了战略利用 ICT 的方法，但这次是将目标更多地集中在内部流程上。这种新理念由 Michael Hammer 和 Tom Davenport 首先提出，被称作 BPR（例如，Hammer，1990；Davenport & Short，1990；Davenport，1993）和根本变革。BPR 的支持者主张一种清白历史的方式——识别和革新符合业务目标的关键业务流程。然后识别那些可以自动化的流程，从而提高效率和降低成本。此外，以客户需求为中心，提高这些流程的有效性。

而报告反映 BPR 的成功率很低（例如，Davenport，1996)，并且风险很大（Galliers，1997)。实施 BPR 的都是大企业并绝大部分是英语世界的公司。例如，1995 年 BPR 服务的市场份额估计超过 500 亿美元（Davenport，1996)。然而到 1996 年，泡沫开始破灭，BPR 运动之父 Tom Davenport 最后认识到相当多的组织知识流失了，原因是许多 BPR 实施所伴随的缩减规模战略裁员所导致的。因此，用他的话说，BPR 成为"遗忘人的时尚"。

## 2.5　概括——四个阶段

于是，在某些方面，我们进入了怪圈。当我们开始考虑 IS 规划与战略时，焦点主要在技术本身，至少部分原因归于管理层根本没兴趣：计算机主要关心运作效率问题，这是技术的天性。然后，我们进入了业务驱动时期，它关注效果与优化问题。在 1980 年代和进入到 1990 年代，焦点转移到利用 ICT 提高竞争优势上，后来出现了 BPR 运动。在该阶段，注意力又回到了技术上。在这种环境下，人们考虑如何前瞻性地利用 ICT 提高竞争能力。为此，需要首先分析竞争环境，然后分析内部业务流程。然而，在整个"竞争"阶段，IS 战略方法在相当程度上被赋予基于理性的、深思熟虑的色彩，而不是 Mintzberg 等人所倡导的思想（例如，Mintzberg & Waters，1985)。另外，很少有人将注意力集中在更加多元的、创新性的战略制定方法上。

图 2 说明了这种理性的、客观的和一元的 IS 战略理论与实践的特点。根据

Whittington（1993）的框架（阐述了 20 世纪后半叶战略思想的进展），我们就可以清楚地看出，尽管有进步，但绝大多数 IS 战略制定一直是传统的，将利润最大化作为形成战略的首要考虑。而且，在实践过程当中，一直有一种倾向，即认为数据、信息和知识是等价的。然而，最近这些倾向带来了问题，正如我们在本章后面所看到的。在 IS 领域，软系统方法论（Checkland，1981）的发展与利用为 IS 战略制定带来了新的思想，它与传统思想截然相反（Galliers，1993a；Stowell，1995）。在使用这种软系统方法论时，分析的结果不是预定的，并且一个 ICT"解决方案"绝不是一个已知的结论。相反，诸如组织变革的替代方案将会是辩论的主题并进一步迭代。的确，人们认识到，由于为了共享战略制定时所发生的关联变化，战略制定过程同样重要，而决策更是如此。因此，软系统方法学相当于在图 2 底部的两个象限之间架起了一座桥梁。

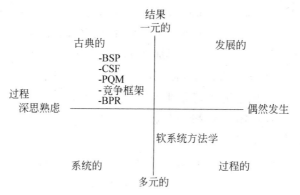

**图 2　信息系统战略方法定位**

资料来源：摘自 Whittington，1993；3

# 3　从局部化应用到业务范围重新定义

另一个框架也提出了变革的 IS 战略观点，它产生于麻省理工学院（MIT）1980年代开展的一个重要研究项目："1990 年代的管理"（Scott Morton，1991）。该项目由大西洋两岸的几家大公司资助，它揭示了能够利用 ICT 来真正提高业务绩效。图 3 给出了这个框架。

从这项研究中得出一个结论：许多公司没有从 ICT 的投资与应用中获得商业收益。项目团队认为主要原因是业务转型的层次相对较低，绝大部分公司的应用层次位于图 3 的 1、2 层。这两个层次意味着渐进变革方式，并且他们认为这种应用方式在高度竞争的全球化市场环境下不会实现大的绩效改善。如果要获得高收益，就必须实施 BPR 倡导的革命性的变革（第 3 个层次）。

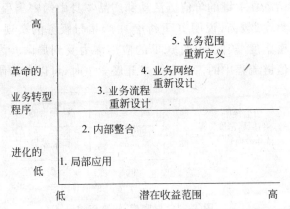

**图 3　1990 年代 MIT 管理项目："IT 导致的主要收益背后的革命性变革"**

资料来源：Venkatraman（1991）

"Reengineering Work：Don't Automate，Obliterate"是《哈佛商业评论》（*Harvard Business Review*）上发表的 Michael Hammer（1990）在 BPR 方面开创性的一篇论文的题目。但是，正如我们所看到的，BPR 主要关注内部流程重新设计。MIT 研究团队扩展了 BPR 的关注焦点，Porter 学派的外部价值链概念大致同样，就是所谓的业务网络重新设计（第 4 个层次）。这样就扩展了业务流程的分析范围，通过电子方式连接价值链上的供应商与客户，产生了电子中介的战略联盟（Rayport 和 Sviokla，1995）。因此，第一阶段开始应用电子数据交换（EDI）技术，到今天，当然是互联网的天下了。

MIT 团队进一步的研究得出结论：真正重大的商业收益只能通过利用 ICT 的所有潜能重新定义业务范围从而创造出新的（基于信息的）产品与服务而获得（层次 5）。战略 IS 神话的经典案例包括：联合与美国航空公司的 Apollo 与 Sabre 预定系统、Thomson 假日酒店、Frito-Lay 薯片公司、Otis 电梯、美国医院供应网和 Field 夫人曲奇（Galliers，1993a）。特别是，Senn（1992）和 Ciborra（1994）认为这些系统开始引进时的目的是提高效率，而随着后续使用不断增强作用，有时可能是发掘新事物的天赋使然，它们为公司带来了很大的竞争优势，因为竞争对手利用 ICT 的能力较低。

尽管图 3 强调前瞻性地应用 ICT 所产生的革命性作用，但是，依据这种激进的技术应用的业务战略并不总是明智的。的确，图 3 的"潜在收益范围"坐标轴也可以表示为"业务风险程度"，因此，革命性的变革也可能会比渐进式的变革带来更多的风险（Galliers，1997）。是否通过提供基于信息和 ICT 的增值服务来获得潜在的竞争优势，图 4 所示的信息密度矩阵（Porter & Millar，1985）可以用于这项决策的一个辅助工具。

图 4 说明了信息在关键的价值链活动和产品本身中的密集程度。在一些情况下,这种"信息密集度"较高,说明 ICT 综合在产品与服务的实现当中。而在另一些情况下,"信息密集度"较低,说明 ICT 的应用潜力受到局限。因此,当根据信息在产品或相关价值链流程中的需求程度来开展竞争时,可以考虑使用这个框架。

价值链中
的信息密度
(业务流程)

| | 高 | 服务差异 | IT 整合的 |
| 低 | 商品 | 产品差异 |
| | 低 | 高 |

产品中的信息内容

**图 4 "信息密度"矩阵应用**

资料来源:摘自 Porter & Millar, 1985

## 4 信息系统战略组成

MIT 对主流的 IS 战略思想进行了大量研究,他们认为关键的问题是 IT 战略和业务战略之间的协调,早期的方法如 BSP、CSF 和 PQM 也这样认为。然而,在业务战略和支撑它的 ICT 基础设施之间存在概念上的分歧。如图 5 所示,Earl (1989)说明了信息系统与信息技术战略之间的差异,他认为前者基本上关注信息的需求问题,而后者则关注如何利用 ICT 提供这些信息;也即前者是需求问题,后者是供应问题。

如图 5 所显示的,Earl 提出 IS 战略本质上是业务导向和需求驱动的,可以看作是"自上向下"的过程,换句话说,它靠业务战略培育。此外,IS 战略应该由业务负责人制定,而不应该由 IT 经理来制定。相反,IT 战略更多地靠技术来驱动,主要从供应方面去考虑,它至少取决于现有的技术基础设施,还需要考虑当前的规划在技术上是否可行的问题。因此,IT 战略几乎都由 IT 部门的人负责制定。

Earl 的模型对协调统一的概念具有一些影响。例如,IS 战略在这里被视作更多地关乎战略制定,因为 IS 战略是持续的、基于流程的(换句话说它与 Whittington

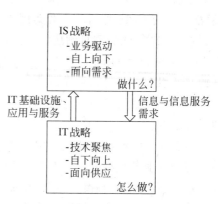

**图 5 Earl 的信息系统战略与信息技术战略之间的区别**

资料来源:摘自 Earl, 1989:63

(1993)提出的"流程"学派相吻合)。相反,IT战略相对固定,正如本章后面所研究的,这使得协调困难。Earl通过在IS和IT战略上增加一些内容进一步发展了这种思想,即信息管理战略。Earl的信息管理战略制定模式首先提出"做什么?"和"怎么做?",然后询问"为什么?",最后再寻找答案来解释"为什么?"这个问题,如:"为什么这个战略与其他战略不同?"

遗憾的是,IS领域的术语太多,意味着不同的人有不同的解释。例如,"信息技术"和"信息系统"经常指的是同一个意思。而"信息管理"术语亦是如此。围绕着信息与ICT关注的管理问题所涉及的主题范围,有时这个概念太广,Earl的模型对此进行了修正。有时这个概念又太窄,和数据管理意思相同。Earl在模型中使用的IS战略术语使事情更为复杂,特别是,涉及"做什么"问题的那些地方。Galliers(1991)注意到以Earl较早期的工作为基础所产生的IS战略制定综合框架(见图6)造成了术语混淆。在该框架中,包含"做什么"问题(Earl的术语是信息系统战略,而这里是信息战略)和"怎么做"问题(Earl指IT战略),增加了"谁"问题(即信息服务战略问题——与IS相关的服务提供的组织安排)。这些问题还包含了战略实施、管理变革方面的考虑,以及外包/离岸外包问题。

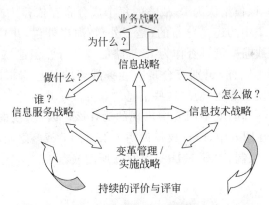

**图6 信息系统战略组成**

资料来源:摘自Galliers,1991;1999

因此,依据"谁"问题,该框架强调建立信息服务战略的重要性。信息服务战略综合了所有的IS战略,包括各种IS岗位安排、实施战略的技能,还包括培训。特别是,作为综合的IS战略,需要考虑的一个关键问题是是否以及哪些ICT供应和服务需要外包/离岸外包。ICT外包指的是"在用户组织中,整个或特定部分的ICT基础设施相关联的物质和/或人力资源由外部供应商来提供"(Loh和Venkatraman,1992)。然而,正如Lacity和Willcocks(2000)提醒我们,问题不是外包本身,而是适当的外包管理。换句话说,离岸外包考虑的不再是简单的降低成本,而是在战略上考虑增长和进入新的市场问题(Lewin & Peters,2006)。

图 6 的框架增加的另一个成分是明确认识实施战略有关的变革管理的重要性。Galliers 通过实证研究和咨询活动非常清楚地认识到许多 IS 战略项目的结果经常倾向于"套装件",因而容易忽视实施问题。

战略制定方面的主流文献也很少提及这一点。除了考虑实施和变革管理问题之外(Wilson,1992),还需要关注其他一些问题。它们包括:战略和战略制定的偶发特性(Mintzberg & Waters,1985);未预料的 ICT 实施后果(例如,Brown & Eisenhardt,1997;Robey 和 Boudreau,1999),以及"做什么"Weick(2001)术语的灵活解释。因此,图 6 描述的模型也引用了系统理论(例如,Checkland,1981),考虑了战略决策的偶发特性,并重视这些决策带来的未预料的后果以及不同利益相关者对事件和创新的反应。因而,"变革管理"和"持续评价与反馈"是该模型的关键成分。

由于该模型在不同程度上考虑了各种成分,因此有利于辅助组织的 IS 战略分析,而各种程度的成分也说明了一个特定组织的 IS 战略方向。例如,组织强调 ICT 战略有损于识别战略信息需求吗?或者组织在战略制定中考虑了实施和变革管理问题吗?此外,该模型认为 IS 战略的每个成分相互依赖。例如,有关 IS 服务组织(例如,它们是集中的还是分布的;是否外包/离岸外包,并且如果这样的话会发生什么问题?)的战略决策是否作为 IS 战略的一部分?但遗憾的是,企业往往独立地考虑这些问题。同样,识别符合现有业务战略的信息需求的相关程度如何?而且如果业务环境发生变化,使用这些信息的业务战略是否适当?另外,是否持续评价战略效果?这些提问就是图 6 中出现的为什么。因此,该框架更加全面地考虑 IS 战略问题,而在图 5 中,Earl 仅仅说明了 IS 与 IT 战略之间的差别。

(因为出版页数限制,本章 191~208 页在所附光盘中)

# 第8章 信息系统评价①

## Guy Gable

(Queensland University of Technology, Brisbane, Australia)

## 导言

本章可作为中国大学高年级本科生或研究生学习与研究管理信息系统(MIS)的参考资料。希望本章内容会对中国研究管理信息系统的学者和博士/硕士研究生,在探索某些信息系统(IS)研究主题和相关热点问题方面有所帮助。

本章的主题——"信息系统评价"——非常广泛,单凭一章内容在深度上无法详细阐述。本章基于一个众所周知的命题,那就是组织拥有有限的资源,并且这些资源需要以某种方式投资出去,期望为组织带来最大的收益。信息技术(IT)的支出成为组织投资预算体系里重要的组成部分,而且与IT相关的创新对组织产生深远影响。为了验证IT投资前后的合理性,必须对投资效果进行评价。另外,评价对于确定IT投资优先次序也非常重要。

本章(以及其中大部分文献综述)认同IS/IT②黑箱观点的假设,强调对信息系统产生的结果进行测量(例如组织绩效或经济表现),或从用户角度来评价信息系统的质量。这反映了MIS应用强调以"管理"为重点而不是以软件工程为重点③,软件工程强调技术特性和技术性能。尽管黑箱方法限制从技术角度研究结果特征,但是它也带来了许多收益,除了提供高层管理信息的收益外,还包括测量方法的经济性和结果的可比性等收益(参见第4部分信息系统标杆)。

虽然本章议题不是相关文献的全面综述,但它还是反映了许多有影响的工作和该研究领域中有代表性的重要论文。作者在第2部分有点投机,只采用了一种期刊——*Journal of Strategic Information Systems*——在更广的范围对文献进

① 首先衷心感谢我的研究伙伴 Karen Stark 和 Bob Smyth,他们对本章内容的完成做出了很大贡献。同时非常感谢 Darshana Sedera 和 Taizan Chan,他们允许我在第3及第4部分大量引用我们在其他地方合著的材料。本章由宁恬、任杰锋翻译,姜锦虎审校。

② 尽管信息系统(IS)和信息技术(IT)有着截然不同的定义和内涵,但是它们在本章内可以替换使用,在一些引用的文献里也是如此。

③ 这并不是认为偏向技术就不属于MIS课程或研究的范围。

行分类。然而,这种方法被认为是可行的,并且具有实际应用价值。本章内容是从一般到具体展开的。首先高度总结该领域的研究主题。总结过程集中在第 1 及第 2 部分:第 1 部分全面综述信息系统评价的研究(例如 MISQ,JAIS,ISR,JMIS,ICIS),第 2 部分为专题综述(例如 *Journal of Strategic Information Systems*)。然后,第 3 部分内容集中在子主题"信息系统成功性测量";第 4 部分更加深入地探讨了"信息系统标杆"问题。简而言之,本章内容的安排:第 1 及第 2 部分为"信息系统的价值",第 3 部分为"信息系统成功评价模型",第 4 部分为"信息系统标杆"。第 1 及第 2 部分定义与主题相关的概念,第 3 及第 4 部分则更多地反映了作者的专门研究兴趣。所以,这三个主题——信息系统的价值、信息系统成功测量、信息系统标杆管理——并不是相互独立的,从某种程度来看,每个主题都是前面一个主题的子集。

第 1 及第 2 部分的主题"信息系统的价值"包含很广的内容,重点强调"信息系统的商业价值"或信息技术和组织绩效之间的关系。

第 3 部分"信息系统成功性测量"集中通过实证研究测量信息系统的成功,并建立信息系统成功(ISS)评价模型。DeLone 和 McLean (1992)将信息系统成功性测量归纳为六个构成因素——系统质量、信息质量、个体影响、组织影响、满意度和使用度(后面又建议加上第七个构成因素——服务质量)(DeLone 和 McLean,2003)。六构成因素模型已经被广泛使用。在研究中,各个构成因素可以单独或是组合起来作为因变量,这样能更好地理解追求信息系统成功的重要动因。第 3 部分主要综述这些研究工作。

第 4 部分"信息系统标杆"做了进一步的研究,主要集中研究可以成为"标杆"[①]的信息系统的测量问题。在这一部分,作者和团队成员[②]通过不断的研究,建立了一个可靠的、可证实的信息系统影响测量模型,作为当今信息系统的标杆。尽管信息系统影响的研究如 ISS 在实证和因果研究中具有潜在的价值,但是它的设计和验证都强调它作为参照物的作用和价值;测量应该是简单的、可靠的和普遍适用的,测量得到的结果尽可能在时间、利益相关者、不同系统之间以及系统环境方面是可比的。

# 1　信息系统的价值: 现有研究——文献综述

本章的第 1 及第 2 部分用两种方法对"信息系统的价值"的研究进行全面描述和分析。第 1 部分对 IS 文献中众所周知的重要的子主题,利用演绎方法自上向下

---

①　"标杆"是任何可作为测量或判断其他事务的标准或参照物。(http://dictionary.reference.com/browse/benchmark )一个测量或评价的标准(Webster's)。

②　他们来自昆士兰科技大学信息技术学院的 IT 专业服务研究计划。

地进行综述,同时对较少关注的相关文献,则利用归纳方法并按该领域的重要文献作者自下向上地进行综述。第 1 部分相对粗略地综述了一般的 IS 文献(绝大部分是 IS),讨论更加"综合"和高层次的 IS 研究期刊(例如 MISQ,JAIS,JMIS,ISR,ICIS)。

用于评价 IS 价值的方法很多。IT 商业价值的研究学者"采用不同的概念、理论和分析方法,以及多层次分析的实证方法"(Melville,Kraemer 和 Gurbaxani,2004,p.285)。信息系统的价值很难用货币量化,部分是因为它带来的许多收益都是无形的(例如改善客户服务),而且很难将信息系统的贡献和组织绩效的其他贡献分离开。

一些关于 IT 和组织绩效差异之间关系的研究多采用将关键因素和相互关系概念化的方法来进行。大多数研究都关注 IT 投资在一个或多个方面的影响:例如公司利润、生产率和消费者价值。Melville 等人(2004,p.287)提到:"IT 商业价值通常涉及 IT 对组织绩效的影响,它包括生产率提高、利润率增长、成本降低、竞争优势、库存减少以及其他绩效的测量"。Hitt 和 Brynjolfsson(1996)认为生产率、消费者价值以及商业收益率虽然是相关的,但是它们应该作为独立的问题来研究。最近,Melville 等人(2004)建立了一个基于公司资源的 IT 商业价值模型,将各种研究整合到一个框架中。

**评价考虑的因素:评价什么、为什么评价、谁来评价、如何以及何时评价。**

Cameron 和 Whetten(1983)(见 Cameron(1986,p.542)的报告)研究认为,在 IS 评价之前评价者首先必须回答七个关键问题,它们是:

- 站在哪个角度进行评价是有效的?
- 评价活动重点集中在哪个领域?
- 采用哪个层次来分析?
- 评价有效性的目的是什么?
- 采用什么时间期限?
- 评价使用的数据类型?
- 效能评价的依据是什么?

"回答这些问题的方式不同就会产生效能评估的不同标准。具有挑战性的工作就是利用详细的问卷调查来确定最适合的答案。"

## 1.1　评价什么

对 IT 评价的研究结果形形色色而且难以理顺,其中一个主要的原因就是研究目标不同以及目标定义不明确。

### 1.1.1 IT 投资的特性

Rai,Patnayakuni 和 Patnayakuni（1997，p.91)认为,与其把 IT 投资作为一个完全统一的整体来考虑,不如根据 IT 投资的特性将它所产生的商业价值详细描述清楚。Rai 等人将 IT 投资分为：IT 资产、IT 预算、客户/服务器支出、IS 部门人员支出、硬件支出、软件支出和通信支出。

Seddon,Staples,Patnayakuni 和 Bowtell（1999,p.6）确定了以下六种类型的系统进行评价：

- IT 使用（例如一个算法或用户界面格式）
- IT 的各种应用（例如电子表格、个人计算机、或是图书馆目录分类系统）
- 一类 IT 或 IT 应用（例如 TCP/IP,GDSS,TPS 及数据仓库等）
- 组织和组织分支机构采用的所有 IT 应用
- 系统开发方法
- 组织和组织分支机构的 IT 职能部门

Melville 等人(2004，p.286-287)通过将 IT 商业价值的研究者概念化,发现目前的假设在如下三个主要方面界定了知识：

"首先,往往利用合计变量以货币数量或计数系统来评价 IT,局限了我们对不同类型 IT 方案应用和作用的理解（Devaraj 和 Kohli,2003）。此外,软件通常通过假想方法隐含测试,或者在评价分析中完全不考虑。假定公司绩效与软件有关（Hitt 等人,2002）,那么,我们有必要在 IT 评价模型中考虑它。其次,通常人们认为 IT 是按经理意愿实施的,这会影响我们对始料不及的结果的理解（Markus 和 Robey,2004）。再次,在评价过程中,IT 员工作用因素的处理通常不成体系,有时会排除在外,这样限制了我们理解 IT 管理人员和技术专家在 IT 商业价值产生过程中的作用。当公司进行雇佣活动时,IT 员工常被纳入 IT 采购计划的一部分（Hitt 和 Brynjolfsson,1996）,或作为独立活动对 IT 进行补充（Black 和 Lynch,2001；Brynjolfsson 等人,2002）,或认为是业务流程中与 IT 紧密相联不可分割的一部分（Kraemer 等人,2000）。因为网络系统跨组织使用的现象越来越多,所以产生了多个 IS 利益相关团队,这加剧了上述问题的产生。"

### 1.1.2 分析的层次

"多年以来,关于 IT 革命是否带来更高的生产力一直存在许多争议。在 20 世纪 80 年代,一些研究发现在美国经济中 IT 投资和生产率之间没有联系,这也被称为生产率悖论。从那时起,十年期间在公司和国家层面上进行的研究都显示,IT 投资对员工生产率和经济增长具有重要的正向影响作用。"（Dedrick, Gurbaxani

和 Kraemer，2003，p.1)。虽然一部分学者将生产力的提高和稳定的消费者收益归功于采用 IT，但是另一部分学者指出 IT 对商业利润没有带来影响。

信息技术(IT)的价值可以在不同的分析层面上进行测量，包括：经济、产业、公司、业务单位、业务流程和个人(Barua，Kriebel 和 Mukhopadhyay，1995；Brynjolfsson 和 Yang，1996；Davern 和 Kauffman，2000)。

Segars 和 Grover (1995)在产业层面上进行的分析展现了信息技术如何将部分组织投资转化为能够改变竞争模式的战略资源。他们调查研究了三种产业在引进战略信息技术的过程前后产业结构发生的改变。研究发现，引进基于竞争的 IT 之后，每种行业结构都发生了巨大改变。

Brown (2005，p.169)认为："许多组织通常不做 IS 评价或 IS 评价不专业。"Barua 等人(1995)"论证了 IT 对组织中低层次的部门会产生许多重大影响，并且这种影响是可以追踪和测量的。"(p.21)

## 1.2  为什么进行评价——评价在组织中的作用

Gable，Sedera 和 Chan (2007)观察到组织对信息系统(IS)进行评价的原因有许多种。IS 评价的最终结果是找到它给组织带来的正向影响作用，这种测量是对 IS 的"酸性-测试"。在测量中，经常提到的一个问题是"IS 为组织带来了收益吗?"或"IS 具有正向影响作用吗?"这些问题都是通过回顾手段来测量到目前为止的净收益或影响。在其他条件相同的情况下，由于 IS 是一项长期投资，所以人们希望它能够对未来产生持续的收益流。因此，其他相关的问题包括"IS 值得继续存在吗?"、"IS 需要进行改变吗?"或"IS 对未来的影响是什么?"这些问题都是通过展望手段来回答的。

Serafeimidis 和 Smithson (2000，p.97)对 IS 评价的文献进行了综述，并归纳出进行 IS 评价的原因有很多，其中包括：

- "通过定量或定性的方法确定 IT 给组织及组织增长带来的价值"
- "打分排序"
- "成为扩张计划和调控(诊断)过程的核心部分"
- "作为业务和 IS 战略形成的输入"
- "作为辅助组织学习的反馈函数"
- "作为获得认同的机制，以及在政治高度影响的环境里，保证合法化"
- "提供对技术与组织流程、文化以及政治之间关系的更深理解"

Davern 和 Kauffman(2000)强调了在 IT 投资的项目选择和项目后期评价中寻找潜在价值的重要性。

尽管评价活动具有积极作用,但因为政治或社会原因也会进行评价(例如用于加强现有组织结构),而且这种评价只是形式主义并没有有效实施(Stockdale 和 Standing,2006,p. 1093)。表 1 列出了组织进行 IS 评价的原因(选自 Stockdale 和 Standing,2006,p. 1094)。

表 1　为什么进行评价

| 评 价 原 因 | 导　　致 | 资 料 来 源 |
| --- | --- | --- |
| 评价价值<br>测量成功性<br>识别收益 | • 改进商业目标<br>• 组织效能<br>• 投资管理<br>• 问题诊断<br>• 统一意见<br>• 决策<br>• 了解风险<br>• 增进组织和个人学习 | Farbey,Land 和 Targett(1999);<br>Mirani 和 Lederer(1998);<br>Remenyi 和 Sherwood-Smith(1999);<br>Serafeimidis 和 Smithson(1999);<br>Serafeimidis 和 Smithson(1998);<br>Smithson 和 Hirschheim(1998);<br>Symons(1991) |

## 1.3　谁来评价——利益相关者

不同利益相关者对信息系统的价值持有不同的看法。Seddon Staples,Patnayakuni 和 Bowtell (1998,p. 167)认为 IS 的有效评估主要基于认识以下五种类型的利益相关者:

• 独立观测者(测量时没有个人立场)
• 单个使用者(从自身角度评价系统)
• 群体使用者,例如 GDSS
• 组织管理者或所有者
• 国家或是人类

哪些利益相关者会影响评价,为什么进行评价、如何实施评价。Stockdale 和 Standing (2006)把利益相关群体分为四类:

• 评价的发起者
• 评价者
• 评价系统的使用者
• 其他团体例如商业联盟和政府机构

"评价者必须识别哪些群体与被评价的项目相关。利益相关者的权力与有效评价之间的联系是复杂的,因此评价者必须认识到评价结果可能是满足权力拥有者的目标。"(p. 1093)

**表 2  谁来评价——利益相关者**

| 角　色 | 注　释 | 资　料　来　源 |
|---|---|---|
| 发起者 | • 影响评价过程<br>• 责任问题和评价结果的传播<br>• 影响评价的目的和评价过程<br>• 高层管理者意图的体现 | Vetschera 和 Walterscheid(1996)<br>Guba 和 Lincoln (1989)<br>Farbey 等人（1999）；Jones 和 Hughes (2001)；Serafeimidis 和 Smithson (1998)；Willcocks 和 Lester (1996) |
| 评价者 | • 充分理解利益相关者的立场<br>• 人类直觉<br>• 政策的理解<br>• 道德代理人利益相关者解释不同<br>• 需要认识不同利益相关者对收益的看法 | Serafeimidis 和 Smithson (1998)<br>Walsham (1993)<br>Smithson & Hirschheim (1998) |
| 使用者 | • 长期使用产生的认识可以用于测量 IS 成功性<br>• 评价活动中主要的利益相关者<br>• 为评价活动提供信息<br>• 立场与 IT 技术人员不同<br>• 紧密感知收益实现<br>• 不同的主观看法可以丰富数据来源 | Bailey 和 Pearson (1983)；DeLone (1988)；Doll 等人(1995)<br>Goodhue, Klein & March (2000)；House (1980)<br>Mirani 和 Lederer (1998)<br>Remenyi 和 Sherwood-Smith (1999)<br>Belcher 和 Watson (1993) |
| 感兴趣团体 | • 感兴趣群体的辨别和他们投入的有效分析可能是问题所在<br>• 感兴趣团体包括：<br>　• 商业联盟<br>　• 股东<br>　• IS 职员<br>　• 受变革影响的管理人员和工作人员<br>　• 政府机构<br>• 可能为了自身因素或政治议程进行评价—组织的政治角力场<br>• 股东之间的利益冲突会改变评价过程 | Serafeimidis 和 Smithson (1998)<br>Gregory 和 Jackson (1992)；Seddon 等人(1999)；Willcocks 和 Lester (1996)<br>Grover 等人(1996)；<br>Mirani 和 Lederer (1998)<br>Jones 和 Hughes (2001)；Symons (1991)<br>Farbey 等人（1999）；Guba 和 Lincoln (1989)；Walsham (1993) |

选自 Stockdale 和 Standing 2006，p. 1095

  Anthony(1965)在管理科学领域里对企业员工进行了分类。他指出组织员工分为三级，分别是：战略型、管理型以及业务型。战略层次的员工着眼于组织总体目标，并分配必需的资源来达成目标。这一层次的员工要做出综合、无规律的决策，他们的主要目标是制定管理整个组织的政策。另外，他们需要具有特别属性的信息,并依赖于有预见性的信息来制定组织长期目标。在管理层次上,提供的信息要能够帮助管理者保证人力和财力资源得到有效使用,并达成战略目标。管理人员(管理层次)处理的是一些有规律(不重复)、已指定的程序;当他们完成一项精确的任务时更喜欢完整的、程序化的信息;他们倾向使用"目标合理"的信息系统。业务型员工处理的都是高度结构化的具体任务,这些任务属于日常业务上明确指定的事务,而且受到组织章程和程序的管理。他们更多处理的数据是个人活动真实产生的,极少涉及组织绩效的关键指标。表3对这三级员工(Anthony,1965)在许多个维度上进行了比较(选自 D. Sedera,Tan 和 Dey,2006)。

**表3 员工以及相关任务**

| 活　　动 | 战　略　型 | 管　理　型 | 业　务　型 |
|---|---|---|---|
| 计划的中心 | 未来的,未来的某个方面 | 整个组织 | 单次任务/业务 |
| 复杂性 | 许多可变因素 | 较不复杂 | 简单的,基于规则的 |
| 结构化的程度 | 非结构化,不规则的 | 有规律的,程序上的 | 结构化的 |
| 信息的属性 | 经过处理的,更加外部化具有预测性 | 综合的,内部的但是整体的 | 针对具体事务的,特定时间的 |
| 时间跨度 | 长期 | 长、中、短期 | 短期 |

Singleton,McLean 和 Altman(1988)分析了 Anthony(1965)的研究结果之后,总结出目前的组织需要对各级员工"统一视角",他们特别强调收集来自各级员工的看法对于评价 IS 投资的重要性。Cheney 和 Dickson (1982)发现不同级别的员工满意度不同。Vlahos 和 Ferratt (1995)通过研究企业中不同级别员工的感知的价值、IS 使用和满意度,发现了"一线雇员"(类似于 Anthony 理论中的业务型员工,1965)比管理型和战略型员工有更高的满意度。

关于企业系统的成功实施,Bancroft,Seip 和 Sprengel (1998)提出三个重要影响因素:

(1) 组织员工之间的有效沟通;

(2) 选择一个稳定的实施团队;

(3) 为组织中每个级别的员工提供足够的培训。

他们还强调不同级别员工应该投入多少管理精力的重要性。Wu,Wang,Chang-Chien 和 Tai (2002)区分了企业系统实施过程中两个主要利益相关者——项目团队内部人员和外部承包人。他们的研究对象是内部的项目实施团队人员,并重点观察高层管理者、关键使用者、最终用户和 MIS 人员。研究者发现在许多领域,关键使用者和最终用户都拥有相对较低的满意度,这一结果再次证明区分不

同员工的重要性。Singletary 等人(2003)从实证上,将使用企业系统的员工分成三类:

(1) 管理人员;

(2) IT 专业人员;

(3) 最终用户。

Shang 和 Seddon (2000;S. Shang 和 P. B. Seddon,2002)在深入调查分析澳大利亚四个公用事业公司的案例后,引入了一个企业系统收益的研究框架。在 Shang 和 Seddon 的框架中,潜在的企业系统收益被划分为 21 个测量指标,这 21 个指标又归入五个主要类别,分别是:业务收益、管理收益、战略收益、IT 基础设施收益和组织收益。Shang 和 Seddon (2000)提出的 ERP 收益框架中的战略收益与 Anthony(1965)分类中的战略型员工相对应,而业务收益和管理收益分别对应相关级别的员工。尽管一些文献认为,从管理层次的员工那里收集他们对企业系统收益的认识最合适,但是 Shang 和 Seddon (2000;2002) 以及 Singletary 等人 (2003)认为技术人员是企业系统评价中独特的而且是重要的群体。同时,Tallon 等人(2000)强调了认识企业系统无形收益的重要性,并提出战略管理人员应该被单独列为一类。企业在进行信息系统评价时,需要做的是应该明确站在谁的立场上。

## 1.4 何时进行评价

通常 IT 的影响作用会出现延迟;因此,考虑何时进行评价显得尤为重要。例如 Hitt,Wu 和 Zhou (2002, p.72)研究发现,对于企业系统"在实施之后,业务绩效和生产率的变化会延迟"。Segars 和 Grover (1995)通过调查信息技术对行业的影响,发现"在研究的三种行业中,没有立刻发现信息技术的影响作用。在引进技术四到五年之后,才会观察到企业结构性的变化"。(p.362)

## 1.5 评价方法

测量企业经济绩效时存在两个主要问题:"一个是数据来源问题,可能是第一手数据(例如,直接从目标组织中采集的数据),也可能是第二手数据(例如,从目标组织的外部采集的数据)。另一个是绩效评估的方式问题,可以是客观的(例如基于一些已建立的体系,如内部会计或是外部机构实施的系统跟踪),也可以是主观的(例如实施人员做出的判断)"(Venkatraman 和 Ramanujam,1987,p. 110)。Powell (1992)比较了两种评价方法:"客观测量方法存在时间较长,它量化系统的输入输出,并将计算出的价值与各个指标相对应。主观测量方法认识到价值如此计算存在缺点,因此计算依据是系统使用者和系统设计者的态度和观点"(p. 30)。

定量方法的技术首先将与系统相关的成本进行分类,然后与测量的收益比较。"主观主义方法论最初出现在 20 世纪 70 年代后期","从某种意义上来看,大多数的主观方法只不过是假冒的——实质上都是定量方法。他们仍然试图用量化结果来区分不同的系统,但量化结果与感觉、态度和认知这些主观因素相关。然而,很少有研究人员尝试把这些抽象价值转变成普通的货币形式。""根据它的特性,主观评价的方法只能应用于基于过去发展的情况。在进行投资决策时,用这种方法来分析是基于类似系统的绩效。虽然是否相似需要用定量的技术进行分析,但是客观属性可以与有代表性的系统比较,这种方法在提出新系统时可以大量使用"(P. Powell,1992,p. 32)。

主观方法是有效的。在 Venkatraman 和 Ramanujam (1987)的一项研究中,要求高级管理人员评价公司绩效,并使用一些不同的绩效指标,例如销售增长额、净收入增长额和投资收益率与主要竞争对手进行比较。结果发现主观因素与客观绩效的测量有很强的相关性,所以论文的作者总结到"高级管理人员的主观数据……在测量企业经济绩效时可以采用"(p. 118)。

### 1.5.1  已采用的绩效测量方法

Kohli 和 Devaraj (2003,p. 130)研究了 IT 价值的文献,发现研究人员使用不同类型的因变量来评价企业绩效。"使用最普遍的因变量是财务指标,例如投资收益率(ROI)、资产收益率(ROA)(Barua 等人,1995;Byrd 和 Marshall,1997;Lai 和 Mahapatra,1997;Mahmood 和 Mann,1993b;Rai 和 Patnayakuni,1997;Tam,1998a)和收益指标(Lichtenberg,1995)。基于生产率和产出的测量采用的因变量包括管理产出(Prattipati and Mensah,1997)、产量(Van Asseldonk 等人,1988)和邮件分类(Mukhopadhyay 等人,1997a)。还有一些学者使用基于支出的测量方法,因变量包括工作时间(Mukhopadhyay 等人,1997a)、费用(Francalanci and Galal,1998)、产能利用率(Barua 等人,1995)和库存周转率(Mukhopadhyay 等人,1995a)。"

Kohli 和 Devaraj (2003,p. 139-141)列出了在 66 种 IT 支出研究中使用的因变量。这些因变量包括:采纳收益、产能利用率、竞争绩效、IT 使用度、财务绩效、公司绩效、利润总额、人均收入、存货周转、IT 资产、IT 劳动力、劳动力成本、劳动生产率、管理总量、经营费用比、产出、感知的生产力、流程节约、生产率、收益率、质量、资本报酬率、收入、收入增长率、ROA、ROE、ROI、ROS、销售额以及企业价值增值。

Melville 等人(2004,p. 296)提出"绩效包括业务流程绩效和组织绩效。"业务流程绩效的测量与运作效率有关,而组织绩效度量影响企业的最终结果,例如成本降低和收入增加。Melville 等人发现以前的 IT 商业价值研究中,客户满意度作为业务流程绩效的测量标准,例如准时交付的案例。组织绩效的测量体系中包含业务指标,如成本降低和生产率提高;基于市场的指标,如股票市场估值和 Tobin's Q 值。

　　Chan(2000)综述了 1993 年到 1998 年期间发表在 CACM,ISR,JMIS 和 MISQ 上关于 IT 价值的文献。Chan 认为有充分的证据显示,IT 价值的研究中使用定量还是定性的分析方法存在分歧,而且对于使用组织层次的指标还是其他指标存在争议。她发现许多研究"不够重视个人层次上的 IT 收益,IT 投资收益的研究几乎全部集中在组织和产业层面"(p.226)。她认为,从更为平衡的角度来看,IT 价值的研究应该使用多种软指标和硬指标,并且应该在多种层次上进行分析。在这些研究中使用的测量指标总结在表 4 中。

**表 4　IT 价值的测量**

| | |
|---|---|
| • 劳动生产率的提高 | • 收入的增长 |
| • 经营成本 | • 员工的销售额 |
| • 改进经营效能 | • 计划执行中的成功理解力 |
| • 培训时间的减少 | • 对组织绩效理解力的改进 |
| • 资本收益率 | • 组织学习力 |
| • 投资回报率 | • 新的产品和服务 |
| • 管理生产率 | • 使用者满意度 |
| • 股价的变动 | • 业务流程改进 |
| • 存货周转率 | • 各种管理活动中花费的时间 |
| • 消费者福利 | • 提供给客户的便利、信用和控制力 |

选自 Chan 2000, pp.252-260

　　Venkatraman 和 Ramanujam(1986)对测量企业绩效的方法进行了分类,并列出每种方法的优点和不足。他们认为财务绩效是"企业绩效中范围最窄的一个概念"。测量财务绩效主要使用简单的基于结果的财务指标,例如销售增长额、每股收益率和盈利(受比率影响,例如投资回报率)。企业绩效更广的定义包括业务绩效,测量业务绩效的指标包括"市场占有率、引进新产品、产品质量、营销效能、制造附加值以及其他测量技术效率的指标"。

　　Murphy 和 Simon(2002)综述了 ERP 项目中无形收益的重要性。他们按照确定性和可定量的程度,将收益分为四类(少部分、一部分、大部分、全部)。根据分类,无形的或难以量化的收益包括:对企业联盟的支持、推进业务创新、建立成本领先优势、增加产品差异化、建立外部联系、建立对于当前和未来变化的业务灵活性、增加 IT 基础建设能力、支持组织变革、促进业务学习并建立共同愿景。

### 1.5.2　测量的问题

　　Dedrick(2003,p.19)分析认为:"准确测量 IT 投资回报取决于精确计算企业和产业业务流程中的投入和产出。这个领域的测量问题非常困难。尽管服务部门属于 IT 资产的主要部分,但是测量服务部门的产出就非常困难,这就像是在制造部门中计算由产品质量和种类引起的无形收益。"

Alpar 和 Moshe (1990)指出,"根据关键比率来推算信息技术的价值容易起误导作用,尤其当那些比率是根据片面数据计算出来的时候。"

"IS 评价的研究过去一直由实证主义者和科学范式控制。"它"过分强调技术和计算,却牺牲了组织和社会因素。"(Vasilis Serafeimidis 和 Smithson,2000)

Smithson 和 Hirschheim (1998)列举了一些评价信息系统会面临的实际困难:"信息系统是社会系统(Goldkuhl 和 Lyytinen,1982;Land 和 Hirschheim,1983),它经历了长时间的发展,所以决定何时进行评价非常困难。认识到使用者的困难意味着在收益传导过程中存在延迟(Brynjolfsson,1993)。Willcocks 和 Lester (1993)指出了其他一些内在问题:对人力和组织相关成本缺乏认识、过高估计成本的风险、忽视无形收益的风险、使用不合适的测量方法以及传统的基于财务评价方法的问题。Ballantine 等人 (1994)强调应该将系统需求放在第一位,也就是进行有效评价时,要识别和量化相关的成本与收益。从他们的研究中,Canevet 和 Smithson (1994)发现组织面临以下一些问题:提高成员参与度、选择合适的测量方法、测量错误和结果的可接受性。Lincoln (1990)认为 IS 评价与企业绩效没有充分的相关性,所以 IS 带给企业的贡献并不能被识别。Sassone 和 Schwartz (1986)认识到将无法量化的收益尝试用货币价值来表示是非常困难的,它也是投资新技术时面临的一个主要障碍。"

### 1.5.3　测量影响

技术本身通常不能产生价值。今天,IT 在组织中的作用已经由技术核心转变为业务流程核心和关系核心。同样地,IS 评价也由测量财务收益率/技术绩效转变为测量影响。20 世纪 80 年代早期以来,一部分学者例如 Porter 和 Millar (1985)开始强调新兴信息技术的战略重要性,以及它改变产品属性、业务、公司、产业甚至自身竞争力的重要作用。

### 1.5.4　IT 成功性/有效性

在研究 IT 成功性的领域中,有一篇文献具有创造性:DeLone,W. 和 McLean,E. R. (1992).信息系统的成功:寻求因变量. *Information Systems Research*,3(1),60-95。这篇文献以及随后的研究在第 3 部分进行了更详细的讨论——测量信息系统成功性。IS 成功性通常是站在组织层次评价信息系统。

### 1.5.5　其他影响因素

Rai 等人（1997）经过调查发现，IT 投资对企业产出和劳动生产率有积极影响作用，但是企业绩效可能取决于其他因素，例如企业管理流程和 IT 战略关联的质量，这些因素在不同组织中会发生改变。

同样地，Dedrick 等人（2003）认为，不同组织中 IT 投资带来的绩效可以解释为组织资产的补充性投资，例如分散决策系统、在职培训和业务流程再造。IT 不仅是一个令现有流程自动化的简单工具，更重要的是它应该作为组织变革的使能者，进而提高传统生产率。

Powell（1992）也认为"IT 单独使用不能产生持续的绩效优势"，但是，"一些企业利用 IT 补充无形的、互补的人力和业务资源，例如灵活的文化、战略规划——IT 整合以及供应商关系。"

最近，Melville 等人（2004）综述了信息技术和组织绩效之间关系的文献，并宣称"IT 是有价值的，但是价值的广度和深度取决于内外部的因素，包括互补性的组织资源、贸易伙伴，以及竞争和宏观环境。"（p. 283）

经理们需要战略性的眼光——要有能力认识竞争和宏观环境，并利用机会支持 IT 获得竞争优势。Love 和 Irani（2004，p. 227）研究了建筑业里 126 个中小型企业，发现"合理判断 IT 投资的一个主要障碍是由于缺乏战略性的眼光。企业采用 IT 之后，在战术和业务收益上没有重要变化时，应该寻找战略收益的改变。"

### 1.5.6　IT 投资的时效性

Lee 和 Kim（2006）发现"IT 投资在信息高密集产业中的作用明显地大于信息低密集产业，无论在哪种产业里，IT 投资的滞后效果都大于即时效果。比起信息低密集产业，信息高密集产业中的企业更需要认识到 IT 投资的绩效因素。"

Weill（1992）认为早期采用 IT 的企业都获得了巨大的成功，但是当技术变得普遍时，竞争优势就会丧失。

（因为出版页数限制，本章 222～268 页在所附光盘中）

# 第9章　决策支持系统

梁定澎[1]，李庆章[2]

（1. 台湾中山大学；2. 高雄第一科技大学）

## 1　绪论

决策制定是企业经营管理的一个主要活动，好的决策可以为企业带来利益、持续成长，产生巨额的利润；而不好的决策小则影响收益，大则可能影响企业的生存。经理人都希望决策会有好的结果，然而由于信息或知识的不足，决策的过程中充满了不确定性（uncertainty），因此决策经常存在一定的风险。

若能在决策过程中提供决策者相关的信息与知识，可以协助决策者降低不确定性与错误，提高决策的正确性。"决策支持系统"（Decision Support Systems，DSS）的目的即在利用信息科技在数据收集、计算、分析与处理的能力，透过与决策者的互动，提供决策制定所需的信息与知识，降低决策过程的不确定性，提升好的决策结果产生的几率。

DSS 的研究基本上经过几个阶段。第一个阶段注重在 DSS 系统的概念发展及应用；第二个阶段则注重在相关的数据管理、模型管理等技术的研发；第三阶段注重在群组决策的支持和智能型技术的应用，利用人工智能来开发出先进的Intelligent DSS 系统；目前的第四阶段则特别注重整合过去发展的各项技术，开展网络上的应用。

本章介绍 DSS 的基本概念、相关研究的现况与未来的可能研究方向。内容规划如下：第 2 节介绍 DSS 的发展与演变；第 3 节说明 DSS 的研究架构；第 4 节介绍 DSS 的应用层级，包括个人决策支持系统、高阶主管信息系统（Executive Information Systems，EIS）、群组决策支持系统（Group DSS）与组织决策支持系统（Organizational DSS）等；第 5 节介绍 DSS 的科技，包括数据导向科技、模型导向科技、文件导向科技、智能型导向科技与人机接口设计研究等；第 6 节说明 DSS 的未来研究方向；最后是本章之结论。

115

## 2 DSS 的发展与演变

DSS 的起源可追溯到 1971 年 Gorry & Scott Morton 首先提出"管理支持系统"的名词,为了提升管理信息系统的能力,他们以 Anthony(1965)的管理活动类别与 Simon(1960)的决策类型为基础,提出一个决策支持系统的架构。Gorry & Scott Morton 将决策支持系统定义为:"交互式的计算机系统,用来帮助决策者使用数据与决策模型解决非结构化问题。"后来,Keen & Scott Morton (1978)将决策支持系统进一步定义为:"结合个人的智力资源与计算机的计算能力来改善决策质量,以计算机为基础之支持系统用以协助决策者处理半结构化的问题。"

随着信息科技与 DSS 应用的演进,许多后续的研究者也都针对 DSS 下过定义,表 1 中列出近几年的定义。

**表 1 DSS 的定义**

| 年　代 | 研究者 | 定　　义 |
|---|---|---|
| 2002 | Power | 一个计算机化的交互式系统,可以协助使用者利用计算机通讯、数据、文件、知识与模型来解决问题与制定决策。 |
| 2006 | 梁定澎 | 理论定义:<br>决策支持系统为交互式计算机系统,运用数据、模型分析、专家知识及其他资源,透过友善的人机接口互动,协助个人或团体决策者提升半结构化决策的绩效。<br>实务定义:<br>决策支持系统是建构在公司既有信息系统之上的加值系统,以增加信息投资的附加价值,提高组织的决策绩效。 |
| 2007 | Turban et al. | 决策支持系统是一套交互式、弹性的、及调适性的计算机化信息系统(CBIS),目的是设计用以支持非结构化管理问题之解答,进而改善决策绩效。DSS 使用数据,提供简单的操作界面,并且能在系统中整合进来决策制定者的个人意见。 |

图 1 可以用来显示 DSS 各阶段的演进与彼此关联性。DSS 的研究始于 1970 年代,最早期是结合信息系统、运筹学与决策理论所形成的一个研究领域。1980 年代起,DSS 的发展有三个方向,第一个方向结合人工智能与专家系统发展成智能型 DSS;第二个方向结合数据库技术与在线分析处理(OLAP)技术发展成 EIS;第三个方向结合社会心理学与群体行为理论发展成群组支持系统(Group Support Systems,GSS);1990 年代的两个重大发展方向为数据仓储技术的应用与群组支持系统的发展;到了 2000 年代,主要的发展方向转变为有学习能力的智能型 DSS 和 Internet 上的企业信息入口(Enterprise Information Portal,EIP)(Arnott & Pervan,2005)。

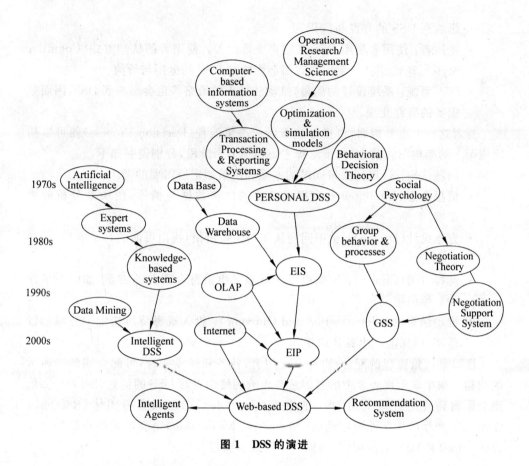

**图 1 DSS 的演进**

随着 Internet 与行动科技的发展，DSS 在各个研究领域的发展均因网络科技的出现而朝向网络化的 Web-based DSS 发展，例如强调支持在线购物的智能型代理人（Intelligent Agent）、提供 Internet 上产品推荐的系统（Recommendation System）等。

# 3  DSS 的研究架构

梁定澎早在 1986 年便指出决策支持系统的主要关键要素包括环境、任务、使用者和 DSS 系统，如表 2 所示（Liang，1986）。

- 环境：和决策的情境相关的一些组织因素，例如环境的压力、主管的支持度、权力和政治结构等。
- 任务：任务指需要决策的工作项目。例如，用来支持生产排程的 DSS 便和支持选定设厂位置的 DSS 会有所不同。任务的复杂性和信息复杂度都会影响到 DSS 的开发与应用。

- 使用者：使用者是用 DSS 来制定决策的人。使用者的认知方式（Cognitive Style）、动机、期望、使用方式都会影响到 DSS 的运用与价值。
- DSS 系统：系统设计的质量，推动和导入的策略等也会影响到 DSS，因而是重要的研究变项。

针对这四个重要构面，再搭配决策者的决策流程（Decision Process）便可以描绘成图 2 的架构图。其中，决策流程主要包括五个阶段，分别说明如下：

- 问题认知：认识到决策问题的本质和决策制定所需要的考虑。
- 情报搜集（Intelligence）：搜寻必要的决策数据与情报，使决策分析能更正确。
- 方案设计（Design）：根据问题认知与决策情报，找出可能的行动方案，并加以分析。
- 选择方案（Choice）：根据决策准则来找出最符合需要的方案，加以采纳作为后续的推动。
- 推动结果（Implementation and Outcome）：投入资源将所选定的方案加以落实，确保能产出具体成果。

DSS 和决策流程的配合，再加上使用者、任务和环境变量，可配合成图 2 所示的架构。图中显示在表 2 中的各因素会影响到使用者对 DSS 的信念（Belief），而信念会影响到使用者对采用 DSS 的态度（Attitude），态度和参考团体（Reference Group）等产生的规范性遵循动机（Normative Motivation）则会影响到决策的意向（Intention）和 DSS 的使用，并进而产生绩效与满足。

**表 2　DSS 的四个要素**

| DSS | 使　用　者 | 任　　务 | 环　　境 |
|---|---|---|---|
| —Quality of System<br>• Accuracy of model<br>• Representation format<br>• Response time<br>—Implementation strategy<br>• User involvement<br>• Evolutionary design | —Cognitive style<br>—Human bias<br>—Motivation<br>—User expectation<br>—User training<br>—Background and experience<br>• Length of DSS use<br>• Experience with I. S. | —Information complexity<br>—Job complexity<br>—Importance<br>—Uncertainty<br>—Newness | —Environment stress<br>—Information transfer Specialist<br>—Management support and attitude<br>—Power, politics, and other considerations |

摘自 Liang, 1986

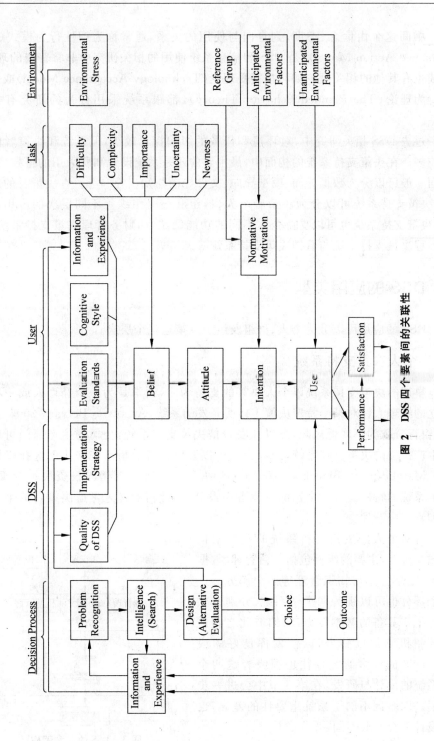

图 2 DSS 四个要素间的关联性

中间这个由信念、态度,到意向与使用的关系,通常称为理性行为模式(The Reasoned Action Model),是 DSS 和信息系统使用的相关研究中非常普遍的理论。后续也有其他的相关理论如科技接受理论(Technology Acceptance Model)或是计划行为理论(The Planned Behavior Theory),都跟系统采用行为的研究有密切关系。

过去 DSS 相关研究中,对环境和任务的影响探讨较少,但系统和决策者的特性较多。在决策支持系统的构面中,最主要的还是系统设计和所采用的科技,在这方面一般可以分为数据导向、模型导向、文件导向与知识导向等。在决策者的层面上,决策支持系统可以分为决策者个人、群组和整个组织等不同层次的应用。另外,决策支持系统也可以支持企业不同的功能领域,如财务管理决策支持系统、生产排程决策支持系统与营销决策支持系统等。

## 4 DSS 的应用类型

DSS 的应用可以分为个人、群组及组织决策这三个层次。

### 4.1 个人决策支持系统

早期的决策支持系统以个人决策的支持为主,通常是为一个经理人或一小群独立的经理人针对某个特定决策工作所开发的系统(Arnott & Pervan, 2005)。例如,银行贷款为了降低风险,可以开发授信决策支持系统,公司的生产部门可以开发生产排程的决策支持系统,证券公司可以开发投资分析系统来协助选择投资标的。Marqueza and Blanchar(2006)便介绍了一个支持营销与投资决策的 DSS。这类系统的特性是针对个别的决策者而设计,因此需要深入考虑决策者的个人需要和喜好来开发。

针对个人的决策支持系统的基本架构如图 3 所示,主要的组件包括对话管理、数据管理、模型管理与知识管理等四个部分。这四个部分也可以视为四个子系统,分别提供 DSS 所需具备的基本能力,它们彼此之间透过控制机制加以整合,以便发挥良好的成效。DSS 的许多研究往往也围绕着这四个子系统的设计与研发,在第 5 节中会进一步介绍。DSS 因不同子系统重要性的差异,也在设计上会有些不同,并分成几类:

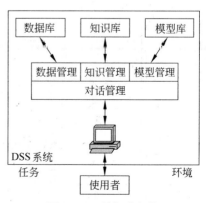

图 3 DSS 的概念架构

- 数据导向 DSS：有大量数据，并以数据库及数据分析为重点的系统，主要的例子是高阶主管信息系统（EIS）。
- 模型导向 DSS：运用复杂的数学模型为基础的 DSS，如生产排程系统。
- 知识导向 DSS：利用专家的判断性知识为依据的 DSS，如医疗诊断或人力调拨 DSS。
- 文件导向 DSS：以文字性信息为基础提供决策分析的 DSS，如法律咨询或诉讼支持系统。

## 4.2　群组决策支持系统

除了支持个人应用之外，DSS 也常用来支持一群人的共同决策，叫做群组决策支持系统（Group Decision Support Systems；GDSS）。依据 DeSanctis & Gallupe（1987）的定义，GDSS 为结合通信、计算机与决策科技的交互式计算机系统，用来支持群体中非结构化之问题形成与解决。GDSS 的目的在透过降低共同的沟通障碍，提供结构化的分析技术，有系统地指引讨论的形式、时效与内容，以改善团体决策的程序（Lam，1997）。关于 GDSS 的研究，由 1980 年代末期开始，以美国明尼苏达大学及亚利桑那大学为中心，直到 1990 年代末期，累积了非常多相关知识，但是因为当时计算机网络不很成熟，因此大部分都是在实验室里完成，目前随着大量网络上的交谈与会议系统，应该有更多发展的空间。

由于群体的活动可能包括许多类型（如讨论、设计），而不一定只是决策。因此，后来计算机系统对群组的支持也称为群组支持系统（Group Support Systems，GSS），指应用信息科技来协助各种群体合作的系统。GSS 包括了图 4 中的三个概念：计算机辅助协力工作（Computer Support Collaborative Work，CSCW）、群组决策支持系统（GDSS），以及电子会议系统（Electronic Meeting Systems，EMS）。GDSS 的重点在于群组决策的流程及所支持的群体活动；CSCW 着重于需要合作完成的工作，如共同编辑、协同设计等活动的支持；另外，EMS 或视讯会议系统（Video Conferencing Systems）则是指可以用来帮助群体透过计算机网络来传输会场及与会者影像，以辅助会议进行的信息系统。这些研究领域彼此也有很密切的关系。

DeSanctis and Gallupe（1987）把 GDSS 所能提供的功能分成三级。第一级的 GDSS 着重于运用科技来排除群体决策过程中的沟通障碍。这一级的系统提供立即显示成员意见的大屏幕、表决方式与计票、匿名表达意见与成员间交换意见等功能，这是 GDSS 最基本的功能。目前常见的 MSN 通信软件便具备这些功能。

第二级的 GDSS 除了提供第一级的功能之外，还提供决策建模以及群体决策的技巧，如脑力激荡程序的控制、Delphi 方法等，使决策成员能控制群体决策中的

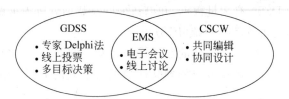

**图 4    GSS、GDSS、EMS 与 CSCW 之间的关系**

不确定性与冲突。例如,GDSS 可以提供一个模型,为成员分析对方的策略与可能的妥协之处,协助意见不同的双方达成妥协。

第三级的 GDSS 除了拥有前两级的功能外,再加上决策的智能。例如,GDSS 可依照群组间沟通的方式而归纳出特定形态,并据以调整系统、增加效率。GDSS 也可以把专家知识建立到系统中,以掌握议程或加速决策。

简单地说,这三级 GDSS 可以分别称之为沟通、建模与谈判,以及智能型支持。沟通所需要的主要功能在于网络通信与数据库能力、建模与谈判所需的在模型库能力,而智能型支持所需要的则是人工智能与学习能力(Liang, 1988;梁定澎, 2006)。

在 GDSS 和 GSS 研究中,主要的研究课题包括:

- GDSS 的使用效果:使用 GDSS 开会与传统开会方式的效果比较。
- 匿名的效果:发表意见使用匿名与具名对 GDSS 使用之影响。
- 协助者(Facilitator)的影响:协助者对于 GDSS 使用的影响。
- 群体规模的影响:参与会议人数多寡对 GDSS 使用的影响。
- 领导者的作用:会议成员中有无领导者对 GDSS 使用的影响。
- 成员所在地点的影响:与会成员是否在同一会议室或分散在不同地点时, 对 GDSS 使用的影响。

过去有许多的相关研究针对上述 6 个课题,对于参与 GDSS 会议成员的参与平等性、决策时间、共识形成、会议生产力、决策质量、参与者之满意度等进行探讨。但是历年来 GDSS 的使用对于决策成效影响之相关研究成果存在相当大的差异 (Lam, 1997; Limayem, et al., 2006)。

例如,Nunamaker 等人(1987)的研究成果认为 GDSS 对决策质量与决策所需时间都有正面的提升;Gallupe 等人(1988)的研究成果认为 GDSS 对决策质量有正面的影响,但是对决策所需时间有负面的影响;而 Watson 等人(1988)的研究成果则认为 GDSS 对决策质量有负面的影响。Nunamaker 等人(1991)认为 GDSS 的绩效会受到外在群体、任务、环境和系统等构面之影响。

Hung & Liang(1997)整理过去的研究结果,将 GDSS 使用之相关研究成果归纳分析后,发现下列的现象:(1)使用 GDSS 的会议,成员的平均参与度和会议生产力较高,决策质量会比较好,但是会议进行时间通常会比较长;(2)匿名发表意见的会议,会有较高的生产力,但是参与者之满意度会比较低;(3)参加会议群体规模愈大,会议生产力愈高,决策质量也会愈高;(4)相较于成员分散在不同地点之不见面会议模型,面对面的 GDSS 会议成员会有较高的满意度。

近年来随着合作系统的方便(如 MSN 及在线会议系统),对 GDSS 或 GSS 的研究仍有其价值,也有进一步分析的必要,但是代表性的好研究成果还不很明显。

## 4.3 组织决策支持系统

相较于 DSS 支持个人的决策制定,GDSS 支持群体共识产生与决策制定,组织决策支持系统(Organizational Decision Support Systems;ODSS)则着重在支持全组织的不同决策流程(Sen et al.,2000)。依据 George et al.(1992)的定义,ODSS 为利用通信、数据与问题解决技术来支持组织决策流程之信息系统,ODSS 提供一个全组织的平台来强化、协助与启动组织成员的工作。

ODSS 的主要特性包括:(1)支持整个组织的任务或决策,因此其影响范围会涵盖数个组织单位;(2)会横跨数个组织功能与管理层级;(3)须使用到计算机科技与通信科技;(4)必须让多个使用者可以方便地存取数据与决策模型(George,1992)。

Santhanam et al.(2000)针对 ODSS 对个人与组织影响进行研究,结果显示,要有成功的 ODSS,管理者必须要能了解个别使用者的需求,同时也要具备不同组织层级的沟通协调机制。而影响 ODSS 成功的主要因素包括:使用者的参与、管理阶层的支持与系统的特性等三项;另外,在组织层面上,使用规划委员会来推动 ODSS 与 ODSS 的结构化程度等两项因素亦与 ODSS 的成功有正向的相关。

因为组织决策颇为复杂,因此与 ODSS 相关的研究数量较少,近来比较有代表性的是 Tian 等人 2005 年发表在 DSS 期刊上,针对科研项目(R&D Project)的选择所发展出来的系统,协助中国的国家科学委员会来选择研发的项目,也在实务上获得采用。

(因为出版页数限制,本章 278~295 页在所附光盘中)

# 第 10 章　系统分析和设计研究中的一个设计科学范式：UML 案例①

**Keng Siau**[1]，**Xin Tan**[2]

（1. University of Nebraska at Lincoln，USA；

2. Silberman College of Business at Fairleigh Dickinson University，USA）

　　**摘　要**　信息系统(IS)学科中的设计科学致力于产生包含思想、实践、技术能力和产品的设想，它们能有效解决信息系统的分析、设计、运行和使用(Hevner et al，2006)问题。系统分析和设计(SA&D)研究，与设计科学范例较为相近，但缺乏来自行为科学范式的正确评价。为了形成范式基础，我们建立了 SA&D 研究的概念框架。此框架源于多篇系统阐述信息系统领域设计科学范式的文章。我们用此框架分析了 AMCIS 会议集上的一些 UML 文献，初步分析结果表明我们对 SA&D 建立的框架是可行的，并且是卓有成效的。

　　**关键词**　设计科学，系统分析和设计，UML

## 1　引言

　　系统分析和设计(SA&D)是信息系统(IS)学科的核心领域之一。实践中，系统分析和设计力图辨识商业问题、捕捉信息需求、分析数据结构、设计电子化信息系统。可以说，它是由在很大程度上能够决定信息系统开发项目的成功与否的一系列重要步骤组成。理论上，系统分析和设计的主要目标是识别和解决分析和设计活动中产生的问题(Iivari et al.，2006)。本篇关注的是系统分析和设计的科学层面，例如系统分析和设计的研究。

　　然而，信息系统教学中许多教程只注重对信息系统的设计和开发，而和设计相关的研究很零散，在 IS 文献中涉及的也不多。下列诸多因素导致了教学与科研间的差距(Bajaj et al.，2005)：缺乏在顶尖 IS 期刊上发表的机会，缺乏制度这个大环境的支持，缺乏对博士研究生的培养，同时缺乏严谨的学术作风。然而，所有这些因素都可归结为系统分析和设计与其他信息系统间的范式差别。这里的研究范式

---

指的是"研究什么"。Hevner et al（2004）识别出了能够体现信息系统领域研究特点的两个范式：行为科学和设计科学。起源于自然科学研究方式的行为科学范式探讨"什么是正确的"，而"源于工程学和人工的科学（Simon，1996）"（p. 76）的设计科学范式则探讨"什么是有效的"。

　　系统分析和设计的研究基本上属于设计科学范式的领域。系统分析和设计研究的主要目标是产生或评定 IT 设想，以解决在信息系统分析和设计中发现的组织问题。根据 March 和 Smith（1995）所作的定义，由信息系统中设计科学研究产生的 IT 产品包括概念（词组和符号）、模型（术语和表达）、实例（工具和原型系统）。在系统分析和设计领域，研究主要集中在概念上，例如实体-关系模型（ERM）（Chen，1976）、统一建模语言（UML）以及利用这些工具建立信息模型的一些建模方法。

　　目前，许多已发表的信息系统的研究中，都使用行为科学的范式发展并验证了个体和组织行为的解释和预测理论，信息系统的研究者全面揭示了与行为科学相关的问题，例如理论基础、研究方法和评定。作为信息系统研究中行为科学范式的补充，一些研究者也曾致力于鲜为人知的设计科学范式引入信息系统领域（Gregor 2006，Hevner et al. 2004，Iivari 2002，Walls et al.，1992）。据我们所知，还没有人从设计科学的角度深入讨论过系统分析和设计研究。与信息系统中主流——行为科学相比，系统分析和设计研究其实与设计科学更为接近（Bajaj et al.，2005）。因此，为了能更好地理解及促成该重要研究领域中更多高水平的研究，对系统分析和设计中设计科学研究的调查对于评定研究现状是非常必要的。

　　在系统分析和设计中还有许多具有挑战性的问题值得我们去探讨，例如建模、面向对象的开发、敏捷方式和分布式开发环境（Bajaj et al，2005）。本文，我们对作为系统分析与设计的特例统一建模语言（UML）的相关问题进行了研究。此文的主旨是深入理解和评定在系统分析与设计研究中的设计科学范式。为了能达到此目标，有必要先回顾一下以往的 UML 研究。（1）UML 不仅表现概念，还表示信息建模方法，这也是系统分析和设计中的重要主题；（2）存在已有十年之久的 UML，作为面向对象建模方法的信息产业标准，在系统分析和设计领域的研究上有着重大的影响；（3）人们广泛采用统一建模语言表明产业上向面向对象开发的全面转变。因此，作为研究之需，本文不仅阐述了研究规则的设计研究的问题（Hevner et al.，2004，Iivari 2002，March and Smith 1995，Walls et al.，1992），而且还回答了信息系统开拓者们所提倡的信息系统研究要讲实用性（Benbasat and Zmud 1999，Iivari et al.，2004）问题。

　　全文结构如下：在理论背景部分，介绍了研究范式的相关概念，界定了在设计科学范式下系统分析和设计研究的范围。为了从设计科学角度更好地理解系统分析与设计的研究，本文建立了一个概念框架。接下来，回顾了实施和评价好的设计科学研究的标准（Hevner et al.，2004），并讨论它们在系统分析与设计研究中的应

用。基于所提出的框架和标准，评价了近期在 IS 杂志上发表的关于 UML 的样板
文章。最后提出了研究结论和未来研究方向。

# 2　理论背景

在这个部分，我们先介绍了 IS 研究中和设计科学范式相关的概念。接着讲
SA&D 研究中的主要问题，以及它们和设计科学范式的关系。最后，为了能从设
计科学角度易于理解 SA&D 研究，我们建立了一个概念框架。

## 2.1　信息系统研究中的设计科学范式

在 IS 文献中，为了寻求信息系统领域的理论核心和学术定义，时常有和"研究
什么"相关的问题提出。尽管这些问题相当重要，但是相较于认识论上的讨论（如
实证论和解释论的"认识方式"），在这些方面的讨论还是很少的。一些研究者指出
了 IS 研究中范式间的差异。例如，Walls（1992）指出了 IS 研究中设计理论的特
点，同时指出社会科学研究的目的是解释特定目标存在的原因及预测和目标有关
的结果，相反，设计理论的目的是为了促成目标的实现。直到最近，一些 IS 研究者
才系统地说明了 IS 研究中范式间的差异。

Hevner et al（2004）在设计科学的会议论文中明确了信息系统研究中设计科
学的地位和价值。他们在信息系统研究中定义了两个互补但又有所区别的范式。
行为科学范式，通过提出假设并给出经验证明，致力于对 IS 的分析、设计、执行和
使用过程中的组织和个人现象进行解释和预测的理论。设计科学范式寻求引起新
变革，产生体现思想、实践、技术能力和产品的设想，有效实现信息系统的分析、设
计、运行和使用。为了便于理解 IS 研究，Hevner et al（2004）建立一个概念框架，
并进一步指出：行为科学研究的目标是原理，而设计科学研究的目标是实用程序。
原理和实用程序是密不可分的，因为"设计源于原理，实用程序产生理论"。换言
之，"一个工具由于未被发现的原理而产生实用程序。　个理论终究会发展到原理
在设计中的应用。"（p. 80）

基于信息系统研究的框架，Hevner et al（2004）深入阐述了设计科学的实质。
他们认为，"设计科学是以独特或创新的方式，采用更为有效解决问题的方法，研究
还没有解决的重大问题。"（p. 81）他们认可组织设想和支持该组织的信息系统的特
点，而争论集中在人工的科学（Simon，1996）。Hevner et al（2004）也发展了一套
评判设计科学研究好坏的准则。他们用自己所提出的准则评价现有的论文，以便
说明如何把它们运用在研究、回顾和评论工作上。Hevner et al（2004）总结出设计
科学范式"在解决困惑 IS 研究的两难抉择问题上起到了重要作用：严格、恰当、学

科边界、行为和技术"。

从另一个角度讲，Hevner et al's（2004）在近期 IS 文献中把设计科学范式看作是一种模仿。例如，Iivari（2002）指出 IS 文献中缺乏建设性的研究，并且提倡一种类似于工程学的应用型规则，以便能够开发出不同程式处理器支持信息系统的发展。在 Gregor（2006）最近的一篇研究 IS 理论结构性特点的研究中，作为 IS 著作五个主要理论之一，他将设计和行为的理论进行了分类。这些理论的主要目标是规则，例如对设计架构中的或方式或结构或两者兼有的描述。

设计科学范式为系统分析和设计研究的操作和评价提供了有效基础。这是因为，系统分析和设计研究，从本质上讲，类似于设计科学，而不是行为科学（Bajaj et al 2005）。在我们进一步详细阐述系统分析和设计研究与设计科学范式间的联系之前，我们先回顾一下系统分析和设计领域的主要论文。

## 2.2　系统分析和设计中的研究问题

系统分析和设计涉及信息系统开发中的许多活动，尤其是在早期阶段。系统分析的主要目标是识别和证实支持组织活动的信息系统的需求。相反，系统设计主要是定义软件系统的系统结构、组成、模块、界面和数据存储，以满足系统分析时的特殊需要（Iivari et al 2005）。系统分析和设计中有几个关键步骤。

### 2.2.1　信息需求的确定

众所周知，确定正确完整的信息需求是设计信息系统中的关键部分。事实上，许多信息系统之所以失败是因为缺乏清晰明确的信息需求定义。信息需求的确定也称为需求定义、需求搜集、需求导出和需求工程，关注于解决"建立什么"的问题。系统分析人员要用一系列程序评定所建立的系统中需要的功能性。

在需求确定中有四个任务（Pohl，1996）：
- 需求规范：在考虑改进和描述所要开发系统的需求和限制的目标下，了解所要改善系统所处的组织环境。
- 需求协商：在相关利益相关者之间建立系统需求协议。
- 需求描述：建立真实世界需求到需求模型的映射。
- 需求确认：确保和原始利益相关者的需求保持一致，考虑所处公司的内部限制和所处环境的外部限制。

### 2.2.2　概念建模

概念建模是信息需求确定的基石。概念建模的产物——信息模型，不仅提供需求描述以促进利益相关者之间的交流，还提供了开发信息系统的正式依据。概念建模尤其与需求工程中的两项任务——需求描述和需求确认直接相关。在需求描述里,概念模型是用来描绘真实世界需求的。在需求确认中,利益相关者可通过概念模型来确定他们的需求是否已被准确表达。

### 2.2.3 数据建模

大多信息系统是以数据为中心的。为了有效在计算机化的信息系统中管理和组织数据,系统分析人员通常在系统分析与设计时进行数据建模。数据建模是建立反映数据结构的(通常是可视化的)数据模型的过程。实体-关系(ER)模型(Chen,1976)是最流行的数据建模方式之一。它是在 20 世纪 70 年代后期发明的概念层上的数据结构建模方式。

众多系统开发之所以失败是因为系统分析与设计过程中产生了问题。因此,懂得并改进系统分析和设计是信息系统学科研究任务的重点(Bajaj et al. , 2005;Iivari et al. , 2006)。从事系统分析与设计的专业人员和研究者经常设计不同的工具以增强系统分析与设计活动的效率和效能,最终增强系统的可用性。这些工具包括建模符号、建模方法、需求提取方法以及计算机辅助软件工程(CASE)工具。尽管这些都很重要,但是系统分析和设计的研究在 IS 领域还是未被充分重视(Vessey et al. , 2002)。我们赞同 Hevner et al. (2004)的观点,行为科学和设计科学组成了完整的研究领域,以解决信息技术生产性应用中产生的基本问题。但是,系统分析和设计缺乏推广,是由于系统分析和设计研究过于倾向于行为科学范式上。因此,深入了解系统分析和设计研究与设计科学领域如何契合,有助于解决"把苹果比作橘子"的问题。

## 2.3  系统分析与设计的研究框架

在建立系统分析与设计的研究框架前,有一些相关术语要说明一下。首先,行为科学和类似的术语(如设计科学和组织科学)可能产生混淆。因此,我们采用了Aken (2004)的分类法,区分科学领域中的这三个范畴:(1)形式科学;(2)解释性科学;(3)设计科学。形式科学,通过建立理论命题体系检验其内在逻辑连贯性,例如哲学、数学(p. 224)。解释性科学,描述、解释或预测在本领域内观察到的现象,包括自然科学和社会科学中的主要部分。设计科学,发展设计与实现设想中的知识,例如解决构造问题,或是改善现存实体的性能,例如解决改进的问题。在这个分类中,无论 Hevner et al. (2004) 所用的行为科学,还是 Walls et al. (1992)所用的社会科学,都明显属于解释性科学领域,它们主要是探求"什么是正确的"。而设计科学注重的是"什么是有效的"(Hevner et al. , 2004)。

其次,关于"artifact"(产物)这个术语,有各种不同解释。例如,Orlikowski and

Iacono（2001）对 IT 产物进行了多重定义，大多涉及使用计算机相关工具的组织和人员构成。此文中，IT 产物等同于为特定商业需求建立的信息系统设想。March and Smith（1995）把信息系统中设计科学产物分了四类：概念、模型、方法和实例。Hevner et al（2004）进一步对 artifact 进行了定义：（1）概念提供了定义和解决问题时用到的词汇和符号；（2）由概念促成了模型的建立或问题范围的表述；（3）紧接着运用概念建模之后的是方法；（4）实例展示了设计过程和设计成果的可行性。在系统分析和设计下，概念产物的一个实例是 UML——面向对象建模的标准语言。由 UML 规范产生的范式，例如类图和案例图解，可以看作是问题范围的模型产物。一篇介绍使用 UML 方法模拟企业问题和系统需求的文章，就是方法工具的一个例子。最后，支持 UML 建模活动的计算机辅助软件工程工具可以看作是实例产物。

　　信息系统中设计科学研究的结果是能解决重大组织问题的目标产物（Hevner et al.，2004）。在系统分析和设计研究中，设计工具的创造和评估是评判的关键（Bajaj et al.，2005）。基于这点，我们建立了一个概念框架（见图 1），以便从设计科学角度理解系统分析和设计研究。

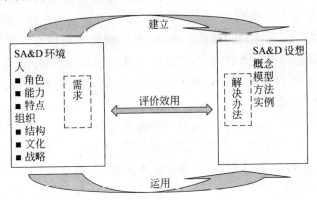

**图 1　系统分析与设计的研究框架**

　　系统分析与设计的环境决定了问题的空间（Simon，1996），其中有涉及 SA&D 的人员和组织。人员包括（但不只局限于）系统分析专家、系统开发者、系统使用者、项目资助者及项目经理。由这些人的角色、能力及特点形成了对相关 SA&D 的需求。SA&D 需求同样也受组织结构、文化和战略的影响。所有这些定义了 SA&D 研究者所理解的"问题"。面对特定的需求，SA&D 研究可以两种方式展开。一方面，研究者和项目发起人可以定义新的 SA&D 产物以满足所确定需求。另一方面，研究者和项目发起人可以应用现有 SA&D 产物解决特定的需求。由于效用是设计科学的最终目标，任何方式下 SA&D 产物必须从满足需求的效用角度评价。

　　设计科学研究中有一个问题必须解决,即区分常规设计和设计研究(Hevner et al.,2004)。在 SA&D 中,我们要区分 SA&D 实践和 SA&D 研究。SA&D 实践是运用现有设想解决 SA&D 常规问题,例如根据使用者信息需要,用 UML 应用的案例范式建立一个薪酬支付系统。另一方面,SA&D 研究以独有或创新的方式处理重要的未解决问题,或是对重要的已解决问题以更有效的方式进行重新处理。SA&D 实践和 SA&D 研究主要区别是对效用的清晰评价。换言之,在面向建立(build)的研究或是面向应用的研究中,SA&D 产物(定义、模型、方法和实例)是为了效用的评估。满足特定的商业需求的具体产物的评价也可以说是 SA&D 研究。

## 3　系统分析和设计中的研究准则

　　上述概念框架提供了 SA&D 研究的范例基础。在这部分,我们讨论设计科学范式下的 SA&D 研究的准则。

　　Hevner et al (2004)从设计科学研究的基本原则中得到七条准则,"是对设计问题的认识和理解,且其解决方案也是从产物的形成和应用中得到的。就是说,设计科学研究需要针对特定问题(准则 2)的创新性、有目的的产物(准则 1)。因为产物是有目的性的,针对特定问题的。所以,对产物的全面彻底评价是非常关键的(准则 3)。新颖性同样很重要,因为产物必须具有创新性,这样才能解决未解决的问题或是以更有效的方式处理已解决的问题(准则 4)。用这种方法,可以将设计科学研究和设计实践区分开来。产物本身必须是精确定义、正式表达、内在逻辑连贯、有一致性的(准则 5)。产物产生的过程通常也就是设想本身,是问题空间构造方式的探求过程以及寻求有效方案的生成机制(准则 6)。最后,设计科学的研究结果必须能有效展示(准则 7),既要能使技术人员(产物后续研究者和执行的操作人员)理解,又要能使管理层(在研究产物大环境的研究者和决定这项研究成果是否可以在他们组织中运行的实践者)明白。

　　这些通用准则的建立能帮助研究员、评价者、编辑和读者更好地理解好的设计科学研究应具备的必要条件。这也可以推广到 SA&D 研究中。这里,我们将讨论这些准则和我们概念模型的联系。

　　第一,SA&D 研究必须有 SA&D 产物,正如图 1 右边框所示,这些设想以概念、模型、方法和实例的形式表现,这符合 Hevner et al (2004)的准则 1——设计能看作产物。

　　第二,SA&D 研究必须有重要的相关企业需求支撑,如图 1 左边框所示。这和 Hevner et al (2004)的准则 2 一致——问题导向。

　　第三,SA&D 设想必须从满足需求的效用角度进行评价,如图 1 横箭头所示。

这又和 Hevner et al（2004）的准则 3 类似——设计评价。

　　剩下的四个准则和 SA&D 的研究方式和表达结果相关，包括提高研究的精确度，提供明确和可操作性的成果，效用可见意味着研究达到预期结果且能把成果有效地向需要的人群展示。

# 4　UML 研究，设计科学研究

　　UML 是面向对象建模的行业标准。由于始于 20 世纪 90 年代后期，UML 在信息系统开发领域广泛被采用。同一时期中，信息系统研究者进行了许多关于 UML 设计、采用、运用和增强的研究。在这部分，我们将用上述建立的框架分析几篇 UML 的典型研究。

　　我们对载于美国信息系统会议（AMCIS）会议录上的 UML 研究文献进行分析，以初步的概念证明我们对 SA&D 建立的框架是可行的。迄今有 12 年历史（1995—2006）的 AMCIS，总共有 16 篇文章所研究的内容和 UML 相关。早在 1997 年 UML 就作为标准建模语言被对象管理小组（OMG）认可，且此后被行业内广泛采用（Dobing and Parsons，2006），然而，UML 相关文献在 AMCIS 会议录上竟只有如此少的数量，这实在令人诧异。

　　在 16 篇文章中，两篇和行为科学有直接关系。Grossman et al.（2004）研究了 UML 在软件开发领域的应用。应用任务——技术配对机制，他们通过调查发现了大量关于 UML 使用和有效性的不同意见。在一篇正在研究的文章（Siau and Tan，2005）中，研究者开发了一个研究模型，通过描述下述各项间的关系：未经证实的性能、未经证实的成果、满意度、感知有用性和感知易用性、态度和持续倾向，推导出能解释信息系统开发者持续应用 UML 原因的模型。

　　我们以 SA&D 研究框架来分析剩余的 14 篇 UML 论文。我们看了每篇文章，总结出 SA&D 研究的主要内容，以及每篇研究的研究重点。结果如表 1 所示。

表 1　用 SA&D 研究框架对 UML 研究文献的分析

| 研　　究 | SA&D 研究主要内容 | | | 研究重点（创造、应用，或仅仅是评价） |
| --- | --- | --- | --- | --- |
| | 需求（SA&D 问题） | 解决方案（SA&D 设想） | 评价（效用） | |
| Jackson，1998 | 文件用户需求 | 方法：创立 UML 图表 | N/A | 应用 |
| Araujo and Moreira，2000 | 提高规范程度 | 方法：用对象 Z 说明 UML 的协作 | 通过案例论证 | 创造 |
| Wang，2001 | N/A | 定义：UML | N/A | 评价 |

续表

| 研　　　究 | SA&D 研究主要内容 | | | 研究重点（创造、应用，或仅仅是评价） |
| --- | --- | --- | --- | --- |
| | 需求（SA&D 问题） | 解决方案（SA&D 设想） | 评价（效用） | |
| Marchewka and Liu,2001 | 促进 XML 开发者和使用者的交流和沟通 | 定义：UML | 通过例子论证 | 应用 |
| Siau and Shen, 2002 | 使入门分析员了解问题 | 定义：UML | N/A：研究进行中 | 评价 |
| Sugumaran et al.，2002 | 为财务报表分析开发更完善的系统 | 方法：结合 UML 和 XBRL 两者的优点 | N/A | 创造 |
| Erickson and Siau,2003 | UML 对使用者和分析者认知的复杂程度 | 定义：UML | N/A：研究进行中 | 评价 |
| Seng,2004 | 在 XML 和 UML 间的转换 | 方法：转换的法则 | N/A | 创造 |
| Cao,2004 | 衡量 OOSAD 过程的效率 | 方法：用 UML 复杂度 | 通过基础研究论证 | 创造 |
| Erickson and Siau, 2004 | UML 对使用者和分析者认知的复杂程度 | 定义：UML | 通过基础研究论证 | 评价 |
| Mrdalj Jovanovic,2005 | 描述企业构建 | 方法：用 UML 建立 Zachman 框架 | N/A | 创造 |
| Siau and Tian, 2005 | UML 对分析者复杂度 | 定义：UML | 基于记号语言学的评价 | 评价 |
| Callaghan et al.，2006 | 开发管理评价系统 | 方法：用 UML 建立 XBRL 的应用 | 通过例子论证 | 创造 |
| Bolloju,2006 | 培训入门系统分析员 | 模型：UML 图表 | 基于概念模型质量的评价 | 应用 |

　　上述对 14 篇文献的分析得出，他们的研究重点是互相交错的。3 篇研究是关于 UML 的现有 SA&D 产物在满足特定需求时的应用；6 篇报告为创造性的研究，通过设计新的 SA&D 架构满足特定需求。5 篇则是对某一方面应用的效用评价。下面，我们将更详细地讨论 SA&D 研究框架是如何帮助我们从设计科学角度更好地理解 UML 研究的。

## 5　讨论

与在 AMCIS 会议集收录的文献总量相比，学者们对 UML 的研究很少，部分反映了 SA&D 研究没有受到重视。正如我们以上所指出的，这些会导致 SA&D 研究缺乏范式基础，尤其对于本文所提出的 UML 研究。与行为科学相比，SA&D 研究和设计科学更为相近。因此，评论者和编辑不能总是用行为科学研究的准则评价 SA&D 研究。我们先前建立的框架有助于理解 SA&D 研究的设计科学的特性。

有三个要素先得定义一下：需求、解决方案和效用评价。通过对 14 篇与 UML 相关的 SA&D 研究的分析，我们发现它们不同程度上都有需求（界定问题）和解决办法（SA&D 设想）。一些研究（如 Callaghan et al. ，2006，Siau and Tian，2005）直接把界限说清楚了，而另一些则隐约提到了商业需求。在效用评价方面，一些研究没有评价和证实 SA&D 设想在解决企业问题时的效用。Araujo and Moreira（2000）用一个案例研究证实了用他们所提出的 Z 对象在指定的 UML 协作行为中的效用。在另一篇研究中，Callaghan et al（2006）通过几个例子讨论了用 UML 建立 XBRL 应用方法的效用。总而言之，我们所阅览过的这些研究，效用评价和证实都比较浅显。这可能是因为会议文集有限的空间，或者是一些研究还在进行中。这也会导致研究者对效用评价需求缺乏足够的认识。

Hevner et al（2004）提出的一些准则对设计科学研究作出了如下贡献，一个是研究精确度，另一个是研究的表述。通过回顾，我们发现在 SA&D 产物定义（或应用）和评价过程中都缺乏严谨的方法。这可以通过设计科学研究中严谨方法的系统清晰度解决。换句话说，设计科学研究者需要知道 SA&D 产物定义（或应用）与评价的普遍方法，类似于在行为科学中学习各种研究方法相似。

论文的表述方式各种各样。很明显，一些研究者试图以行为科学标准阐述问题，另一些研究者用技术方法表达问题。设计科学研究，尤其是 SA&D 研究，因为没有通用的可接受的表述格式，得到的新发现很难向评论者和读者传达。这个问题需要通过 SA&D 研究建立知识库来解决。

## 6　结论

信息系统学科中的设计科学致力于产生包含思想、实践、技术能力和产品的产物，它们能有效解决信息系统的分析、设计、运行和使用（Hevner et al. ，2006）问题。SA&D 研究，与设计科学范式更为相近，缺乏来自行为科学范式的正确评价。

为了形成范式基础,我们建立了 SA&D 研究的概念框架。此框架源于多篇系统阐述信息系统领域设计科学范式的文章。我们用此框架分析了去年 AMCIS 会议集上的一些 UML 文献,初步分析结果表明我们对 SA&D 建立的框架是可行的,并且是卓有成效的。

我们赞同 Hevner et al (2004),行为科学范式和设计科学范式是信息系统领域的基础。能够正确评价源于其他范式评价的研究,将在人员、组织和技术的组合的配置方面极大地促进该领域的发展(Silver et al.,1995)。我们的文章从设计科学角度增强了对 SA&D 研究的理解。在我们提出的框架下,SA&D 研究者能更有效地进行研究。该框架也告诉其他信息系统研究者关于正确评价 SA&D 研究的适当方式。

(因为出版页数限制,本章 307~312 页在所附光盘中)

# 第11章　网络学习[①]

戴伟纲[1]，储雪林[2]

（1. 香港城市大学信息系统系；2. 中国科技大学苏州研究院）

## 1　引言

技术被用来支持学习，可以追溯到无线电收音机，甚至是电报的时代。从这个角度看，网络学习（eLearning）并不是新的事物。然而，对我们大多数人而言，网络学习是更近代的事，并且随着计算机和通信技术的进步，还在急剧的变化着。例如，移动技术，使学生能处于个性化的、连续的学习环境中。其他的技术还为教师和学生提供了内容存取和沟通等广泛的支持。显然，互联网对教育造成了深远的影响，也影响着支持学习的各种技术方式。针对传统学习模式设计的教育手段，正受到这些新方式的挑战。

面对这些机会和挑战，学生、教师和教学管理者们，正充分发挥技术进步的优势，创造新型学习环境。学生们发现越来越能控制自己的学习，但也要随时做各种自主的选择。教师们发现他们处于不太熟悉的场景中，有时，甚至威胁着他们几十年来基本没变的生活方式。为适应时代的改变，教育机构努力增加自身价值，保持影响力并进行自身演化，来取代那种只为谋取学术承认和地位的传统模式。这些努力已经大大超过了技术的应用，而涉及教育的更基础课题。

本章的目的是探讨网络学习。除了新技术的应用和对学生学习的冲击外，还特别关注教师、教育和教育机构的问题。重点是高等教育。提供了说明观点的实例，并以对未来的前瞻结束。

本章对于阐明网络学习范畴的具体内含特别重要。学生、教育者、研究人员、组织、机构和国家，都在寻求与技术进步同步的对它的理解和应用，以实现有效的网络学习。随着知识密集社会的日益深入发展，它的全球化应用将是挑战。

## 2　背景和网络学习的研究

网络学习一词中的"e"代表技术。尽管在教育中应用技术并非新鲜，但是，当

---

[①]　本章由毛基业翻译、审校。

人们带着不同的教育动机，进入更加分布式的学习环境时，时代改变了。对网络学习存在着多种观点，也有多种类型。图 1 说明了齐孟斯（2004）对网络学习类型和相互关系的看法。对本章有意义的是，影响课程的工具要素、传递方式、无处不在的计算。

雷纳和杰凡帕（1995）以理论观点为基础，编了个学习模型小结，如表 1 所示。基于斯肯纳的刺激-响应理论的客观论认为，学习是行为特征的一种诱发的改变（乔纳森，1993）。而在构成论（基于皮亚盖特的工作）中，学习被当作是通过个人之间的互动涌现的（斯拉芬，1999）。认知信息处理是集中于认知过程的构成性的延伸（隋珥，1986）。在社会文化论里，知识不能与学习者的历史和文化背景相分离（欧朗临，1992）。费哥茨季的理论基础和社会文化教义有特殊的贡献，注重于知识的个人建设，将其看作是学习的基础（瓦特浠，1985；李和斯玛格林斯基，2000）。

表 1 中的理论概括并没有专门针对网络学习，但是所有适合的观点都可以应用。例如，利菲等（2004）就一般社会文化学习场合里，学生动机的因素，提出了"自我确定理论"。因为网络学习尤其依靠学生内在的动机，这种观点就特别适合。其他一些研究兴趣是针对远程教育的（达菲和柯克莱，2004）。斯琬（2003）就与同伴、

**表 1　理论展望**

| 模　型 | 基本假定 | 目　　标 | 主要假设 | 教学应用 |
|---|---|---|---|---|
| 客观性 | 学习是客观知识非批判的吸收 | 知识从教师转移给学生回顾知识 | 教师有所有必要的知识学生孤立地从密集的课程学习最好 | 教师控制学习的材料和节奏教师提供激励 |
| 建设性 | 学习是个人建立知识的过程 | 形成抽象的概念来表达现实给信息和事件以意义 | 自己发现和自己控制进程的个人学得最好 | 以学习者为中心的积极学习教师支持而不是领导 |
| 合作性 | 学习来自于几个人的理解的分享 | 鼓励群体技巧-沟通，听和参与鼓励社会化 | 对学习的投入是关键学习者先有部分知识 | 沟通导向教师是提问者和讨论领导 |
| 认知信息处理 | 学习是处理新知识并转移为长期的记忆 | 提高学习者的认知处理能力 | 有限的选择性注意力预先的知识影响需要教学支持的程度 | 刺激因素能影响注意力教师需要学生学习的反馈 |
| 社会-文化主义 | 学习是客观的、个性化的 | 授权行动导向的社会敏感的学习者倾向于改变社会而不是接受或理解社会 | 央格鲁倾向于偏置的知识和用自己的术语描述的格式化的信息在了解个性的环境中学习最好 | 教育总带有文化价值教学总是镶嵌在人的日常社会和文化环境中 |

摘编自：雷纳和杰凡帕，1995

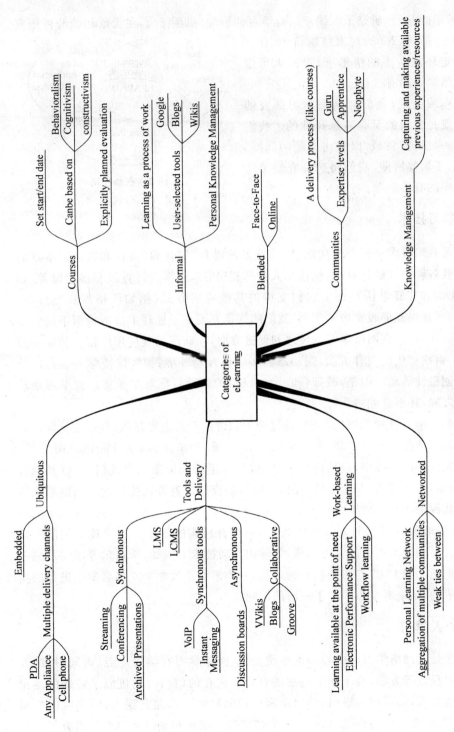

**图 1  网络学习类型和相互关系**
摘编自齐孟斯（2004）http：//www. elearnspace. org/Articles/elearningcategories. htm

内容、教学的互动,研究了在线互动对学习的影响(见图 2)。在大量相关分析研究的基础上,斯琬(2003)得出结论认为,在缺乏对特定环境考虑的情形下,没有人可以肯定网络学习的有效性。

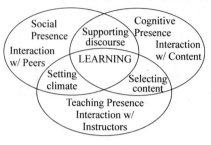

从本质上说,我们对网络学习研究的覆盖面既是普遍的又是有选择性的。我们将讨论一批研究领域,以表达课题的深度。然而,由于篇幅所限,我们将选择介绍某特定领域中的有关课题。

**图 2　在线互动**
摘编自:斯琬,2003

## 2.1　学习技术

学习技术有多种形态和功能,使用着多种媒介,如音频、视频和数据。本章的考虑涉及各种形式的计算机,包括个人计算机(PC),便携式计算机和移动设备(如无线 PDA 和智能电话),加上它们支持的其他应用方式(例如沃格尔和克拉森,2001)。尽管也提倡教室内的应用,我们的兴趣主要在于地理上分散情形下的应用(乔纳森,1996)。在网络学习的传递和促进方面,互联网尤其应用广泛。鼓励学习的应用,由被动式的内容讲演,到动态的多媒体互动环境,积极促使学生参与广泛多样的创造性活动。但是,教师(和教育机构)的教育目标与学生使用的学习活动的功能之间,并不总能协调好。

典型的学习管理系统(LMS),通过聊天和讨论室及内容存取,提供支持同步和异步互动的功能。商业产品,如黑板(Blackboard, http://www.blackboard.com)提供一大批广泛的应用,包括内容管理(包括学生活动记录)、集成门户,以及课程管理(例如,内容传递、互动支持、评价功能),能直接与教育机构的学生档案系统接口。开放源的 LMS 产品,如 Moodle (http://moodle.org) 和 SAKAI (http://sakaiproject.org) 主要针对课程管理,而非教育机构的集成。学习技术的前沿研究着重针对创造个性化的学习环境,如使用移动技术。例如,沃格尔等(2007)描述了一个创造无线 PDA 与黑板结合的应用,对香港城市大学 700 多名学生进行的实证研究表明,结果对学习产生了正面的影响。

## 2.2　个人学习

学生处于网络学习的中心。从本质上说,网络学习在学习地点、时间、持续长度和学习重点等方面,给予学生高度的自治。内在的(自我)动机成了特殊的注意点。在这方面,戴席和瑞恩(1985)、戴席等(1991)的工作尤其深入,他们提供的研究框架,派生出大量的研究,如施洛夫等(2007)。莱帕和龙(1987)专门研究了基于计算机的教育的内在动机和教学的有效性。玛腾斯等(2004)研究了在多种计算机任务中,内在动机对网络学习的影响。当然,动机既可以是内在的也可以是外在的。外在动机一般由成绩和其他形式的承认所诱发,典型的情形是来自教师的。

研究个人学习的要素时,一大难点是学生的学习风格和他们对主题的兴趣。毕格(2003)提到学生兴趣与课程内容间建设性的协调与学习活动的相关,对深入学习还是表面学习是关键的。在深度学习时,学生努力理解主题,对相关材料的挖掘更深。他们还能超越范围,把他们的学习用于不同的范畴。而在表面性学习时,基本是追求快速记住预期要考的内容。这对创造网络学习活动和评价其影响,都造成了困难。例如,一项意在鼓励深度学习的活动,就难以得到只想表面学习的学生的接受。

## 2.3 合作学习

从本质上说,个人学习受到与其他学生、教师和学习内容的互动的影响。有些互动是不经意的,如与其他学生的谈话。这种形式的网络学习中,使用的技术常常是移动电话或电子邮件,当然,也可能用研讨会和博客。其他互动更正规些,采取教育驱动的学习活动的形式。在学习中,群体活动和群体性项目更多见。其中许多是相对非结构化的,仿效典型的学生互动的网络学习技术就增加了组的"活动室",如许多 LMS 所支持的应用,例如"黑板"。非结构组以外,有一批结构化过程和学习活动,意在诱发出符合教育目的的结果,见卡淦(1992)和波斯沃思与汉密尔顿(1994)。这些更结构化的群体环境更须应用技术支持。群支持系统(GSS)设计了发散的、收敛的和决策支持的等多种特色,来支持结构化群体工作。例如,亚里桑那大学开发的"GroupSystems",被广泛用于支持网络学习环境中无数的结构化活动(纽那迈克等,1997)。

群体环境的网络学习中,一个特别的机会是把散布于全世界的学生集中在一起。这种典型的多文化的合作活动和项目,使学习的现实性增加了新的要素。学生和他们未来的雇主都特别欣赏(沃格尔等,2001)。在学生充分利用异步和同步技术支持自己的学习时,也产生了多种问题(见,卢科斯基等,2002,2007)。虚拟团队在学术性和社会性环境中越来越普遍,可使网络学习成为普遍接受的时尚。学生可学到许多关于自己的认识;也学到了在不熟悉的文化课题里,如何有效地与别人合作并找到与他们一起工作的方式。固定的思想、感觉和反应程式,换成了发现创造性的共同工作的新方式。然而,重要的是,在这种环境里倡导合作学习时,教师和教育机构理解了创造性思考的需要,而且常常是改变旧习惯的必要。例如,教师要更有效地支持学习,而不是指导学习。

## 2.4　学习模块

在教师领导下的学习活动和课程，是传统教育方式的核心。随着学习形式被技术所拓展，这种方式越来越受到挑战。例如，阿拉维、尤和沃格尔(1997)探讨了如何用技术来连接教育机构，为学生提供互动和在广泛的现代课题方面交流观点的机会。评价是教育中的永久性课题，也可以用技术来处理，让学生参与评价过程而不单由教师驱动(Kwok 等,2001)。通过技术的应用，在课程中引进更强的现实主义，也符合中国先哲的教导："告而闻"，"示而见"，"历而达"的忠告。例如，杰纽登等(2005)组织了来自三个大陆的学生，每个虚拟团队 9 人，在 8 周内，创编了一部电子书。另一个例子里，学生群体经历了一整年的项目，从建立商业模型起，直到开发出实际的样机工作原型。其他例子还有，整合式的工作-研究计划，导致了新的学习方式。

出现的趋势之一是，人们的关注从内容转向过程。历史上，(教育)总是内容为"王"，教师要积极创新(和保护)内容以展示给学生。然而，内容越来越便于获得了，互联网和各种教育机构(如 MIT)都是资料源。这就使本地创造内容的重要性在消亡。结果，一方面是多数现成的内容的成熟性，另一方面是学生对有在线支持的网络学习的兴趣日益提高，这就促进了采用出版者倡导的动态内容提供的积极性。随着传统的、紧密约束的课程变为一组学习活动和模块，可以通过创造性的组合，来适应一组组特殊学生的需要，甚至是在个人自备设备上的个性化学习，如"智能电话"(smartphone)，教师的角色确实要改变了。网络学习尤其提出了，要理解在教育创新的新模式中，何时又如何使用技术。遗憾的是，技术和应用的提供者很少是受过教育学培训的，或特别倾向于它，教育者们的技术素养，与他们的学生相比，又常常可悲的落后。

## 2.5　机构学习

教育机构总是慢于变化的，在把网络学习作为任务中心上犹豫不前。马等人(2000)质疑教育机构(和学生)适应需求变化的能力。玛诺特和沃格尔(2006)特别研究了网络学习政策和教育机构文化间的匹配性，并指出了相对于网络学习的发展兼容的和不兼容的方面。那些有 CIO 的集权性机构，在全面执行网络学习方面，常常处于比较好的地位。而那些技术政策和控制是联邦式的或分隔的机构则差些。学术机构可以学习商界，注意组织学习。例如，阿基瑞斯和熊恩(1978)区分了单环学习(干涉和结果存留于现存的政策和程序环境中)和双环学习(涉及组织规范、政策和关系目标的修改)。

柯玻(1984)提出了一个渐进的学习模型。它包含四步：(1)具体经验,(2)观察和反应,(3)形成概念,(4)在新环境中试验。他认为学习周期可以从四步的任何地方开始,它应该是个连续的、螺旋的过程。柯玻模型的关键是反应。斯密史(2001)称,反应的重要作用是:揭示所应用的理论,探索它与实践和期望结果之间适配的本质。由此,阿基瑞斯和熊恩(1978)认为,柯玻模型的第 2 步可能支持单环或双环的学习。柯玻的渐进学习模型特别适合学术机构。认为学术机构会变成传统意义上的商务实体的观点是错误的。然而,学术机构可以通过一个反应和调整的过程对渐进学习开放,这是与传统相容的。至于调整的速度是否足以包容网络学习和它的人口的快速的变化,还是个未知的问题。

# 3　未来研究方向

　　"时代在变",与前 50 年相比,以往 5 年的教育和学习界更是如此,很可能,后 5 年又会出现比前 5 年大得多的变化。我们会被引向何方?只能留待推测。然而,伴随着其他相关的研究机会,有几个主题很可能涌现。有些是技术性的,其他的更依赖于我们学习的方式和"数字族"或"数字移民"类的技术应用人口的变化(普兰斯基,2001)。其他的课题和研究机会指向合作和机构学习。

## 3.1　学习技术

　　全面考虑的话,我们可能看到学习环境中更多技术的应用,以互联网等通讯网络的越来越多的应用为标志,尤其是移动设备。互联网的许多技术局限性正在被克服,如产品尺寸缩小、成本降低,并展现对学习活动越来越成熟的教育驱动的支持。研究挑战和机会丰富。这包括支持受互联网驱使的社会网络和虚拟环境,如SecondLife(www. secondlife.com)的支持。这将使我们不但能在学生周围创造丰富的节点,而且还能使学生成为个性化、互动学习环境的一部分,并有其他形式和任选的设备的支持。

## 3.2　个人学习

　　随着技术的演化和学生对学习的更多控制,教育变得前所未有地以学生为中心。这引发了无数关于学生的学习风格和内在动机要素等的研究课题。更复杂的是,在把技术变成生活的组成部分方面,学生在持续地改变他们的兴趣和能力。以数字移民为对象的研究结果表明,他们不一定转变成数字族。这就使得对网络学习的研究成了"移动靶",哪怕忽略网络技术和应用的持续演变,也是如此。结果引发了一系列的研究和许多机构间的合作,旨在取得相当程度的理解,以便能转而指导实践。

### 3.3    合作学习

有效支持合作学习的环境正日益多样化并且成熟,如 Secondlife 是完全虚拟的。其他的在寻求复制现实,例如性价比好的视频墙(video walls)和定向音频,给团队成员一种身处同室的感觉,尽管在地理上他们是分离的。其他对合作学习的支持将聚焦于把音频、视频和数据技术更好地选择并集成。对知识管理和社会网络化的动态支持将使合作学习能力更强。随着过程和技术的结合创造出新设备,研究的机会将没有局限,可以在各种环境下对它们进行考验和评价。由于以团队构成和经验积累为基础,使普遍的影响实践特别困难,因此评价的结果将会受到进一步的影响。

### 3.4    学习模块

技术的多变特性将使更及时的,而不单是偶然的学习成为可能。这将对学习模块的开发和应用产生重大的影响。覆盖纯臆断的、普遍性的、任何学生一生也碰不到的课题的课程,将一去不复返。由于学生处于动态的"学习泡"里,创造个性化学习环境将日益可行。它基于学生的学习风格,并配有特选的课程内容。教师帮助下非创新的个人学习过程和比较性评估过时了。一定程度上,这回归到以往以个人指导为范式的时代。在今天的网络学习环境中,一般群众也很快可以享有了。关于这种场景下学生和教师的行为方面的研究还很少。因此,呈现出多种机会。

### 3.5    机构学习

创新的技术支持模块,加上个人和群体学习行为的演化,其结果是,机构更可能要承担来自网络学习变化的积累的冲击。选择和培养师资,以及开发和管理项目的传统方式,都将需要反思以满足社会的预期和全球化的竞争。教育机构也很可能寻求保留一种稳定性和连续性,这将造成教育演化的压力。满足多种多样的股东们终身学习的期望,将愈加困难。领导和管理也将富于挑战。适应变化的能力将在很大程度上决定教育机构能否生存。随着课题涌现,以及政策和办法的制定和推行,研究机会会很多。

## 4    结论

我们置身于教育转变之中,正从以学校校园为中心、教师为中心和指导下的学习传统,转向以网络为中心、以学生为中心、终身积累性学习的未来。具体而言,随着学习变得更加自主,我们正经历着学习技术的转移:从学生周期性的使用伴有指导性学习支持的共享设备,到更多地使用越来越普遍的个人设备。网络学习的影响是巨大的、复杂的。在本章中,我们更多注重学习技术的各种要素,特别注重个人学习、合作学习和机构学习。设计科学提倡使用理论驱动的方式来开发产物(如网络学习的应用)。它们的行为环境可以系统地评价,其结果可用于开发更好的产物(海夫纳等,2004)。我们认为,在灵活地探讨本章提出的多种课题时,这种普遍性方法对网络学习更适合。

# 关 键 术 语

eLearning   网络学习,一个普通术语,指受计算机技术增强的学习。

Collaborative Learning   合作学习,泛指教育中组合学生间或师生间联合的学术努力的多种方式。

Group Support Systems(GSS)   群体支持系统,为支持用计算机网络求得整合结果的一群合作者,调整了的系统。

Learning Management Systems(LMS)   学习管理系统,能管理或给学习者传输在线内容的软件包。多数 LMS 是基于网络的,以便支持"随时、随地、任意空间"存取学习内容和管理。

Internet 2   第二代互联网,为教育和高速数据传输,由 212 个大学联合开发的先进网络应用技术。

Smart Phones   智能电话,有全面功能的移动电话,具有计算机型功能,多数智能电话是电视/摄像电话,支持全功能电子邮件应用,带有完美个人组织能力。

# 参 考 文 献

Alavi, M.; Yoo, Y.; and Vogel, D. (1997). Using Information Technology to Add Value to Management Education. *Academy of Management Journal*, 40(6), 1310-1333.

Argyris, C., & Schön, D. (1978). *Organizational learning: A theory of action perspective*. Reading, Mass: Addison Wesley.

Biggs, J. (2003). *Teaching for Quality Learning at University*. Maidenhead, Berkshire, Open University Press.

Bosworth, K. and S. Hamilton (1994). *Collaborative Learning: Underlying Processes and Effective Techniques*. San Francisco, Jossey-Bass Publisher.

Deci, E. L. and R. M. Ryan (1985). *Intrinsic motivation and self-determination in human behavior*, New York: Plenum.

Deci, E. L. et al. (1991). Motivation and education: The self-determination perspective. *The*

*Educational Psychologist* (26), 325-346.

Duffy, M. and J. Kirkley (2004). *Learner-Centered Theory and Practice in Distance Education*. Mahwah, New Jersey.

Genuchten, M. ; Vogel, D. ; Rutkowski, A. and Saunders, C. (2005). HKNET: Instilling Realism into the Study of Emerging Trends. *Communications of the AIS*, 15, 2005, 357-370. ( HYPERLINK "http://cais. isworld. org/contents. asp", http://cais. isworld. org/contents. asp).

Hevner, A. ; March, S; Park, J. and Ram, S. (2004). Design Science in Information Systems Research. *MIS Quarterly*, 28(1), pp. 75-105.

Jonassen, D. (1993). Thinking Technology. *Educational Technology*, January, 1993, 35-37.

Jonassen, D. (1996). *Computers in the Classroom: Mindtools for Critical Thinking*. Englewood Cliffs, New Jersey: Prentice Hall.

Kagan, S. (1992). *Cooperative Learning*. San Juan, Capistrano, Resources for Teachers.

Kolb, D. A. (1984). *Experiential Learning: Experience as the source of learning and development*. Englewood Cliffs, New Jersey: Prentice Hall.

Kwok, R. ; Ma, J. ; Vogel, D. and Duanning, Z. (2001). Collaborative Assessment in Education: An Application of a Fuzzy GSS. *Information and Management*, 39 (3), 243-253.

Lee, C. and P. Smagorinsky (2000). *Vygotskian Perspective on Literacy Research: Constructing Meaning through Collaborative Inquiry*. Campbridge, Cambridge University Press.

Leidner, D. and S. Jarvenpaa (1995). The Use of Information Technology To Enhance Management School Education: A Theoretical View. *MIS Quarterly*, 19(3), 265-291.

Lepper, M. and T. Malone (1987). Intrinsic motivation and instructional effectiveness in computer-based education. in M. J. Farr (eds). *Aptitude, Learning and Instruction, III: Cognitive and Affective Process Analyses*, Hillsdale, New Jersey: Lawrence Erlbaum, 255-286.

Ma, L. ; Vogel, D. and Wagner, C. (2000). Will Virtual Education Initiatives Succeed? *Information Technology and Management*, 1(4), 209-227.

Martens, R. , J. Gulikers and T. Bastiaens (2004) The impact of intrinsic motivation on e-learning in authentic computer tasks. *Journal of Computer Assisted Learning* (20), 368-376.

McNaught, C. and Vogel. D. (2006). The Fit Between e-Learning Policy and Institutional Culture. *International Journal of Learning Technology*, 2(4), 370-385.

Nunamaker, J. ; Briggs, R. ; Mittleman, D. ; Vogel, D. and Balthazard, P. (1997). Lessons from a Dozen Years of Group Support Systems Research: A Discussion of Lab and Field Findings. *Journal of MIS*, 13(3), 163-207.

O'Loughlin, M. (1992) Rethinking Science Education: Beyond Paigetian Constructivism Toward a Sociocultural Model of Teaching and Learning. *Journal or Research in Science Teaching*, 29(8), 791-820.

Prensky, M. (2001). Digital Natives, Digital Immigrants. *On the Horizon*, NCB University Press, 9(5).

Reeve, J., E. L. Deci and R. M. Ryan (2004). Self-determination theory: A dialectical framework for understanding socio-cultural influences on student motivation. in S. V. Etten and M. Pressley (eds). *Big Theories Revisited*, Greenwich, CT: Information Age Press, 31-60.

Rutkowski, A.; Saunders, C.; Vogel, D. and Genuchten, M. (2007). Is it Already 4 AM in your Time Zone? Focus Immersion and Temporal Dissociation in Virtual Teams. *Small Group Research*, 38, 98-129.

Rutkowski, A.; Vogel, D.; Genuchten, M.; Bemelmans, T. and Favier, M. (2002). E-Collaboration: The Reality of Virtuality. *IEEE Transactions on Professional Communication*, 45(4), 219-230.

Siemens, G, (2004). ELearnSpace, retrieved on 5 May, 2007 from HYPERLINK "http://www. elearnspace. org/Articles/elearningcategories. htm", http://www. elearnspace. org/Articles/elearningcategories. htm.

Shuell, T. (1986). Cognitive Conceptions of Learning. *Review of Educational Research*, 411-436.

Shroff, R.; Vogel, D.; Coombes, J. and Lee, F. (2007). Student e-Learning Intrinsic Motivation: a Qualitative Analysis. *Communications of the AIS*, 19, 241-260. (HYPERLINK "http://cais. isworld. org/contents. asp", http://cais. isworld. org/contents. asp).

Slavin, R. (1990). *Cooperative Learning: Theory, Research and Practice*. Prentice Hall, Englewood Cliffs, NJ.

Smith, M. K. (2001). Chris Argyris: theories of action, double-loop learning and organizational learning. *The encyclopedia of informal education*, www. infcd. org/thinkers/argyris. htm.

Swan, K. (2003). Learning effectiveness: what the research tells us. in J. Bourne and C. J. Moore (eds). *Elements of Quality Online Education*. Olin and Babson Colleges: Sloan Center for Online Education.

Vogel, D.; Davison, R. and Shroff, R. (2001). Sociocultural Learning: A Perspective on GSS Enabled Global Education. *Communications of AIS*, 7(9), 1-41. (http://cais. isworld. org/contents. asp).

Vogel, D.; Genuchten, M.; Lou, D.; Verveen, S.; van Eekhout, M. and Adams, T. (2001). Exploratory Research on the Role of National and Professional Cultures in a Distributed Learning Project. *IEEE Transactions on Professional Communication*, 44(2), 114-125.

Vogel, D.; Kennedy, D.; Kuan, K.; Kwok, R. and Lai, J. (January 3-6, 2007). Do Mobile Device Applications Affect Learning? *Proceedings of the Fortieth Annual Hawaii International Conference on System Sciences* (HICSS-40), Hawaii, USA, (in CD Rom).

Vogel, D. and Klassen, J. (2001). Technology Supported Instruction: a Perspective on Status, Issues and Trends in Delivery. *Journal of Computer Assisted Learning*, 17(1), 104-111.

Wertsch, J. (1985). *Vygotsky and the Social Formation of Mind*. Cambridge, Massachusetts, Harvard University Press.

# 作者简介

## 道格拉斯·沃格尔（戴伟纲）

沃格尔是香港城市大学信息系统（讲座）教授,曾在美国亚里桑那大学任教。过去 35 年来,他活跃于计算机和计算机系统的各个方面。他 1972 年从 UCLA(加州大学洛杉矶校区)获得计算机科学硕士学位,1986 年获得明尼苏达大学商学博士学位。期间,他同时担任管理信息系统研究中心的研究协理员。他曾为休斯飞机公司设计过计算机系统,也为大大小小的公司提供过咨询及任职于董事会。在科罗拉多一家电子制造厂的十年间,他几乎担任过包括总经理和董事会成员在内的各种管理职位。沃格尔教授的研究兴趣涉及信息系统对人际沟通、群体解题、合作学习、多文化团队生产率等的影响与冲击,沟通了商务与学术两界。他的兴趣反映了对鼓励在管理中高效应用计算机系统的关注,以提高工作生活质量。

沃格尔教授是信息系统协会（AIS）会员。目前是 AIS(香港)主席。他有丰硕的论著。在群体支持系统和教育的技术支持方面,指导过广泛的研究。他曾被一杂志评为"群体支持系统最佳研究员"第三名;"世界 MIS 最佳研究员"第十名;最合作信息系统研究员第四名。他尤其积极把群体支持技术引入企业和教育体系。在这方面,他曾广泛地为 IBM 等世界大跨国公司和欧美亚澳各种教育机构提供过咨询。他曾两度获得 edMedia 杰出论文奖。他着重在互动分布群体支持中,整合音频、视频和数据技术。以往数年间,他的兴趣尤其专注于电子商务中文化对团队互动的影响,他在四大洲做了多文化团队生产率的研究。目前,他用教育和商务集团的资助,在研究移动商务和移动网络学习的应用。若有兴趣于更详细的信息,请见：http://www.is.cityu.edu.hk/staff/isdoug/cv/.

## 储雪林

储雪林是中国科技大学教授,曾任科技管理系主任,商学院院长助理,MBA 中心主任等职。1987 年在美国马里兰大学进修 MBA。1995 年被美国德州大学(奥斯汀)资本与创新研究所(IC2)聘为高级研究员。自 1997 年起任"国际技术政策与创新会议"国际组委。现任中国科技大学苏州研究院管理学部主任。

十余年来,除了教授"管理学"、"组织行为学"、"战略管理"、"技术管理"等本科与研究生课程外,还积极开展管理科学研究,尤其对技术转移、技术创新管理等领域开展了多方面的研究。先后参与并完成了国家科委 863"高技术产业区智能化决策支持系统"和"合肥市技术创新系统优化对策研究"等课题。先后培养 2 名博士生,80 余名硕士生。他和学生们的研究成果发表于国内外刊物和会议上。诸如"基于网络的产业区决策支持系统"、"引进 MRP-II 改造企业管理系统"、"技术转移网络的基准化"、"我国风险投资的网络构建及项目管理程式"等。近年来,对基于网络的技术转移、专家咨询等产生浓厚兴趣。

# 点评《网络学习》

毛基业

（中国人民大学商学院）

本文是一篇针对网络学习的文献回顾和未来研究方向预测。作者之一是在该领域耕耘多年的资深学者,在文中结合已有文献和个人研究心得对网络学习提出自己的一些看法。

随着互联网应用和网络技术在日常学习、工作中的持续扩散,其在学习方面的潜能也日益得到重视。事实上早在 20 世纪七八十年代人们就开始对计算机技术在教育中的应用寄予厚望,憧憬计算机辅助教学（Computer Aided Instruction,CAI）和学习（Computer Aided Learning,CAL）能发挥重大作用,甚至取代教师以提供个性化教学。虽然这样的乐观预期没有实现,但近年来网络学习的实际应用层出不穷,在很多情境下产生了有实际影响的重大应用。因此,对于各种不同类型的网络学习,从支撑技术到学习内容和方法等方方面面给予系统性研究很有必要。

本文主要的贡献之一是结合以往相关研究,提出研究网络学习的主要维度,包括学习技术、学习模块和学习形式。而学习形式又具体分为个人学习、合作学习和机构学习,其主体、范畴、内容各不相同。文章以此为框架组织文献回顾和对未来研究方向的预测。除了针对以上研究领域的回顾之外,本文还较具体地提出未来研究方向。

此外,本文还给出了若干篇有关网络学习的重要参考文献,它们有助于从概念上区分和定义不同类型的网络学习,涉及研究网络学习的相关理论基础。由于网络学习涉及的因素比较多,可研究的视角也比较多,因此,本文的文献回顾和研究框架对于后续网络学习研究有较高的参考价值。

本文虽然引入雷纳和杰凡帕的研究框架涉及网络学习理论基础,但对网络学习研究的认识论和心理学理论基础讨论不深。鉴于理论基础对于研究的重要指导意义,如果本文能就不同网络学习的理论基础进一步描述,效果会更好。

# 第12章 人—机交互(HCI)[①]

**Ping Zhang**[1], **Dennis Galletta**[2], **Na Li**[1], **Heshan Sun**[1]

(1. Syracuse University; 2. University of Pittsburgh)

**摘 要** 本章将对信息系统/管理信息系统(IS/MIS)的一个重要的分支学科——人—机交互(HCI)进行一个综合性的介绍。本章首先阐述了该分支学科的学科地位、研究的议题和方法,以及与其他学科的联系;其次,对该分支学科广泛的已发表的文献进行了系统的综述;强调了该分支学科的历史、现状及其活跃程度;最后识别出对本分支学科做出重要贡献的学者。本章组织涵盖了如下内容:(1)作为 MIS 的分支学科,它的历史根源、学科框架和研究议题,以及与其他学科的关系;(2)HCI 的理论基础,包括与用户、个体和群体工作、IT 设计和开发、IT 使用和影响,以及开发和应用相关的各种理论工作;(3)HCI 的应用研究,例如电子商务、协作支持、文化和全球化、学习和培训、以用户为中心的 IT 开发、健康与医疗信息学等;(4)HCI 研究的方法论,包括研究设计和实施的各种要素,如研究的情景与研究方法;(5)HCI 领域最活跃的学者及其机构;(6)HCI 领域潜在的未来研究方向;以及(7)本章小结和结论。

**关键词** 人机交互,学科视角,计算机用户,设计理论,匹配,信念与行为,影响,美学,社会化,技术接受模型(TAM),计算机人机交互(CHI),人的因素,人因工程

# 1 引言

MIS 中的人机交互(HCI)研究"关注的是企业、管理、组织和文化情景下人与信息、技术和任务的交互方式"(Zhang et al.,2002)。这些研究的一个关键方面是对于人的关注,但并非是纯粹的心理学家感兴趣的人的相关问题,而是为了各种目的人与技术的交互方式。

随着信息系统、信息与通信技术(ICT)和相关服务(本章将用 IT 表示上述所有概念)的快速发展和部署,随着 IT 在工作和日常生活中的作用越来越大,HCI 问题变得越来越重要和根本。MIS 学科中的对 HCI 研究的兴趣正再度兴起(Banker et al.,2004)。最近,以 HCI 为中心话题,在各种主要 MIS 会议由专门的分会和专题研讨会,顶尖 MIS 学刊的专辑,顶尖的 MIS 和 HCI 学者编撰的两部专著

---

① 本章由王刊良翻译、审校。

(Galletta et al. ,2006c；Zhang et al. ,2006b)，在 AIS/ACM 信息系统硕士学位参考课程体系中包含了 HCI 的相关材料(Gorgone et al. ,2005)，还有一部专门针对 MIS 学生的 HCI 教材(Te'eni et al. ,2007)，这些都是 MIS 学者对 HCI 的兴趣和重要性认识的部分证据。

本章主要包含如下内容：(1)作为 MIS 的分支学科，它的历史根源、学科框架和研究议题，以及与其他学科的关系；(2)HCI 的理论基础，包括与用户、个体和群体工作、IT 设计和开发、IT 使用和影响，以及开发和应用相关的各种理论工作；(3)HCI 的应用研究，例如电子商务、协作支持、文化和全球化、学习和培训、以用户为中心的 IT 开发、健康与医疗信息学等；(4)HCI 研究的方法论，包括研究设计和实施的各种要素，如研究的情景与研究方法；(5)HCI 领域最活跃的学者及其机构；(6)HCI 领域潜在的未来研究方向；以及(7)本章小结和结论。

## 2 HCI 作为 MIS 的一个分支学科

在 MIS 学科中 HCI 这个术语可被看作如下不同术语的缩写，人机交互(Banker et al. ,2004；Zhang et al. ,2002)、人机界面、用户界面、人的因素(Carey，1988；Carey，1991；Carey，1995；Carey，1997；Culnan，1986)，以及 MIS 设计和使用的个体(微观)方法(Culnan，1987)。

HCI 被广泛认为是 MIS 领域的一个分支学科(Banker et al. ,2004；Zhang et al. ,2002；Zhang et al. ,2005c)。自从 MIS 作为一门学科产生以来，MIS 导向的 HCI 问题就引起人们研究的兴趣。例如，从计算机早期至今，对于 IT 的用户态度、感知、接受和使用，与程序员认知和最终用户参与信息系统开发一道，成为 MIS 的长期的重要研究主题(Lucas，1975；Swanson，1974)。MIS 学者把信息系统失败也归结为对系统使用中人/社会因素缺乏重视的结果(Bostrom et al. ,1977)，指出对信息技术研究中用户行为关注的需要(Gerlach et al. ,1991)；而且试图在系统开发生命周期中将用户因素、可用性和 HCI 结合起来(Hefley et al. ,1995；Mantei et al. ,1989；Zhang et al. ,2005a)。Culnan(1986)把早期 MIS 论文(1972—1982)划分为 9 个因素或子领域，其中 3 个(因素 6、7 和 8)都与人和计算机交互有关。稍后的 MIS 论文当中，Culnan(1987)发现了 5 个因素，其中因素 2，即 MIS 设计和使用的个体(微观)方法，与人机交互密切相关。

为了能形成一个科学探求的领域，一个学科必须有一个边界，能勾画出它的构件和引发内在兴趣的问题(Zhang et al. ,2005c)。已有研究表明，HCI 具备作为科学探求领域的要求(Banville et al. ,1989)。MIS 专业开设了多门 HCI 方面的课程(Carey et al. ,2004；Chan et al. ,2003；Kutzschan et al. ,2006)，而且，在最近的

AIS 信息系统硕士专业参考课程体系中 HCI 被认为是一个重要话题(Gorgone et al. ,2005)。自从 MIS 领域创立至今,主要的 MIS 学刊一直在发表 HCI 方面的研究。权威的 MIS 会议如 ICIS,各种 AIS 区域性会议如 AMCIS(美国信息系统会议)、PACIS(亚太信息系统会议)、ECIS(欧洲信息系统会议),夏威夷系统科学会议(HICSS),以及 ICIS 年度 HCI 专题研讨会都设置有 HCI 方面的专门分会。最后,官方机构 AIS 的 HCI 专门兴趣小组(SIGHCI)成立于 2001 年,MIS 和其他领域的会员自由参加(Zhang,2004)。AIS 的 SIGHCI 是 AIS 的最大和最活跃的专门兴趣小组。

在这一章里,我们首先对 MIS 领域中的 HCI 进行简要的历史回顾,然后我们提出一个框架,试图对 HCI 这一分支学科的内在兴趣勾画出一个边界。之后,我们对文献中 HCI 分支学科的研究议题进行综述。最后,我们简要描述了 HCI 分支学科与其他学科的关系,如计算机科学、心理学、企业管理等。

## 2.1 MIS 领域中 HCI 的历史视角

MIS 团体包括研究聚焦于广泛的社会和组织场合下信息技术和系统的开发、使用和影响的学者。MIS 正在经历着从被称作技术中心主义向聚焦于技术、组织、管理和社会问题的更广泛的且更均衡的方向的转移之中(Baskerville et al. , 2002)。自从 MIS 领域的早期研究至今,MIS 导向的 HCI 研究就一直在进行。例如,自从计算机应用早期至今,IT 的用户态度、感知、接受和使用,与信息系统开发中程序员认知和最终用户参与一道,一直是 MIS 研究的长期的主题(Lucas,1975; Swanson,1974)。MIS 学者把信息系统失败也归结为对系统使用中人/社会因素缺乏重视的结果(Bostrom et al. ,1977),指出对信息技术研究中用户行为关注的需要(Gerlach et al. ,1991);试图在系统开发生命周期中将用户因素、可用性和 HCI 结合起来(Hefley ct al. ,1995;Mantei et al. ,1989;Zhang et al. ,2005a)。而且对信息系统开发理论和方法论(Baskerville et al. ,2004;Hirschheim et al. , 1989)、协作工作和以计算机为媒介的沟通(Poole et al. ,1991;Reinig et al. ,1996; Yoo et al. ,2001;Zigurs et al. ,1999)、支持管理任务的信息表示(Jarvenpaa et al. , 1989;Vessey,1994;Zhang,1998),以及计算机培训(Bostrom,1990;Sein et al. , 1989;Webster et al. ,1995)展开深入研究。

Culnan(1986)把早期 MIS 论文(1972—1982)划分为九个因素或子领域,其中三个与人和计算机交互有关。在对稍后的 MIS 论文的第二项研究中,Culnan (1987)发现 5 个领域中的第二个,即 MIS 设计和使用的个体(微观)方法,与人机交互密切相关。在 Vessey 及其同事关于 MIS 学科多样性的研究中,HCI 也被认为是 MIS 学科的一个研究领域(Vessey et al. ,2002)。在 *Management Science* 发表的一篇对 MIS 论文 50 年的回顾的研究中,Banker 和 Kauffman 将 HCI 列入 MIS 主要的 5 个研究领域之一,并且预测对于 HCI 兴趣将再度兴起(Banker et al. ,2004)。

对于 MIS 领域的持久兴趣已经触及人与技术交互的根本问题。从 MIS 视角来看,HCI 研究考察的是人与信息、技术和任务的交互方式,特别是在企业、管理、组织和文化的情景下(Zhang et al. ,2002)。这与在如计算机科学、心理学、人的因素和人因工程这样的学科背景下的 HCI 研究有关。通过分析与组织有效性相关的任务和结果,MIS 学者强调的是管理和组织情景。与 HCI 的其他学科背景相比,MIS 的突出特点在于它是面向企业应用和管理的(Zhang et al. ,2004)。

随着近年来 MIS 学者对 HCI 研究兴趣的增长,HCI 在 MIS 学科中的地位正在与日俱增。如前所述,无论是在正规的 MIS 教育中(课程、专门的教材、参考课程体系),还是在研究方面(会议、学术刊物、刊物专辑和专著),HCI 问题都是热门话题。近年来在主要的 MIS 刊物上发表的 HCI 研究的绝对数量和比例都在增长(Zhang et al. ,2005c)。更为重要的是,许多 MIS 学者都表达了对 HCI 相关问题的研究和教学的兴趣(Zhang et al. ,2002),这为本分支学科的学术团体提供了一个强大的基础。

图 1 描绘了自从 2001 年 AIS 的 HCI 专门兴趣小组(SIGHCI)成立以来在 MIS 领域中围绕 HCI 开展的活动。

## 2.2  HCI 边界的一个框架

一个科学领域或者学科,无论是 MIS 还是物理,必须有一个边界,定义良好的或是没有定义良好的,它勾画出这个领域中引发内在兴趣的值得探究的问题。基于 MIS 中 HCI 研究的定义(Zhang et al. ,2002)以及文献回顾,Zhang 和 Li 提出了一个对重要 HCI 构件和问题的总结(Zhang et al. ,2005c),这个总结又进行了进一步提炼(Zhang et al. ,2006a)。图 2 描绘了人与技术交互的重要 HCI 构件的总结。其中包含 5 个重要的构件:作为基础构件的人和技术、作为兴趣焦点的交互,以及作为使得 HCI 有意义的任务和情景构件。每个构件中都列出了若干议题对构件及其间的关系进行说明。

最基本的两个构件包括人和技术。理解人的一般特征及其与 IT 交互的具体特征,可以有许多不同的方式。图 2 指出了 4 种特征:(1)人口统计特征;(2)身体或运动技能;(3)认知问题;(4)情感或动机方面。个性或特质可划分在认知和动机方面。人这个构件的许多问题归入人因工程和心理学学科。不过,HCI 的焦点在于人和其他构件的相互作用。

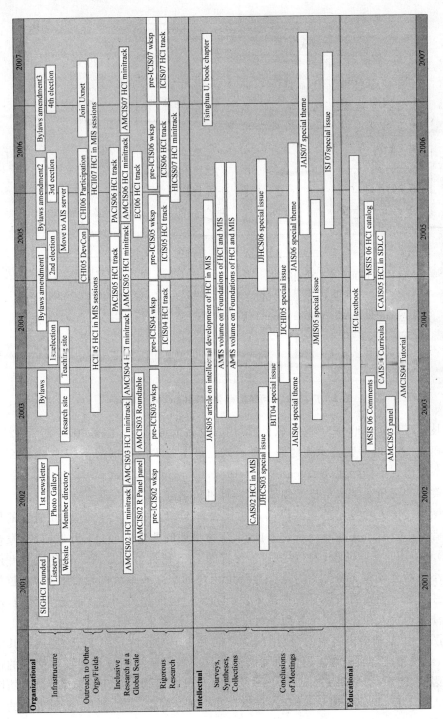

图 1　AIS SIGHCI 自 2001 年创立以来开展的活动

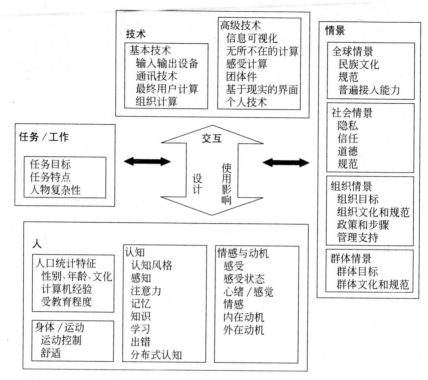

**图 2　广义 HCI 问题的概要(Zhang et al. 2006a)**

　　技术可以粗略地分为硬件、软件、应用、数据、信息、知识、服务和步骤。图 2 指明了研究 HCI 时考察技术问题的一种方式。许多技术问题引起 HCI 领域研究人员的兴趣已有很长时间(Schneiderman,1987;Schneiderman et al.,2005)。上图中技术类型的视角通常来自技术领域,如计算机科学或 ACM 人机交互。

　　图中连接人和技术的粗的纵向箭头代表着 HCI 中的"I",它是 HCI 研究的核心或者中心。对于交互问题研究来自 IT 生命周期的两个方面:IT 开发阶段(发行之前)和使用与影响阶段(发行之后)。传统的 IICI 研究特别是 ACM 的 HCI 专门兴趣小组的会议和刊物关心的是针对特定用户的交互式系统的设计和实施,包括可用性问题。主要的焦点一直在技术发行和使用前的相关问题。理想情况是,同时关注和理解人和技术两个方面都对设计和可用性带来影响。

　　图 2 中"I"箭头内右端的"使用/影响"框关注于实际情景中 IT 的使用及其对用户、组织和社会的影响。设计研究能够而且应当了解相同或相似技术使用的情况。因此,使用/影响研究对于未来的设计会有很多启示。从历史来看,与人的因素和人因工程、组织心理学、社会心理学和社会科学学科一道,使用/影响方面的研究一直是 MIS 领域关注的焦点。在 MIS 学科中,有关个体对技术的反应(e.g.,

Compeau et al.,1999)、从个体和组织角度对 IS 的评价(e.g.,Goodhue,1997；
Goodhue,1995；Goodhue,1998；Goodhue et al.,1995)、用户技术接受(e.g.,
Davis,1989；Venkatesh et al.,2000；Venkatesh et al.,2003)都归入这个领域。

　　人并非因技术而使用技术,而是为了完成与其工作和个人需要相关的任务。
此外,人们完成的任务都是受限于特定的任务情景。一般而言有 4 种情景:群体、
组织、社会和全球。任务和情景框为交互体验增加了动态和本质含义。在这个意
义上,对于人机交互的研究受到任务和情景的调节作用。这些广泛的任务和情景
因素使得 MIS 领域中的 HCI 研究有别于其他学科中的 HCI 研究。我们将在后边
讨论更多的学科差异。

## 2.3　HCI 研究议题的回顾

　　基于对从 1990 年到 2002 年间 7 份主要 MIS 学术刊物上发表的有关 HCI 研
究的文献回顾,Zhang 和 Li 进一步提出了 HCI 研究主题的一个划分(Zhang et
al.,2005c)。表 1 列出了这个分类。

表 1　议题分类框架(**Zhang et al. 2005c**)

| ID | 类　　型 | | 描述和例子 |
|---|---|---|---|
| A | IT 开发 | | 关注于 IT 开发和/或实施阶段发生的问题,与人和技术的关系相关。焦点在于 IT 开发和实施的流程。IT 创造物尚未开始使用 |
| | A1 | 开发方法和工具 | 结构化方法、面向对象的方法、CASE 工具、开发考虑用户/IT 职员角色的 IT 的社会-认知方法 |
| | A2 | 用户参与系统分析 | 用户卷入、用户参加、用户-分析员差异、用户-分析员交互 |
| | A3 | 软件/硬件开发 | 程序员/分析员认知研究、考虑人的因素的特定的或一般的应用或设备设计和开发 |
| | A4 | 软件/硬件评估 | 将人作为系统的一部分来考虑的系统有效性、效率、质量、可靠性、灵活性、信息质量评价 |
| | A5 | 用户界面设计和开发 | 界面隐喻(interface metaphors)、信息表示、多媒体 |
| | A6 | 用户界面评估 | 工具的可用性(instrumental usability)(如易用性、出错率、易学性、保持率、满意感)、易理解性,信息表示评估 |
| | A7 | 用户培训 | IT 开发中的培训问题(投放或使用前) |
| B | IT 使用和影响 | | 关注于用户使用和/或评价 IT 时发生的相关问题;IT 和人之间互惠性影响相关的问题。IT 创造物已经在真实的情景下投放使用。 |
| | B1 | 认知信念和行为 | 自我效能、感知、信念、激励、期望、意图、行为、接受(acceptance)、接收(adoption)、抵制、使用 |

续表

| ID | 类　型 | 描述和例子 |
|---|---|---|
| B2 | 态度 | 态度、满意、偏好 |
| B3 | 学习 | 学习模型、学习过程、一般的培训(这与系统开发包含的用户培训不同) |
| B4 | 情感 | 情感(emotion)、感受(affect)、幸福质量、流(flow)、愉快、幽默、内在动机 |
| B5 | 绩效 | 绩效、生产率、有效性、效率 |
| B6 | 信任 | 信任、风险、忠诚、安全、隐私 |
| B7 | 道德 | 道德信念、道德行为、道德 |
| B8 | 人际关系 | 冲突、互依(interdependence)、同意/不同意、干预、紧张、领导才能、影响 |
| B9 | 用户支持 | 与信息中心、最终用户计算支持(end-user computing support)和一般用户支持相关的问题 |
| C | 一般研究议题 | 关注于一般化的研究问题和议题 |

对 13 年间 7 份 MIS 主要学术刊物发表的相关文献的回顾表明,一般来说,HCI 研究涵盖各种议题,尽管有些议题比其他议题受到更多的关注,如认知信念和行为(B1)、态度(B2)和性能(B5)。对于每一个特定的议题,也没有达成一致(除了较为成熟的研究如用户技术接受,它涵盖了认知信念与行为 B1 和态度 B2 等议题)。

## 2.4　与其他学科的联系

### 2.4.1　密切相关的学科

与 MIS 领域中 HCI 最为密切相关的学科可能是人的因素和人机工程学领域,它们主要在工业工程和计算机人类交互(CHI)学科,后者是人机交互领域的学者和从业人士协会的名称,是 80 年代早期由计算机科学和心理学的学者发起的。

从历史角度出发,Grudin 比较了对 HCI 问题有内在兴趣的三个密切相关的学科:人的因素和人机工程、计算机人类交互(CHI)和管理信息系统(MIS)(Grudin,2005;Grudin,2006)。他考察了每个学科的一系列丰富的事件。Grudin 提及的一个困惑是,MIS 学者使用的术语与 CHI 学者使用的术语不相一致。Grudin 反复强调,表面上看,同一术语的不同使用确实会带来很大的困惑(Grudin,1993)。但是,它们可能表明不同学科间一些根本的不同。一个典型的例子是,MIS 和 HCI 分析层次的不同:MIS 强调 IT 开发和使用的宏观层次,这在组织层面是相关的而且是有意义的(Zhang et al. ,2002);另一方面,CHI 强调人与技术交互的微观层面,很少考虑对于组织的意义(Zhang et al. ,2006a)。

从历史来看,CHI 研究确实也考虑了一些组织问题,特别是有关提高可用性的项目管理。例如,Gould 和 Lewis(1985)的经典研究指明,设计可用系统的第一步是识别用户及其任务。对于此缺乏足够的了解可能为设计带来痛苦,例如弹出的对话框或者提示使用的是用户不熟悉的术语,或者要求用户按照其在文件和培训材料上找不到的步骤执行。与此类似,设计人员有时也会出现这样的错误,即对于一个耳熟能详的任务提供过分详细的指令,例如用于保存文件的文件——保存指令和打印一个文档的文件——打印指令。在这些大量的显然的指令中,难以找到帮助所需要的关键因素,或者关键的方面根本就没有提供(Galletta et al. ,2006b)。

这个方面的研究在 MIS 领域的系统分析与设计当中由来已久。实际问题的组织情景通常是业务分析员(例如 MIS 分析人员)提供的。业务分析员在设计用户体验中的角色是无法替代的。他可以熟练使用用户的业务语言更快更准确地表达用户的任务,他有丰富的组织知识开发更有效的设计说明书,他能确定对组织有意义的测试目标和规范,他还能确定系统的可用性是否达到了向用户发行的质量。为了整体效率将分析扩大到组织需求可以清楚地指向合适的决策并节省大量投资。进一步地,对客户满意度、公司形象和战略的深入分析也可以为决策提供关键的参考(Galletta et al. ,2006b)。所有这些决策点可得益于 MIS 领域中 HCI 的研究。

### 2.4.2 应用于 HCI 的其他学科

就其本质而言,HCI 无论是一般意义上还是在 MIS 学科内都是跨学科的。许多传统学科对于 HCI 关注问题的研究出力不少。Zhang 和 Li 对 13 年间 7 份主要 MIS 学术刊物有关 HCI 研究的 337 篇论文的评述识别出了 23 个应用在 HCI 中的学科(Zhang et al. ,2005c)。在所考察的 337 篇文章中,只有 38 篇(占 11.3%)只引用于一个学科,119 篇(占 35.3%)引用了两个学科,122 篇(占 36.2%)引用了 3 个学科,49 篇(占 14.5%)引用了 4 个学科,9 篇(占 2.7%)引用了 5 个学科。总体来讲,这 23 个学科被引用了 903 次,平均每篇论文引用 2.68 个学科。在引用了 23 个学科的 903 次引用中,引用最多的 3 个学科是信息系统(36%)、心理学(24%)和企业管理(17%)。值得注意的是,信息系统学科不仅仅包含 MIS,而且还包含其他领域。这 337 篇文章中超过 96%将信息系统作为应用于其研究的学科,65%建立在心理学的基础上,47%依赖于企业管理。这 23 个学科构成更大的领域。支持 HCI 研究理论或概念开发的 3 个最频繁引用的领域是:信息-计算-通讯、商务-管理-旅游-服务,以及行为-认知科学(Zhang et al. ,2005c)。

### 2.4.3　与相关学科的协同

在若干相关的学科中既然有如此多的共同关注(Zhang et al.,2003),那么,这些学科之间的相互对话和协同工作将会推动我们对于 HCI 相关问题的理解。MIS 领域的主要学会 AIS 正在参与这一对话和推动(Galletta et al.,2005)。其他专业人士还包括来自学术界和产业界的人机工程师、图形设计师、业务分析员、产品设计师、工程师,以及保健专业人士(Zhang et al.,2006b)。

尽管有很多努力在聚集资源到 HCI 的研究之中,但 HCI 作为一门学科将保持自己的独特性。人机工程师将继续强调人的因素在工作中的体力影响,图形设计师将关注于布局和外观,机械工程师将继续分析构成有形产品的材料。令人吃惊的是,他们都在其产品的可用性和用户体验上花费了大量资源。所有这些学科都试图最大化用户的理解同时最小化产品培训,都试图使产品达成用户期望,都试图使其产品更具吸引力。而且,所有这些顾虑也为 MIS 领域的系统设计人员所关注。有别于其他学科的是,MIS 研究人员更关注组织情境(Galletta et al.,2006b)。

组织情境为研究人员和从业者提供了一个共同的组织战略目标,因而可以作为用户任务的推动力。对于研究人员而言,组织情境帮助他们选择研究问题和方法。类似地,对于从业者界定了要考察的问题并且寻求解决之途。不同的关注点在于,研究人员通常对获取可以推广的知识很有兴趣,而设计人员关注于利用可用性得到改善的系统为特定组织的特定问题提供解决方案(Galletta et al.,2006b)。

# 3　HCI 研究的理论基础

## 3.1　学科视角

HCI 起始于一个跨学科领域,现在是跨学科的,将来也会是跨学科的。原因在于,还没有哪个单一的学科能够完全涵盖所涉及的复杂而广泛的问题,正如 Dillon 所说,"没有任何一个领域能涵盖所有值得研究的问题"(Dillon,2006)。由于 HCI 与我们的生活和社会的许多方面相关联,它所研究的问题吸引了来自许多不同领域的研究人员、教师和从业人员。跨学科张力(Carroll 这么叫它)"一直是 HCI 的一个资源,而且是其成功的一个重要因素"(Carroll,2006)。成功的关键在于保持一个开放的态度并且促进与各种相关学科的对话,从而最大限度地利用了每个学科独特的视角和力量。

作为一门学科,MIS 对于信息及其在企业决策及组织有效性方面的作用有着长久而强烈的兴趣。例如,Banville and Landry(1989)断言,MIS 最初的视角集中在管理、信息、系统,或者三者的组合。有些学科如 MIS、HCI 和信息科学都对信息有着强烈的兴趣。如此,信息就在这些相关的学科间扮演着桥梁作用。对于信息的重视也应当允许 MIS 和其他学科来考察共同关注的问题、通用的方法,以及可能的协作。例如,Dillon 考察了不同学科处理信息的方式以便识别 MIS 和 HCI 间的异同(Dillon,2006)。从信息作为基础的角度来看,"MIS 可被认为主要关注识别、抽象和支持存在于组织内的信息流,开发和支持利用其潜力以服务于组织目标的(广义的)技术手段。类似地,HCI 试图通过设计人类可接受的表达和操纵工具来最大化信息的使用。"基于这一分析,Dillon 对桥接 MIS 和 HCI 学科的一些研究领域进行了概括(Dillon,2006)。

如前所述,MIS 学者所从事的 HCI 研究建立在大量各异的学科基础之上。因此,对 HCI 问题的考察也承继了这些学科各种分析观点。Kutzschan 和 Webster 认为,由于其宽泛的研究视角、强大的理论和严格的方法论,MIS 研究人员探究 HCI 问题的切入点有很大的不同。由于 HCI 问题对企业和市场越来越敏感,MIS 也得益于 HCI 研究的一个重大机遇。因此,MIS 是 HCI 研究的天然的根据地(Kutzschan et al.,2006)。

## 3.2 用户

无论研究人员的学科视角如何,人都是 HCI 研究中的一个重要构件。由于对作为用户的人的研究严重依赖于人的心理学方面的思想,HCI 和 MIS 能够通过一个基础科学直接联系起来;这个联系反过来赋予其研究的深度和可信度。从历史来看,MIS 研究对于人在 IT 生命周期的两个阶段(IT 开发阶段以及 IT 使用和影响阶段)的行为都进行了研究(Zhang et al.,2005c)。对于 IT 开发和使用产生直接影响的 MIS 研究也考察了人类的不同角色,作为 IT 的开发人员、分析师和设计人员;作为用户或最终用户;作为经理或股东。表 2 和表 3 列出了一些 MIS 研究议题,这些研究明显地考虑了作为 IT 生命周期中的个体或群体的人的因素(Zhang et al.,2006a)。这些研究议题是示例性的而不是穷尽式的。

在 MIS 学科中,对用户或最终用户的研究至少有如下视角(Zhang et al.,2006a):

- 用户存在个体差异,如一般特质、IT 专有特质、认知风格和个性(e. g., Agarwal et al.,1998;Benbasat et al.,1978;Huber,1983;Webster et al.,1992)。Banker and Kauffman(2004)提供了 MIS 研究中这个领域的一个详细的总结。

- 在设计、开发和使用信息与通信技术(ICT)的过程中用户扮演的社会角色(Lamb et al.,2003)。Lamb and Kling 认为使用 ICT 的大多数人使用多种应用,扮演各种角色,而且制造的产品或服务有其心血,同时在多种社会情景中与他人进行交互。我们只有这样看待用户才能更好地理解组织情境塑造 ICT 相关实践的方式，才能更好地理解在采纳、适应和使用 ICT 的过程中人们扮演的多种复杂的角色。

- 用户作为经济代理人，其偏好、行为及其经济福利与信息系统的设计存在着错综复杂的联系（Bapna et al.，2004）。

值得注意的是，支持个体或群体工作不仅仅引起 MIS 领域中 HCI 研究的关注。许多人注意到，个体和组织使用的现代计算机的移动和无所不在的本质带来了新的挑战和机遇（Lyytinen et al.，2004）。总的来说，用户视角已得到相当大的扩展。DeSanctis 考察了用户这一概念从个体到群体，然后到公司和组织，最后到具有动态成员和目的的团体的演化过程（DeSanctis，2006）。这个不可避免的演化对 MIS 学者面临的设计和研究问题带来很大的挑战，不过也为他们深化其对更广泛的 HCI 问题的理解提供了许多机遇（Zhang et al.，2006a）。

**表 2　关注 IT 生命周期中个体的部分 MIS 研究（Zhang et al.，2006a）**

| | IT 开发 | IT 使用和影响 |
|---|---|---|
| 开发人员<br>设计人员<br>分析员 | 程序员/分析员认知（Kim et al.，2000；Zmud et al.，1993）<br>新手和专家级系统分析员（Pitts et al.，2004；Schenk et al.，1998）<br>开发人员使用各种方法论的意图（Hardgrave et al.，2003） | 用户和 IS 专业人员之间的权力关系（Markus et al.，1987）<br>IS 失败的分析人员视角（Lyytinen，1988） |
| 用户<br>最终用户 | 用户参加和用户卷入（1989；e. g.，Barki et al.，1994；Saleem，1996）<br>系统开发过程中客户-开发人员链接，联合应用设计和参与式设计（Carmel et al.，1993；Keil et al.，1995）<br>用户开发的应用（Rivard et al.，1984） | 认知风格和个体差异（Benbasat et al.，1978；Harrison et al.，1992；Huber，1983；Webster et al.，1992）<br>个体对 IT 的反应（Compeau et al.，1999），IT 接受（Davis，1989）<br>个体 IT 绩效和生产率（Goodhue et al.，1995）<br>用户培训和计算机自我效能（Compeau et al.，1995a） |
| 经理<br>利益相关者 | 建立人们想要用的系统（Markus et al.，1994） | 在个人层面对管理的挑战（Argyris，1971）<br>用户的抵制（e. g.，Dickson et al.，1970）<br>提高内在动机（Malhotra et al.，2005）<br>技术的两重性（Orlikowski，1992）[1] |

表 3　关注 IT 生命周期中群体的 MIS 研究(Zhang et al. ,2006a)

| | IT 开发 | IT 使用和影响 |
|---|---|---|
| 开发人员<br>设计人员<br>分析员 | 以用户为中心的协作技术设计<br>(Olson et al. ,1991)<br>全球软件团队的协调(Espinosa et al. ,2005) | |
| 用户<br>最终用户 | GDSS 用户界面设计问题(Gray et al. ,1989) | 群体绩效和生产率(Dennis et al. ,2003;<br>Dennis et al. ,2001)<br>协作型远程学习(Alavi et al. ,1995)<br>认知反馈(Sengupta et al. ,1993)<br>群体过程中的行为(Massey et al. ,1995;<br>Zigurs et al. ,1988)<br>群体记忆对个体创造性的影响(Satzinger et al. ,1999)<br>共享心智模型的开发(Swaab et al. ,2002)<br>对团队工作的满意性(Reinig,2003) |
| 经理<br>利益相关者 | 为组织知识的管理开发系统<br>(Markus et al. ,2002)<br>GDSS 设计战略(Huber,1984)[1] | 组织学习(Senge,1990) |

[1] 在这篇论文中,Huber 实际上讨论了 GDSS 生命周期的开发/设计,以及使用/实施阶段。

## 3.3　个体与群体工作理论

在旨在支持群体工作,提倡以用户为中心的协作技术设计的情境下,Olson 和 Olson 识别出当时采用的几种设计方法(Olson et al. ,1991)。

Olson 和 Olson 注意到,在以用户为中心的设计策略中,设计总是从对用户任务和能力的详细考察入手:潜在的用户是谁? 他们的多样性如何? 他们现下的工作是怎样的? 他们的工作中哪些方面有困难? 他们的需求都有哪些? 这种设计策略有三个关键要素:用户参与、迭代设计,以及相关的角色理论(Olson et al. ,1991)。

在 MIS 的文献中,很重要的一点是,运用理论来指导设计人员开发支持个体和群体工作的信息系统。我们在这里举几个例子来说明这种设计理论的重要性。

为了支持决策者做出具体的决策或选择特定的行动,人们开发决策支持系统(DSS)已有不短的历史,决策者对于决策质量的信心成了一个重要问题。Kasper 和 Andoh-Baidoo 提出了一个扩展的 DSS 理论,通过考察用户对决策质量的预计与实际决策质量的符合程度来进行校准(Kasper et al. ,2006)。在与此相关的一篇文章中,Silver 扩展了十多年之前发表的理论工作,该工作是关于在决策用户选择和使用系统的功能时 DSS 是如何启发或左右决策者的(Silver,2006)。这个扩展的理论工作不仅可用于 DSS,也可用于各类交互式系统(Silver,2006)。

在群体情境下,协作成为确保群体成功的一项重要活动。协作活动往往涉及组织和安排项目开发期间及之后的群体活动,这些活动包括表达目标、确定日程、保存历史记录、现场控制、活动跟踪,以及项目管理(Olson et al.,1991)。协调理论(Malone et al.,1994)提供了一个详尽的理论框架,该理论有助于我们理解不同群体成员执行的任务间的依赖以及群体协调其工作的方式。协调理论建立在多个不同学科研究的基础之上,包括经济学、组织理论和计算机科学等,自 1994 年发表以来对许多研究产生了深远的影响。Crowston 及其同事对协调理论的开发、运用和影响进行了一个十年回顾(Crowston et al.,2006)。

## 3.4 设计和开发理论

本小节的理论工作对开发有效的,使个体、群体和组织得益的信息系统提供指导。

最近得到扩展的两个重要的模型是,Iris Vessey 的认知匹配模型以及 Dale Goodhue 的任务技术匹配模型。认知匹配理论(Cognitive Fit,CF)最初被引入以解释信息表示领域(其中图表用于支持信息获取和信息评价任务)的一些不一致的结果(Vessey,1991;Vessey et al.,1991)。最近,Vessey 对 CF 的广泛应用进行了综述,讨论了 CF 理论的基本框架并指出了未来的研究方向(Vessey,2006)。

任务技术匹配模型(Task-technology fit,TTF)研究的是连接信息技术及其绩效影响的因果链(Goodhue et al.,1995)。TTF 的核心思想是,如果一项技术与其所支持的任务匹配的话,该技术就会对绩效有积极的影响。TTF 也分析了这种匹配对其他因素的影响,如系统利用、用户态度和用户(个体和群体)绩效(Zigurs et al.,1998)。TTF 的焦点超出了技术接受或利用的范围,旨在分析技术影响实际任务绩效的方式。尽管其重要性是显而易见的,Goodhue 还认为在有关信息系统和绩效的主要 MIS 模型中,这个构念常常被忽视(Goodhue,2006)。

组织信息系统不仅仅简单地支持生产率,扩展利用 IT 来支持组织沟通的认知情感模型(Te'eni,2001),结合认知匹配和技术任务匹配模型,Te'eni 提出了一个广义的匹配概念,以描述人和计算机之间的体力、认知和情感匹配(Te'eni,2006)。

最近,又有学者提出了一个关于设计信息和通信技术动机的新的理论观点(Zhang,2007)。该观点认为,人们使用技术的一个根本原因在于,通过满足其各种需求来支持其福利。从动机的观点出发,Zhang 建议信息和通信技术的目的宗旨和利用应当支持人的各种需求。她还提出了指导技术设计动机的十项原则。

(因为出版页数限制,本章 341~392 页在所附光盘中)

# 第 13 章  应用 AST 与 SLC 探讨 ERP 之过去、现在与未来发展

张硕毅[1]，严纪中[2]

（1. 台湾中正大学会计与信息科技研究所；

2. 美国迈阿密大学 Raymond E. Glos 讲座教授）

**摘　要**　企业资源规划（Enterprise Resource Planning，ERP）系统自 1990 年代后发展至今（2007），其系统整合的观点在这不到 20 年的期间内快速地扩展，有将近 90% 的大型企业使用该系统，而中小型企业也因预期系统能带来的巨大效益，纷纷寻求该系统的协助。SAP、ORACLE 等系统供货商在顺应这一潮流的变化下，也在不断地探索下一代的 ERP 系统和拟定下一步的经营策略。本研究意在汇整信息管理领域中与 ERP 相关之国际学术论文，透过 DeSanctis & Poole（1994）提出的调适性结构化理论与 Davenport（1990）提出的 ERP 系统生命周期三个阶段，分析 ERP 系统在建置前、建置中与建置后的过程中相关因子的互动情况与历史演进。本研究期望能从文献中进一步找出 ERP 系统未来的发展方向，以期能为产学界在 ERP 系统领域开创新的领域。

**关键词**　企业资源规划、调适性结构化理论、先进信息科技、系统生命周期

## 1　绪论

企业资源规划系统（Enterprise Resource Planning，ERP）是一个系统整合工具，自 1990 年代由 Gartner Group 提出后广为各界讨论并于 2003 年给予最新的定义为："一种运用收集数据的方式去管理企业，并整合营销、生产、人力资源、物流、财务和其他相关的企业功能，且明确指出 ERP 是一个允许全部功能在普通数据库中和企业分析工具中做分享动作的系统"。换言之，ERP 系统所扮演的角色就是将各功能部门连贯起来，而管理者亦可迅速地得到相关的正确数据并作出最佳的决策。

目前 ERP 系统的发展主要仰赖几个重要的系统供货商的推行，知名的有 SAP、ORACLE、QAD、JDE、Baan 等国际知名大厂。但近年来，SAP、ORACLE 等主攻大型企业的系统商有感于高阶 ERP 系统的市场饱和造成降价出售的危机意识，遂而纷纷思考下一个世代的 ERP 发展对策。2003 年 SAP 与微软谈合并案，加

上甲骨文提议并购 PeopleSoft,显示 ERP 新的销售源泉逐渐枯干,逼得顶尖的软件公司不得不寻求开发新客源以求将触角伸进中小企业市场,或考虑合并和收购维持业绩成长。由于信息科技不断进步,加上成本愈来愈便宜,许多企业都已经采用信息科技来辅助企业内部作业。因此,了解企业采用 ERP 系统的动因与如何推动 ERP 系统顺利运作于各部门间,也就变得相当重要。

参照过去有关信息科技的研究,绝大多数的看法都认为信息科技必须经过使用者的认知,并透过使用才能显现其真正的效果(Bailey & Pearson,1983;Ives et al.,1983;Rushinek,1986;Markus et al.,1988;Melone,1989;Conrath & Mignen,1990),也就是说信息科技的价值创造,在于与使用者互动的过程中产生。Markus (1983)曾经质疑过去的科技主导(Technological Imperative)、问题解决(Problem-Solving)观点过于单纯,科技的实施很可能涉及了"组织情境"与"技术的设计及应用"彼此间的繁复互动;因此运用信息科技及其所产生的结果,很可能是在一个非常复杂的社会性互动过程中逐渐浮现出来的,其结果通常是不可预期的。Orlikowski & Robey (1991)进一步提出结构演化(Structuration)模式来描绘前述复杂现象。在此一模式中,在科技导入组织之后,随着时间演进,包括:信息科技本身、使用者、组织及其工作环境等,都将持续地互动及演进。在这些基础上,DeSanctis & Poole (1994)提出调适性结构化(Adaptive Structuration)理论,说明组织运用新兴信息科技的变革过程中的互动和调适。在该理论中,科技的设计与应用形式有一个相对应的社会结构,与既存的跨组织社会结构不一定一致。而运用该科技时的利己行为,不但会影响到企业内的作业流程的规划,同时也会冲击组织间的合作协调机制。在这些因素互动下,可能会浮现出新的结构来影响科技的使用与运用科技的结果,亦可能促成新兴的社会结构,如此地循环演进,构成一动态的过程(李昌雄,2000)。

ERP 系统有助于将企业所有部门整合为一个信息系统,具体地达成企业流程再造的目标。然而导入 ERP 系统对任何企业而言,实为一个艰巨的任务,举凡各个职能的调和、内部组织的抗拒及系统后续支持与整合等等,皆足以阻碍新系统的导入。导入失败的原因可归类为不完善的变革管理与控制、不完整的目标设定、缺乏沟通及低估导入计划的复杂度(Ribbers et al.,2002)。因此我们认为 ERP 与个体、组织和社会所牵涉在内的复杂性互动行为,将是导致系统成败的重要过程。本研究将从历史的观点与不同的角度探讨 ERP 系统与个体、组织和社会所牵涉在内的复杂性互动行为,希望借由 DeSantics & Poole (1994)提出调适性结构理论(Adaptive Structuration Theory,AST)检视 ERP 系统过往的历史文献,探讨群体使用 ERP 系统互动化过程的演进,亦即群体使用 ERP 系统的调适过程,深入研究进而发掘 ERP 系统未来的发展。预期本研究的发现将有助于关心 ERP 系统管理的人士更进一步地了解 ERP 系统的本质与过程,在过去遭遇的问题与困难中,现今是否依然存在无法解决的议题,而未来又将面临什么样的新挑战。

本篇后续内容在第二节的部分主要针对 AST 理论架构做详细的介绍说明,并推导出研究模型架构;第三节将呈现资料分析与分析结果;最后第四节提出本文研究结论、研究贡献以及未来研究方向。

## 2 理论背景与讨论

本研究因探讨 ERP 的过去、现在与未来发展,姑且将"过去"与"现在"定义为 2007 年(含)之前,2008 年之后定为"未来",并借用 DeSanctis & Poole 于 1994 年提出的调适性结构化理论来汇整与 Davenport (1998)提出的 ERP 系统生命周期 (SLC)三个阶段,分析过去与现在的学术研究议题。而此理论源自于 Giddens (1984)提出的结构化理论,是一个用来描述信息科技、社会结构,以及人类互动三者之间相互影响的模式,将目前"科技引发变革"的这项观点的结构化模型加以延伸,进一步去考虑科技与社会过程中的相互影响,可以用来研究在使用信息科技时所产生的不同组织变革。接下来的章节将从结构化理论详细的介绍,进一步探讨调适性结构化理论与其适用性。

### 2.1 结构化理论与调适性结构化理论

结构化理论(Structuration theory)是英国社会学者 Anthony Giddens (1984)为了重建社会学基本概念所提出的,他认为传统的社会思想学派存在着"个体" (individual)与"社会"(society)的二元对立(dualism)关系。而将其重新建构成"结构二重性"(the duality of structure)是化解二元对立的一个方法,此方法强调行动者(agent)和结构彼此间是相互依赖的关系。组织的发展透过人与人之间产生交集与互动,并且不断地透过这互动行为的发生,而产生、再产生组织规范。至于规范是种产生各种方法和程序的组合,透过规范,人类可以互相沟通、互动和调适,能够把社会上各种的关联联结起来。Barley (1986)便利用 Giddens 的结构化理论应用在医疗科技上,把科技视为人与组织结构间的中介因素,利用结构化理论来分析放射线技术人员与组织结构之间的互动关系。直至 1994 年 DeSanctis & Poole 两学者进一步将 Giddens 的结构化理论加以延伸,提出调适性结构化理论(Adaptive Structuration Theory,AST),并且应用在团体决策支持系统的研究上。

DeSanctis & Poole (1994)提出的调适性结构化理论是将科技所驱动的结构化模型扩展成为一个思考科技与社会相互影响的模型。DeSanctis & Poole 认为决策支持系统的成效令人感到失望,其原因在于组织使用科技的过程不同所致,也就是说组织背景影响了系统使用的成效。调适性结构化理论指出组织的成果并不是直接从科技或任务而来的，而是反映到这个组织是如何运用科技与相关资源后的结果，并说明组织本身如何与科技以及其他结构资源彼此互动，这才是真正决定科技要如何被接受、如何被使用以及能发挥到何种作用的关键。调适性结构化理论对组织与科技之间的互动提供了一套分析的架构，认为先进的信息科技（Advanced Information Technology，AIT）触发了调适性结构化过程，这个过程导致组织在社会互动过程中所使用的资源或规则上的变革。所谓的"社会互动"指的是使用新科技时组织成员的互动、新观念的产生、冲突管理或是与其他团队的决策活动等。此外，DeSanctis & Poole认为技术的社会结构可由信息系统的结构特征（structural features）和精神（spirit）及使用系统时的外在环境和目的所描绘出来，而新的社会结构特征会在社会应用原有的规则或资源时的互动过程中再产生出来。当先进的信息科技、社会结构特征、理想的应用流程和决策程序都形成之后，有效率、有质量的决策就会产生出来。调适性结构化理论的贡献在于清楚地比较不同组织背景在使用相同信息系统时，所产生不同的使用结果。这让我们注意到科技对组织的影响在于组织的人员使用科技的目的、方法或态度，而不在于信息科技本身。

图 1 为 DeSanctis & Poole 提出的调适性结构化理论结构图，用来描述使用者在导入先进信息科技过程中的组织社会、科技和人员之间的互动影响。各构面的说明将汇总如下。

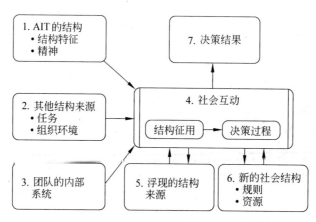

**图 1　调适性结构化理论结构图**

### 2.1.1　先进信息科技（Advanced Information Technologies, AIT）的社会结构

先进的信息科技与传统的信息科技不同在于，传统计算机系统能支持商业交易的完成，像是存货管理、财务分析、报表表达，但先进的信息科技除了能完成上述

的活动外，更能够支持个体之间的协调，提供群体交易互动程序的完成。AIT 有更大的潜力影响工作方面的社会行为。

AIT 的社会结构可以从两方面来加以描述：科技的结构特征（Structural Features）和这些特征传达的精神（spirit）。结构特征是系统所提供的特殊形态的规则、资源或者产能。Abualsamh et al.（1990）和 Cats-Baril et al.（1987）以系统综合的程度或结构化特征集合的丰富性来描绘系统的特性。系统愈丰富，提供给使用者的特色多样性越高。结构特性可借由咨询使用者手册、检阅设计者或是营销人员对该科技之说明，或是记录使用该科技的使用者心得而得知。至于科技的精神是指在这些结构特性下关于价值与目标之一般意向，简单说就是 AIT 的主要目的。它告诉使用者在使用科技时该如何反应，如何阐释科技的结构以及如何弥补程序上的差距。当科技呈现在使用者面前时，精神乃是科技的一个属性，它并非设计者的意图，也非使用者的看法或是对它的阐释。通常通过系统设计的隐喻（Metaphor）、系统呈现方式、使用者接口的本质、训练教材或在线辅助说明和系统所提供的其他协助等，来了解科技的精神。

### 2.1.2　其他结构来源（Other Sources of Structure）

AIT 只是整个 AST 架构中的结构来源之一，工作任务（task）和组织环境（Organization Environment）也会提供其他的结构来源，工作任务的复杂性、丰富度和潜在冲突可以用来表示工作任务的内容。而组织环境也可以用复杂度、正式化程度和民主气氛（Democratic Atmosphere）来表示。Avolio et al.（2001）认为在组织中电子化领导（e-Leadership）的贡献为调适性结构化理论可以用来研究 AIT 是如何影响领导统驭或者是被领导统驭所影响，进而将在此构面下将组织环境又分为外部组织环境和内部组织环境，工作任务下提出任务的内容和限制。此外，企业信息、达成任务的历史、组织文化、经营模式等等，亦会提供其他的结构来源。

### 2.1.3　团队的内部系统（Group Internal System）

团队内部系统是团队成员的特性以及他们在团队中的关系，包含成员互动的形态、成员对该科技结构的知识和经验、成员相信其他成员接受和使用科技的程度、成员认为结构应被征用的程度。Avolio et al.（2001）将团队互动的形式、成员的专业、对团队或其他成员的观感、差异、心理模式（shared mental model）以及对团队的定义（Identification With The Group）汇归于此构面下。丁源鸿、何靖远（2001）亦提出使用经验、学习能力、信息素养、教育程度。

### 2.1.4　社会互动（Social Interaction）

在社会互动中包括结构的征用（Appropriation of Structures）以及决策过程（Decision Processes）。征用并非自动地依科技的结构而产生，是使用者选择使用科技结构的方式与态度。以下将分别说明结构的征用和决策过程。

结构的征用可按照使用者征用的方式、忠诚与否、目的和态度分成四种：

（1）征用的方式（Appropriation Moves）：征用的方式包括直接使用结构、与其他结构（例如组织环境或工作任务）混合使用、使用结构时对结构作限制或解释、对结构做判断（例如确认或否定结构的有用性）。

（2）忠诚的征用（Faithful Appropriation）：虽然信息科技的结构特性被设计来反映及促进隐藏于背后的精神，不过结构特性与精神未必能互为一致，如果按照二者间的一致性与否，可以分成忠诚的征用和不忠诚的征用：忠诚的征用指的是使用科技时，结构特性与精神一致；不忠诚的征用指的是结构特性与精神不一致。

（3）有目的的征用（Instrumental Appropriation）：使用者在使用信息科技时，常会赋予此科技一些目的或意义，也就是在了解使用者如何及使用了哪些结构外，并且要了解使用者为何要使用此科技，其使用目的的为何。

（4）征用的态度（Appropriation Attitude）：了解使用者对信息科技的态度为何。Sambamurthy（1994）将征用态度分成：舒适度亦即使用者在使用信息科技时，是否觉得舒服而不会觉得有压力；挑战性，使用者在使用信息科技时，是否有意愿借由它努力工作并表现得更杰出；重视度，使用者觉得此信息科技对他而言，是否具有价值。

### 2.1.5　浮现的结构来源（Appropriation of Structures）

此构面所指的是在社会互动过程中所产生的结构，主要有

（1）先进信息科技产出：AIT 产生的数据、内容，或其他结果；

（2）任务产出：工作任务的数据或程序；

（3）组织环境的产出：在环境中应用知识或规则的结果。

举例来说，数据仓储系统的使用中，必定会有先前所建立的查询或摘要结果，这些结果能够保存下来供后续使用者使用，这便是属于先进信息科技的产出（何靖远，2000）。此外，技术文件、使用者手册、流程改造文件也都可以算是浮现的结构来源（丁源鸿等，2001）。

### 2.1.6　新的社会结构（New Social Structures）

新的社会结构意指社会互动所产生的新结构形态，涵盖了新规则与资源的产

生。例如一套企业资源规划系统导入到组织后,可能会产生新的标准作业程序、工作职责变更、新的 ERP 导入团队或者新的决策方式等(丁源鸿等,2001)。又或者,数据仓储的导入可能会造成的组织成员分工形态的改变、新知识产生等(何靖远,2000)。Avolio et al.(2001)则是将浮现的结构来源和新的社会结构以突现的结构(Emergent Structure)合并两者,两者皆视为中间产出与结果。这些中间的产出与结果都将会再度影响社会互动。

### 2.1.7 决策结果(Decision Outcomes)

该构面指的是多个结构来源(先进信息科技的结构、其他的结构来源、浮现的结构来源、新的社会结构、群体的内部系统)会影响社会互动,进而影响组织决策的结果。举例来说决策支持系统的导入可以改善决策过程,并且进一步地提高决策效率,提供高质量的解决方案和更为紧密的群体共识,以及透过更强的群体承诺来落实解决方案。一般来说决策结果不外乎效率、产出的质量、一致性、承诺(Commitment)、权力(Potency)(Avolio et al.,2001)、组织学习、有效性(effectiveness)(Schwieger et al.,2005)、提高效率、降低成本、提高顾客满意度等(何靖远,2000)。

汇总上述对 AST 介绍,AIT 的结构、其他结构来源以及团队的内部系统,会影响到社会互动的过程,对结构的征用和决策过程有所影响,属于社会互动前的结构,然而在社会互动的过程中,会有浮现的结构来源产生,也会产生新的社会结构,此两者为社会互动后的结构,但这些两个结构也会再度成为影响社会互动因子,进而影响最后的决策结果。

本研究欲使用 DeSanctis & Poole 所提出的调适性结构化理论来探讨 ERP 系统在导入过程中,与组织、社会、人员之间互动行为的变迁,因此在利用调适性结构化理论做数据分析前,我们必须先确定 ERP 系统属于一种先进信息科技。根据 Huber(1990)提出先进信息科技应具备两方面的特征:

(1)先进信息科技对组织的设计、智能和决策的影响不同于传统的信息科技,一般传统的信息科技具备几个基本的特征:储存、传输和处理能力,而先进信息科技在这个方面通常提供了更高的处理能力。ERP 本身的整合性,将信息流整合在一起,对整个作业做良好的掌控。ERP 关联式数据库,以全公司的逻辑观点来设计数据库,对数据的储存、传输和处理的能力,远优于以往独立而未正规化,以部门观点来设计的数据文件。

(2)先进信息科技对个人或组织在通信方面能够更容易、更便宜地进行跨时空的沟通,更迅速、更准确地和目标群组沟通,更可靠、更便宜地记录沟通的内容和性质,更有选择性地控制在通信事件和网络中的存取和参与。ERP 具备的信息整合功能，透过互联网的连结，可以更容易地将各地企业资料进行整合与沟通。此外，先进信息科技在个人或组织决策方面的帮助必须能够更快速、更便宜地储存和撷取大量信息，更有选择性地存取组织外部的信息，更迅速、更准确地整合和重组信息以便产生新的信息（如预测模型的建立或财务分析），更简洁地储存，更快速地使用专家或决策者所作的判断和决策模式，并当作专家系统或决策模式来储存，更可靠、更便宜地记录和撷取组织交易的内容和性质。因为 ERP 已将企业的各流程整合，流程整合后，可以各点的数据整合，使得数据一致，又因设计良好的关联式数据库，在做各项查询时，准确且快速，对企业的决策支持提供最佳的基础，故我们在此可以确定，ERP 是一种先进信息科技。

## 2.2　系统生命周期（Systems Life Cycle，SLC）

Davenport（1998）将 ERP 生命周期区分为三阶段，各阶段工作内容如图 2 所示。建置前：需求确认、选择、企业案例分析、推广计划。建置中：差距分析、整合与接口、新文件/流程、数据设计与移转、使用者训练、客制化修改、参数调整、基础建设、项目与变革管理。建置后：截止、推广、问题服务中心、系统升级、收益检讨。

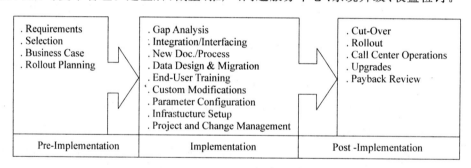

**图 2　ERP 系统生命周期三阶段**

资料来源：Davenport（1998）

Esteves and Pastor（2001）定义 ERP 系统生命周期为六个阶段：采用阶段、取得阶段、建置阶段、使用与维护阶段、改革阶段、退役阶段。

### 2.2.1　采用阶段（Adoption Decision）

管理者根据是否符合主要的企业任务及改善组织策略等条件，来选择新的ERP 系统。决策阶段包括系统需求的定义、目标、效益及对企业级组织的影响分析。

### 2.2.2　取得阶段（Acquisition）

此阶段选出最符合组织需求与最少客制的产品。此时也选择顾问公司来协助接下来的 ERP 生命周期阶段任务，特别是在建置阶段。像是功能、价格、训练与维护服务等因素都需分析与定义。此阶段另一个重点是分析所选择的产品投资回报率（ROI）。

### 2.2.3　建置阶段（Implementation）

此阶段任务为客制或参数设定来调整 ERP 软件以符合组织的需求。通常是由顾问提供建置方法论、专业技术与训练。虽然各阶段都会有训练，但建置阶段的训练会是最大的投资。

### 2.2.4　使用与维护阶段（Use and Maintenance）

开始正式使用产品，期望有效益能回报。此阶段对组织的功能性、可用性及适合度与企业流程是很重要的。当系统建置完成就要开始维护，像功能错误要修正，新的需求被提出及系统效能的改善等。

### 2.2.5　改革阶段（Evolution）

此阶段新功能被整合入 ERP 系统。可分为两大类：

（1）向上整合。朝向决策支持发展，像是进阶规划、数据仓储与企业智能系统。

（2）向外整合。与 CRM 、SCM、组织间流程整合与电子商务等。

### 2.2.6　退役阶段（Retirement Phase）

当 ERP 系统不符合企业需求就会考虑汰换系统。有些组织可能因策略改变、不信任 ERP 供货商或是建置失败而先经历了此阶段。

Markus and Tanis（2000）建立了企业系统经验周期（Enterprise System Experience Cycle)的模型，以解释信息科技如何创造企业价值。其将企业系统的生命周期分为 4 个阶段：项目许可、项目进行（设定与建置）、适应阶段、向前与向上发展。而 Sathish et al.（2004）发展的一套 6 步骤的 ES 项目生命周期模式（Six-Step ES Project Life Cycle Model），模型项目说明如表 1 所示。

而本研究将采用学者 Davenport（1998）发展的模型为基础，汇整相关学者所研究之 ERP 系统生命周期来探讨 ERP 的过去与现在，汇整表如表 2 所示。

#### 表 1　ERP 生命周期与工作项目

| 阶段 | 主要工作项目 |
|---|---|
| 项目准备 | 进行可行性研究 - 确认项目经理 - 组成项目小组 - 核准预算与时程 - 准备、回顾与启动高阶项目计划 |
| 企业蓝图 | 项目小组训练 - 搜集需求 - 产生、回顾与完成企业蓝图 |
| 建置 | 产生设计规格 - 设定企业流程 - 测试企业流程 - 程序客制 - 上线前检查 |
| 最后准备 | 最后测试 - 准备实际应用环境 - 数据移转至实际环境 - 使用者训练 - 使用者角色指定 - 核准系统及组织准备好可上线 - 制定上线策略 |
| 上线与支持 | 错误修正 - 系统绩效调整 - 再训练 - 任务小组处理暂时性的无效率 |
| 建置后 | 持续改善 - 增加使用者技能 - 技术升级 |

资料来源：Sathish et al. , 2004

#### 表 2　ERP 生命周期模式汇整

| ERP 系统生命周期阶段 | 工作项目 | A | B | C | D | E | F | G | H |
|---|---|---|---|---|---|---|---|---|---|
| 建置前 | 项目许可并成立项目小组，进行项目准备与规划 | ✓ | | | | ✓ | | | ✓ |
| | 定义企业蓝图，包含设计组织策略愿景与系统需求 | | | | ✓ | | ✓ | ✓ | ✓ |
| | 咨询相关厂商或顾问公司进行作业分析，找出符合 ERP 功能的企业流程 | ✓ | ✓ | | ✓ | | | | |
| | 软件采用与取得 | | ✓ | ✓ | | | | | |
| 建置中 | 进行相互原型比对、解决方案设计与构筑 | ✓ | | | ✓ | | | | |
| | 建置、安装、设定、测试、上线前之适应准备、教育训练 | ✓ | ✓ | ✓ | ✓ | ✓ | | ✓ | ✓ |
| | 上线使用与支持 | ✓ | ✓ | ✓ | ✓ | | ✓ | ✓ | ✓ |
| 建置后 | 持续维护、扩充、转换与稳定营运 | | | ✓ | ✓ | ✓ | ✓ | ✓ | ✓ |
| | 退役 | | | ✓ | | | | | |

资料来源：A：Bancroft (1996) ; B：Gable (1998) ; C：Esteves and Pastor (1999) ; D：Oracle (1999) ; E：Markus and Tanis (2000) ; F：Ross (2000) ; G：Parr and Shanks (2000) ; H：Sathish et al. (2004)

　　ERP 系统演进过程中，ERP 系统的本质是一个功能软件，也是信息系统。同时发现了信息系统对企业的效益，确认了 ERP 系统的重要性。经过本研究整理发现，过去对于 ERP 系统从导入期到安装上线，大多采用阶段式或活动式的管理方法，特别是项目管理最为常见，而导入后的部分，大多采用既有的企业控制制度来对有关 ERP 系统的活动进行管理，针对目前学者认知的 ERP 生命周期进行探讨。

然而，由于目前对 ERP 系统生命周期有研究的文献极少，故利用 ERP 系统本质上是一个软件的观念下，本研究欲采用的系统生命周期三个阶段（建置前、建置中、建置后），以有别于调适性结构理论的另一个角度来探讨 ERP 系统的过去与现在。

# 3　资料分析与讨论

本章节将透过资料的筛选，并根据所筛选出来具代表性的资料进行分析与探讨。

## 3.1　资料筛选

本研究主要的目的在于探讨 ERP 系统自 1990 年代后群体使用系统的演进情况，因此，本研究将设定数据筛选的条件有三：

(1) 与企业资源规划系统相关；

(2) 以 1990 年后的文献为主；

(3) 以国际学术论文为主。

各筛选条件详细叙述如下：

### 3.1.1　与企业资源规划系统相关

所选取的文献必须直接与企业资源规划有关，因此本研究采用的文献搜寻方法主要根据文章的标题、关键词或摘要中存有 Enterprise Resource Planning、ERP、Enterprise system 关键词为主。

### 3.1.2　以 1990 年后的文献为主

ERP 系统的提出始于 1990 年代后，由 Garnter Group 提出，因此本研究将文献筛选的范围限定在 1990 年代后至 2007 年，用以协助分析 ERP 系统发展历史的演进过程。

### 3.1.3　采用专业国际学术论文为主

专业国际学术论文其逻辑推演和研究方法较为严谨、科学，其可靠度相较于杂志、书籍强，因此本研究将选用目前学术界所提供的重要期刊为主要文献筛选内容。

根据上述列出之资料筛选条件，本研究整理出 33 篇即将进入资料分析的内容，表 3 为整理出的资料内容。

表 3  资料筛选内容

| 作者(年份) | 文章标题 | 期刊出处 |
| --- | --- | --- |
| Liang et al. (2007) | Assimilation of Enterprise Systems: The Effect of Institutional Pressures and The Mediating Role of Top Management. | MISQ |
| Thomas et al. (2005) | What Happens After ERP Implementation: Understanding The Impact of Interdependence And Differentiation on Plant-Level Outcomes. | MISQ |
| Dong-Gil Ko et al. (2005) | Antecedents of Knowledge Transfer From Consultants to Clients in Enterprise System Implementations. | MISQ |
| Ranganathan & Brown (2006) | ERP Investments and the Market Value of Firms: Toward an Understanding of Influential ERP Project Variables | ISR |
| Leslie & Richard (2000) | The role of the CIO and IT function in ERP | CACM |
| Christina et al. (2000) | Cultural Fit and Misfits: Is ERP A Universal Solution | CACM |
| Maris (2004) | ERP in China: One Package , Two Profiles. | CACM |
| Markus et al. (2000) | Multisite ERP Implementations | CACM |
| Liang et al. (2004) | Why Western Vendors Don't Dominate China's ERP Market. | CACM |
| Lee et al. (2003) | Enterprise Integration with ERP and EAI | CACM |
| Kumar & Hilleoersberg (2000) | ERP EXPERIENCES AND EVOLUTION | CACM |
| Kremers & Dissel (2000) | ERP System Migrations. | CACM |
| Everdingen et al. (2000) | ERP Adoption by European Midsize Companies. | CACM |
| Davison (2002) | Cultural Complications of ERP | CACM |
| Fernandez et al. (2000) | Integrating ERP in The Business School Curriculum. | CACM |
| Beatty & Williams (2006) | ERP II: Best Practices For Successfully Implementing an ERP Upgrade. | CACM |
| Arinze & Anandarajan (2003) | Rapidly Configure ERP Systems. | CACM |
| Scheer & Habermann (2000) | Making ERP a Success. | CACM |
| Aries et al. (2002) | Capacity and Performance Analysis of Distributed Enterprise Systems. | CACM |

续表

| 作者(年份) | 文章标题 | 期刊出处 |
|---|---|---|
| Scott & Vessey (2002) | Managing Risks in Enterprise Systems Implementations. | CACM |
| Robey et al. (2002) | Learning to Implement Enterprise Systems: An Exploratory Study of the Dialectics of Change | JMIS |
| Ragowsky & Somers (2002) | Special Section: Enterprise Resource Planning | JMIS |
| Gefen (2004) | What Makes an ERP Implementation Relationship Worthwhile: Linking Trust Mechanisms and ERP Usefulness. | JMIS |
| Wang et al. (2006) | ERP Misfit: Country of Origin and Organizational Factors. | JMIS |
| Hitt et al. (2002) | Investment in Enterprise Resource Planning: Business Impact and Productivity Measures. | JMIS |
| Somers et al. (2003) | Confirmatory Factor Analysis of the End-User Computing Satisfaction Instrument: Replication within an ERP Domain. | DSI |
| Stratman & Roth (2002) | Enterprise resource planning (ERP) competence constructs: Two-stage multi-item scale development and validation. | DSI |
| Piotr & Verleger (1999) | Amplitudes and Latencies of Single-Trial ERP's Estimated by a Maximum-Likelihood Method. | IEEETrans |
| Stensrud & Myrtveit (2003) | Identifying High Performance ERP Projects | IEEETrans |
| Luo & Strong (2004) | A Framework for Evaluating ERP Implementation Choices. | IEEETrans |
| Graben & Frisch (2004) | Is it Positive or Negative? On Determining ERP Components. | IEEETrans |
| Wang & Kiryu (2006) | A Java-Based Enterprise System Architecture for Implementing a Continuously Supported and Entirely Web-Based Exercise Solution. | IEEETrans |
| Green et al. (2005) | Ontological Evaluation of Enterprise Systems Interoperability Using ebXML. | IEEETrans |

注：期刊出处中 MISQ：*MIS Quarterly*，ISR：*Information Systems Research*，CACM：*Communications of the ACM*，JMIS：*Journal of Management Information Systems*，DSI：*Decision Sciences*，IEEETrans：*IEEE Transactions*（various）。

（因为出版页数限制，本章 406～432 页在所附光盘中）

# 第3部分

信息系统/管理信息系统
最新研究问题

# 第14章 U-Commerce 与信息系统的主要驱动因素[①]

**Iris Junglas**[1] **, Chon Abraham**[2] **, Richard Watson**[3]

（1. Decision and Information Sciences, C. T. Bauer College
of Business, University of Houston

2. Operations and Information Systems department,
School of Business, College of William and Mary, USA

3. Terry College of Business, University of Georgia, USA）

## 1 绪论

U-commerce，或者说是商务的最终形态，是一个新兴的商业环境。营销与信息系统的研究者们对此已关注了多年（Watson，2000；Watson et al.，2002；Junglas & Watson，2003，2006）。

20 世纪 90 年代我们经历了从传统商务到电子商务的转变，最近几年又经历着从电子商务到移动商务的转变，因此提出"什么是这些转变的主要驱动因素"这样一个问题是合理的。如果我们想了解未来，就必须首先了解过去。而要发现这些主要驱动因素，首要工作是通过考察信息系统领域的核心来研究其真正本质。

有趣的是，"自从 20 世纪 70 年代早期，信息系统学科的学者一直关注本学科的本质及未来"（Weber，2003），并且这种关注还在继续。信息系统领域的发展历史已经表明，其核心一直在发生变化，这可由下述列表看出（Myers，2003）。

- 在 20 世纪 80 年代中期，认为信息系统的核心是概念建模及数据库（Weber，2003）；

- 在 20 世纪 80 年代晚期，上述观点得到修正，并认为"表达"是核心（Weber，2003）；

- 在 20 世纪 90 年代早期，认为信息系统的核心是系统开发（Nunamaker et al.，1991）；

---

① 本章由鲁耀斌翻译、审校。

- 在 20 世纪 90 年代中期,认为企业流程是信息系统的核心;
- 在 20 世纪 90 年代晚期,认为信息系统的核心是"在使用信息技术的组织里有序地提供数据与信息"(Checkland & Holwell,1998);
- 在 21 世纪早期,认为信息系统的核心是电子商务(Earl & Khan,2001)。

如上所述,任何观点都不具有最终的结论性,"信息系统的核心在经常发生变化并消逝"(p. 585,Myers,2003)。我们的主要目的不是再引起关于信息系统学科核心的争论,即使最终我们还是这样做了。在随后的各节中,我们采取一个哲学的视角而不会聚焦于那些构成本领域的专题,因为我们想了解信息系统的真正本质,并且通过这种方式去了解信息系统的未来,特别是我们对信息系统背后的典型驱动因素感兴趣。因此,我们关注的问题是:是否存在核心的驱动因素集(等同于荣格(Jungian)原型)在主导信息系统的发展(或进化),并支持我们对信息的需求?这将对关于信息系统核心的讨论提供一些启示。

## 2    搜索信息系统中的荣格原型

为了发现信息系统背后的典型驱动因素,我们将借鉴哲学的早期原理。

亚里士多德在试图了解所有现实(不管是可见的还是不可见的)的根本性质时,选择语言作为出发点。他的观点是,当我们说话时,我们说的是"那儿有什么",并假定语言的最简单元素将对应于现实的最基本元素。在本章中,我们将使用同样的方法来了解信息系统。下面首先分析信息系统的定义。

什么是信息系统? 在 IS 领域中有很多定义。

例如,一些作者认为信息系统是"相互关联的成分集,通过这些成分的收集(或检索)、处理、存储与发布信息,以此来支持决策制定与对组织的控制"(p. 13,Laudon & Laudon,2006)。另外的一个定义认为信息系统是"相互关联的元素或成分集,它们收集(输入)、操作(处理)与发布(输出)数据和信息,并提供反馈机制来达到一个目标"(p. 15,Stair & Reynolds,2006)。

即使上述的定义都不全面,我们也无法确定哪个定义是正确的或是错误的(由于它们都是以尽可能好的方式来描述 IS 领域),但是我们能够很容易地发现两个定义都具有一个共同的来源:信息。由于信息作为中心,并是任何信息系统处理的对象,因此接下来的一个问题是:什么是信息?

对于信息同样有许多定义。信息这个词看上去属于那种在多个学科中滥用或过度使用的词汇。信息的定义是模糊的,无法说清楚,但同时又是我们日常生活中不可缺少的(von Baeyer,2005)。从词源意义上来说,信息这个词包括三个希腊词干:typos,idéa 与 morphé,它们合起来描述信息的意义(Capurro,1992)。类似地,拉丁语 informare 翻译为"给出"或"去形成一个思想"(Capurro, 1996)。

不仅是不同的学科对于信息的概念的理解存在差异,甚至在同一个学科内都存在不同认识。例如,在起源于图书馆科学的情报学中,信息的理解包括"实体组织的措施(或熵的下降),信息源与接收方之间的沟通模式,控制与反馈的形式,消息通过通信渠道传递的概率,认知状态的内容,语言形式的含义,或不确定性的减少"(Capurro & Hjørland, 2003)。

在信息系统领域,信息通常与数据和知识区分开来(Alavi & Leidner, 2001)。即使对三者之间的差异已经有些讨论,但这仍是一个有争议的话题,没有取得广泛一致。数据被认为是"原始的数字与事实",信息是"处理过的数据",知识则等同于"个性化的信息"(Alavi & Leidner, 2001)。三者形成了一个从数据到知识的层次结构,但这个从下至上的观点也受到了质疑(Tuomi, 1999)。

基于本章的目的,我们所能做的是承认不同学科对于信息概念的多个词源意义上以及认识论意义上的不同理解。同时,我们认为并不存在很大的障碍来阻止我们进一步的理解。我们将聚焦于两个定义,并展示它们对于 IS 发展与进化的典型驱动因素的争论的适用性。具体来说,我们将主要关注两个概念,它们在情报学中获得了相当的关注。由于情报学领域已经化了大量时间来讨论信息的不同解释,甚至多过了 IS 学科,因此基于他们的结果将是可靠的,并将给我们提供一个坚实的基础。

这两个关于信息概念,一个是信息被认为是两个实体间通信的表示;另一个是信息用来表示实体自身。

# 3　信息作为实体间的通信

与 IS 的视角一致,从认识论的视角来看,情报科学认为信息是一个与通信紧密相关的概念。信息被认为是在发送者与接受者之间流动。其他学科如物理学或生物学也认为信息是通信。例如,在物理学中,当水被加热,分子被描述为将信息(或熵)从一个传递到另外一个;在生物学中,两个组织繁殖时交换基因信息。在情报学中,这个观点被称为"发送方——渠道——接收方"范式(Capurro, 1992)。如果一个发送方与接收方通信,他们之间就是交换信息。因此,要注意以下三个方面的争论:

首先,对于发送方与接收方是否必须是人一直存在哲学意义上的争论。一些哲学家认为双方必须具备处理(或解释)系统才能进行通信,信息因此被认为是独有的"人类现象"(Machlup, 1983)。换句话说,信息由人类意志发起,并由人类意志处理,因此仅能在人类实体间发生。一个更自由的视角认为发送方与接收方可为以下的一个:人类或非人类(Capurro & Hjørland, 2003)。当发送方或接收方为非人类时,仍然假定他们具备某种解释能力,或者用香农的话来说,"编码"或"译码"能力(Shannon & Weaver,1949)。后一个视角与 IS 领域的视角非常一致,因此本章将采用这个观点。此外,还有其他相当多的理论存在,这些不是本文的研究对象。

其次,对于实体间信息交换的准确性没有定论。一方面,我们发现研究者认为通信并不关注有意义信息的交换(Shannon & Weaver,1949);另一方面,研究者认为信息只是被理解的那部分(Weizäcker,1974),也就是说,假定交换的双方存在编码或译码元素(例如,共同语言)。我们赞同后面一个视角,因为这与 IS 领域的看法非常一致。

第三个争论是关于通信的环境。人类所作的每件事情往往是位于一个时空框架内(Kant,1787)。通信作为人类活动的一部分,因此也是位于一个时空框架内,这意味着通信能够发生在不同的时间和地点,也意味着发送方和接收方不必位于同一个地点和同一时间。相反的是,当代移动电话网络中的通信实体通常位于不同地点;移动电子邮件的用户甚至能够在不同的时间点发送邮件。群体支持系统(GSS)的研究者通过相同/不同的时间/空间矩阵指出了这个现象(例如:DeSanctis & Gallupe,1987)。有趣的是,尽管称之为不同,矩阵假定地点仍然是固定的。他们假定通过有线连接至系统,而在无线的世界里,信息系统的使用不再受限于专门的地点。人们能够随意地在任何地方使用他们的移动设备,比如咖啡店、火车、机场等等。

因此,我们提出以下命题(thesis),有意地称其为命题以避免采用假设(hypothesis)或陈述(proposition)等词汇。假设往往需要实证研究的检验,陈述则需要在某一点上转换为假设。我们使用命题,这与马丁·路德 500 年前所作的类似。当路德将 95 个命题置于其教堂的前门时,他的目的是挑战天主教的思想。而这将类似于我们对于 IS 领域所做的工作。

命题 1:信息系统自从其出现开始,一直被设计用来克服时空边界,并且将继续这样发展下去。

时空边界是人类存在的基本维度(Lee & Sawyer,2002)。时空具有其独特特征(Waugh,1999):他们适用于实体事件,但他们自身既不是实体,也不是可观察的过程。相反,他们为实体与过程构建了一个框架,以便于从整体上观察世界。

根据上述命题,我们认为每次主要的信息革命的目的都是使得信息能够直接或间接地脱离时空的束缚:

写作优于口头传递,因为它能超越说话的时空限制;

印刷增强了写作,因为它引入了复制的经济性,并进一步放松了时空的束缚;

汽车的发明有助于克服距离,缩短了时间;

类似的有电报、电话,最后是计算机。

我们认为克服时空限制的人类 IS 创新已经进入了新时期,并将继续下去。我们希望一个不受这些限制的信息世界,这一点是明显的。最近的技术发展,例如移动技术,已经使得我们预见到这个长久追求的期望将带来的成就。因此。我们从现在开始称这个驱动信息系统革命的基本原型为无处不在(ubiquity),这与(Watson et al.,2002)是一致的。

无处不在可应用于人类与信息系统。人类的驱动力是克服时空限制,而信息系统则是人类的工具。例如,任何两个使用 ERP 系统来采购的人,系统帮助他们克服时间边界(当他们位于不同工作时间)与空间边界(他们的组织与供应商之间)。另外一个例子是使用企业移动电子邮件,当人们能够在任何地点与任何时间使用电子邮件时,限制实体的时空将变得可忽略。还有一个例子是诊所病人的看护系统,通过该系统医疗人员能够与病人在不同的时间与地点交互,并能获取现场的信息(例如:实验、医疗记录、医师治疗、药物、医疗百科等)。

批评者可能会问,我们提出这个命题能达到什么目的。尽管逻辑推断导致这个命题,但这个关于信息系统的命题是该领域作为一个整体存在的原因。IS 领域的一个目标是发布能够克服时空限制的信息系统。直到现在,我们已经向世界提供了能够部分达到这个目标的信息系统。在能够提供真正的无处不在的世界出现前,我们作为信息系统研究者与开发者才有存在的权力与责任。在这样一个真正的或最终的无处不在的世界里,我们将达到这样一个阶段:在这个阶段里,时空将变得不相关,因为他们已被克服。然而,我们能否达到这个阶段仍然是个问题。当前,我们只是指出存在信息系统进化的空间。

## 4　信息作为通信实体的虚拟表示

如前所述,除了将信息作为两个实体间的通信,信息也能被看作是那些虚拟实体自身的表示。

在情报学领域,这个观点在表示范式(Capurro,1992)中得到了表现。它从任何可表达或不可表达的通信形式中进行了抽象,假定对象与其表示之间的分离。将此应用到之前讨论的通信模型,表示范式将针对两个通信对象。更具体地说,它将聚焦于他们的信息表示。

这个观点假定一个处理系统(编码与解码)包括发送与接收端。任何信息表示仅在具有解释处理能力的情况下才有价值。

尽管人类是生物学意义上的信息处理器(Capurro & Hjørland,2003),信息系统是构建的解释者。有趣的是,人类解释者能够处理众多的形式与形状的表示。例如,一个地址是地点或房子的表示。杯子的概念也是这样。即使现在我们面前没有一个杯子,但我们知道杯子是用来盛装液体的,并想到其属性,如大小、颜色和形状。另外一个例子是,电话号码是一个人的电话的表示。

大多情况下,一个不完整的表示对于人类意识来说是足够的。例如,对于房子来说,地址仅表示其地理位置,但不能描述房子的大小或形状。同人类处理器相反的是,非人类处理器如信息系统在处理不完整表示的能力方面是有限的(von Baeyer, 2005)。这部分是由于他们的推理机制并没有人类意识高级。然而,多数情况下可能是由于现实没有一个数字表示(Brown & Duguid, 2004)。然而,随着技术的进步,特别是移动技术的进步,我们能够看到我们的日常生活变得越来越数字化,或虚拟化。

> "人们能够从计算机那里看到自身。机器看上去是第二个自我,这个比喻是一个 13 岁的女孩对我说的,'当你在计算机编程时,有一点你的意识,现在则是一点计算机意识。现在你能明白它了'。一个 40 多岁的投资咨询人在谈起她的便携电脑时认同这个小孩的观点,'我喜爱全身心投入的感觉'"(Turkle, 1995, p. 30f)。

越来越多的现实通过信息形式表示出来,这看上去比较刺激,但现实表明移动电话已经充当了个人的虚拟表示。在西欧,一些国家如英国、瑞典、意大利等已经达到110%的移动普及率(Wallace, 2006)。一些最不发达国家从 2000 年到 2005 年其手机用户也增长了一倍,比如吉布提增长了186%,刚果民主共和国为184%,尼日尔为 171%(ITU, 2006)。

除了与一个人相关联,移动电话存储了他们的姓名及相关电话号码,表示我们的社会网络。他们存储备忘录、日历及生日提醒,这表示了我们日常的时间管理。他们也被用来访问新闻、天气、股票指数、电子邮件,这表示了我们的信息内容偏好。他们也能作为一个人的信用卡,这表示我们的金融信用可信度。甚至对形成因素的选择也是我们感知的个人美学的表示。

综上所述,移动电话作为信息系统的新的类别,充当了我们身份的虚拟表示。大多数拥有者认为他们的生活中不能没有一个移动电话。因此,我们给出下述命题:

命题 2:自从其出现开始,信息系统一直被设计来表示虚拟世界中的现实实体,并且将继续这样发展下去。

同命题 1 类似,这个创造个人虚拟表示的驱动因素对于人类来说在很长一段时间内都是重要的。例如,对于个人日记、笔记等表示个人思想的实体,地址本、会议记录等表示个人社会网络的实体,蜡封、钥匙等表示个人访问权的实体,或者是组合图案、邮票、出生证明、护照等表示个人身份的实体。人类的一个自然的倾向是将自己与他人区分开来。人类做出清醒的决策来同他人区分开来。毕竟,这是人类存在的一个主要方面(Schopenhauer, 1991)。

信息系统提供了我们区别于他人的工具。例如,个性化的应用与接口,个人网上账号,或诸如个人数字助理(PDA)等的设备。近来基于位置服务的发展使得真正的身份表示的作用发挥得更为充分。他们日益成为移动电话上可获取的商业服务,允许移动用户基于其地理位置来接收服务。这些应用包括导航服务,如路径发现,包括寻找最近的加油站、零售店或电影院,也包括定位朋友、家庭成员和宠物。例如,基于位置的朋友搜寻应用(Ericsson,2002)。假如其朋友在附近(前提是他想会见朋友),它将通知本人,或者当一个潜在的新朋友(匹配一个预先设置的配置文件)经过时给予他提醒。尽管隐私问题可能被关注,这些应用表明我们不仅能根据一个人的个人数据文件和偏好来识别他,也能根据他的地理位置来识别。接下来,我们将称这个基本的驱动信息系统进化的原型为唯一性(uniqueness)。

唯一性,或产生现实世界中实体的唯一虚拟表示的驱动因素,适用于人类与非人类。尽管人类的唯一性包括下属特征,如姓名、出生日期、信息偏好、日期规划表等信息表示,对于非人类实体来说唯一性包括标识数字、大小、颜色、温度、位置等。例如,零售店的色彩通常为了物流所需而被识别或跟踪。一些公司,如德国的麦德隆(METRO),或美国的沃尔玛(Wal-Mart)就是这样的例子,他们通过无线射频身份识别技术(RFID)来实施其流程链的唯一性(METRO Group,2004)。每个产品或产品的颜色,通过 RFID 芯片被唯一的识别出来。当移动时,身份也随着移动,当通过 RFID 读卡器时,它的虚拟表示被处理和使用,例如,交叉检查收入货物的数量,或者计算结算处的总的订单数量。

唯一性意味着信息系统的进化可能最终导致对真实世界中所有实体的完全虚拟表示。它也意味着唯一性的最终水平在以下情况下才达到:

即任何实体(包括其属性和偏好)都可在任何背景下被识别出来,跨越任何时间和空间环境。

从时空中抽象出的是命题 1,命题 2 则从另一方面对此进行了补充,即创造通信实体的虚拟表示。对于无所不在性来说,我们没有声称我们将达到唯一性的最终形式,也没有说我们应该达到,我们只是指出唯一性表示一个基本的驱动因素,它将影响 IS 领域未来的发展。

随着移动技术的普及与应用变得越来越复杂,移动电话转化为一个完全整合数据、通信与商务的表示看上去是必然的(Kakihara & Sørensen,2002;Lyytinen & Yoo,2003;Sørensen et al.,2002)。

# 5　U-task 框架

结合这两个命题,我们认为信息系统的进化一直被两个主要力量所驱动:力图跨越时空,并力图虚拟化真实世界中的实体。

　　但这些命题对于我们了解下一代商务有何帮助呢？他们如何影响我们日常工作呢？除了将在本章后面详细讨论的这两个命题的贡献,这两个命题还有助于我们更好地了解信息系统设计的目的:解决真实世界的任务,更具体地说,更有效率和效力地解决真实世界中的任务(例如,Dennis et al. , 2002)。信息系统能够解决的任务是多方面的,从 20 世纪 60 年代的会计任务,到 70 年代的决策支持任务,到 80 年代的流程化、跨组织任务。

　　然而,需要解决的任务的总数并没有变化,变化的是任务的多样性,这可通过信息系统来解决。何种任务能够通过当今的技术创新来解决呢？基于我们的两个命题,我们能够推导出至少三个具有细微差别的任务特征,他们已得到日益重视,包括时间、地点与身份(见图 1)。注意我们并没有声称这些差别是全面的,他们仅用来构成一个初步的框架,称之为 U-task 框架。

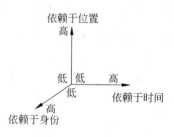

图 1　U-task 框架

## 5.1　依赖于时间的任务

　　U-task 框架的第一个维度描述了时间依赖的概念。

　　依赖于时间的任务受限于特定的时间框架。换句话说,当这些任务被履行的时候,在时间点上是没有灵活性的(Balasubramanian et al. , 2002)。例如规定一个截止时间,在此期间信息必须立即从一个地方传递到另外一个地方。又如机器或人类必须被常规地监控,以避免无法预料的结果。或者处于被召唤的人(如即将当父亲的人、项目经理等)所处的情况也是这样的例子。

　　另一方面,独立于时间的任务则没有时间压力或不紧急。他们能够在任何时间点执行,而没有什么进一步的后果。

## 5.2　依赖于位置的任务

　　依赖于位置的任务受限于一个特定的地理位置。

　　为了有效地解决这些任务,地理信息是一个重要的成分。这样的例子包括国外城市的路线导航服务,至机场的实时交通流量更新,在人群密集处或最近的加油站定位朋友,发送促销广告到路经商店的行人,物流部门改变行进中的卡车路线,或定位小汽车的事故现场(Balasubramanian et al. , 2002)。

　　另一方面,独立于位置的任务则不受空间的限制,因此能够在任何地点被执行。通过无线设备来查看股票指数或访问数字音乐文件被认为是独立于地点的,因为他们没有将地理位置信息融合进其服务发送。

## 5.3　依赖于身份的任务

依赖于身份的任务与一个实体的身份紧密联系。

一个人或非人类的身份能够通过三个方面信息加以大致描述：关于实际身份的信息（例如姓名或标识符）、关于特权的信息（例如物理访问权或登陆）、关于偏好的信息（例如新闻或升级偏好）。依赖于身份的任务通常通过将这些信息与手头的任务需求加以匹配进行解决。理想的情况是，一个虚拟的替代品——信息系统发挥了任务履行的作用。例如，一个人对股票指数升级的需求能够与其手机上的个性化新闻种子相匹配；对金融交易的需求通过他所存储的特权授权，并被自动执行；同样，购买其所喜爱的乐队的最新发布的 CD 能与其预先设定的偏好相匹配。

另一方面，独立于身份的任务则能由任何人为他人自由执行，而不需要身份验证或特权。

作为对 U-task 框架的重要考察，我们想问的是我们日常解决的是何种类型的任务。

我们的任务是否不可延期？

我们经历的任务中地理数据重要吗？

我们的任务是否与个人身份紧密相连，但能被一个虚拟的自我执行？

当前技术如何支持我们对任务的履行？

结合所有三个特征的例子有很多。如获取对一个建筑物的立即访问权（通过蓝牙访问钥匙的帮助），在上下班时可联系上（使用移动电话），接收关于交通流量的实时更新或在紧急情况下被给予路线援助（使用具有 GPS 功能的手机）。这些任务很新吗？不，这些任务的组成是一样的，变化的是技术更有效率和有效力的解决问题的能力。

# 6　结论

本章考察了信息系统的真正性质，即在信息系统背后或信息系统之外有什么？我们抽取了基本的驱动因素，类似于荣格原型，这些因素决定了 IS 发展的历史。就像我们所预测的，他们将继续影响未来 IS 的发展。

特别的是，我们提出了两个将具有这种作用的基本驱动因素：一个是无所不在性，它将使得信息系统克服时空边界；另外一个是唯一性，它使得信息系统创造真实世界的实体的虚拟表示。

暂时接受这两个视角将让我们提出下述思考：

第一，我们对信息系统的抽象的结构有了更深的了解。这点是重要的，因为本领域是如此多样化,任何搜寻基本的原则将有助于更有效地传播 IS 的思想。门外人可能能够更好地了解 IS 领域,对于 IS 的核心的争论可能变得平静下来。将 IS 领域描述为时空的桥梁看上去是可行的。另外一方面,我们可能将 IS 描述为这样一个领域,即尽力虚拟化真实世界的实体,以帮助人类更快和更有效地完成任务。

第二,我们能够利用这些启示来预测信息系统的未来发展。

这个启示对于研究者和实践者都是有帮助的。了解信息系统如何进化将有助于研究者更好地定位我们的研究活动,并让我们更容易发现当前研究中的迷失的链接。对于实践者来说同样是适用的。了解什么激发了信息系统的出现,基本的驱动因素是什么,他们将向何处发展将让实践者更好地发现潜在的应用,评价已有的应用,同时想象未来的应用发展。

第三,也是最后一点,通过了解未来发展的终点将是什么,我们能够一致地承认我们还没有达到这个阶段。换句话说,信息系统仍然存在增长的空间。这个发现对于 IS 研究者来说是一个慰藉,因为关于身份的争论迄今已经动摇了 IT 学科(e. g. , Orlikowski & Iacono, 2001; Zmud & Benbasat, 2003)。我们作为 IS 研究者不仅有存在的权力,而且有存在的责任,因为我们还未达到无所不在和唯一性这种最终形式。我们并没有声称 IS 领域将达到最终的无所不在和唯一性的终点,或者它应该达到。我们的主要目的是向 IS 领域提供两个可能点燃关于本领域的哲学对话的命题,并表明对于信息系统来说存在宽广的进化空间与研究空间。

# 关 键 术 语

U-Commerce 是使用无处不在的网络来支持企业与其多个干系人之间的个性化和不受中断的通信和交易,从而提供高于传统商务的价值。

无处不在性是信息系统克服时空边界的驱动因素。

唯一性是信息系统虚拟化现实世界所有实体的驱动因素。

任务时间依赖是需要即时履行的任务的特征。

任务身份依赖是需要关于任务完成者或接收者个人身份信息的任务的特征。

任务位置依赖是需要将地理信息融合进任务履行的任务的特征。

# 参 考 文 献

[1] Alavi, M. , & Leidner, D. (2001). Review: Knowledge management and knowledge management systems: Conceptual foundations and research issues. *MIS Quarterly*, 25(1), 107-136.

[2] Balasubramanian, S. , Peterson, R. A. , & Jarvenpaa, S. L. (2002). Exploring the

implications of m-commerce for markets and marketing. *Journal of the Academy of Marketing Science*, 30(4), 348-361.

[3] Brown, J. S., & Duguid, P. (2004). *The social life of information*. Harvard, MA: Harvard Business School Press.

[4] Capurro, R. (1992). Foundations of information science: Review and perspectives. Retrieved 03/03/06, from http://www. capurro. de/tampere91. htm.

[5] Capurro, R. (1996). On the genealogy of information. In K. Kornwachs & K. Jacoby (Eds.), *Information: New questions to a multidisciplinary concept* (pp. 259-270). Berlin: Akademie Verlag.

[6] Capurro, R., & Hjørland, B. (2003). The concept of information. In B. Cronin (Ed.), *Annual review of information science and technology* (Vol. 37, pp. 343-411).

[7] Checkland, P., & Holwell, S. (1998). *Information, systems, and information systems: Making sense of the field*. Chichester, Sussex; New York: Wiley.

[8] Dennis, A., Haley Wixom, B., & Tegarden, D. (2002). *Systems analysis and design: An object-oriented approach with uml*. New York: John Wiley and Sons.

[9] DeSanctis, G., & Gallupe, R. B. (1987). A foundation for the study of group decision support systems. *Management Science*, 33(5), 389-609.

[10] Earl, M., & Khan, B. (2001). E-commerce - is changing the face of IT. *MIT Sloan Management Review*, 43(1), 64-77.

[11] Ericsson. (2002). Location based services. Retrieved 03/03/06, from http://www. ericsson. com/telecomreport/article. asp? aid=34&tid=201&ma=1&msa=3.

[12] ITU. (2006). Progress made in bridging the digital divide -- ITU report cites advances in connectivity among least developed countries. Retrieved 03/20/2007, from http://www. itu. int/newsarchive/press_releases/2006/16. html.

[13] Junglas, I. A., & Watson, R. T. (2003). U-commerce: A conceptual extension of e- and m-commerce. Paper presented at the *Proceedings of the 24th International Conference on Information Systems*, Dec 14-17th, Seattle, WA.

[14] Junglas, I. A., & Watson, R. T. (2006). The u-constructs: Four information drives. *Communications of the AIS*, 17(26).

[15] Kakihara, M., & S? rensen, C. (2002). 'post modern' professional work and mobile technology. Paper presented at the *Proceedings of the 25th Information Research Seminar in Scandinavia* (IRIS25), 10-13th August, Bautah? j, Denmark.

[16] Kant, I. (1787). Kritik der reinen Vernunft. 2nd. Retrieved 04/20/04, from http:// gutenberg. spiegel. de/kant/krvb/krvb. htm.

[17] Laudon, K. C., & Laudon, J. P. (2006). *Management information systems: Managing the digital firm* (9th ed.). Upper Saddle River, NJ: Pearson Prentice Hall.

[18] Lee, H., & Sawyer, S. (2002). Conceptualizing time and space: Information technology, work, and organization. Paper presented at the *Proceedings of the 23rd*

*International Conference on Information Systems*, Dec 15-18, Barcelona, Spain.

[19] Lyytinen, K., & Yoo, Y. (2003). The next wave of nomadic computing: A research agenda for information systems research. *Information Systems Research*, 14 (4), 377-388.

[20] Machlup, F. (1983). Semantic quirks in studies of information. In F. Machlup & U. Mansfield (Eds.), *The study of information: Interdisciplinary messages*. New York: Wiley.

[21] METRO Group. (2004). Metro group startet die unternehmensweite Einführung von RFID. Retrieved 10/27/05, from http://www. metrogroup. de/servlet/PB/menu/1008966_ll/index. html.

[22] Myers, M. D. (2003). The IS core - viii: Defining the core properties of the IS discipline: Not yet, not now. *Communications of the AIS*, 12, 582-587.

[23] Nunamaker, J. F., Minder, C., & Purdin, T. D. M. (1991). Systems development in information systems research. *Journal of Management Information Systems*, 7 (3), 89-106.

[24] Orlikowski, W. J., & Iacono, C. S. (2001). Research commentary: Desparately seeking the "IT" in IT research-a call to theorizing the it artifact. *Information Systems Research*, 12(2), 121-134.

[25] Schopenhauer, A. (1991). über die Freiheit des menschlichen Willens (on the freedom of the will) (2nd ed.). Oxford: Blackwell Publishers.

[26] Shannon, C., & Weaver, W. (1949). *The mathematical theory of communication*. Urbana, IL: The University of Illinois Press.

[27] S? rensen, C., Mathiassen, L., & Kakihara, M. (2002). Mobile services: Functional diversity and overload. Paper presented at the *Proceedings of the New Perspectives On 21st-Century Communications*, May 24-25th, Budapest, Hungary.

[28] Stair, R., & Reynolds, G. (2006). *Principles of information systems* (7th ed.). Boston, MA: Thomson Course Technology.

[29] Tuomi, I. (1999). Data is more than knowledge: Implications of the reversed hierarchy for knowledge management and organizational memory. *Journal of Management Information Systems*, 16(3), 103-117.

[30] Turkle, S. (1995). *Life on the screen*. New York: Simon & Schuster.

[31] von Baeyer, H. C. (2005). *Information*. Harvard, MA: Harvard University Press.

[32] Wallace, B. (2006). 30 countries passed 100% mobile phone penetration in q1. Retrieved 03/20/07, from http://www. telecommagazine. com/newsglobe/article. asp? HH_ID=AR_2148.

[33] Watson, R. T. (2000). U-commerce: The ultimate. Ubiquity - An ACM IT Magazine and Forum, 1(33).

[34] Watson, R. T., Pitt, L. F., Berthon, P., & Zinkhan, G. M. (2002). U-commerce:

Extending the universe of marketing. *Journal of the Academy of Marketing Science*，30
(4)，329-343.

[35]　Waugh, A. (1999). *Time*. London：Headline Book Publishing.

[36]　Weber, R. (2003). Still desperately seeking the IT artifact. *MIS Quarterly*，27(2)，
iii-xi.

[37]　Weiz? cker, C. F. (1974). Die Einheit der Natur. München, Germany：Deutscher
Taschenbuch Verlag.

[38]　Zmud，R.，& Benbasat，I. (2003). The identity crisis within the IS discipline：Defining
and communicating the discipline's core properties. *Information Systems Research*，27
(2).

# 作 者 简 介

### Iris Junglas

U-Commerce 对我来说肯定是一个主要的研究领域，它激起我的好奇心，并伴随我度过了博士生涯的大部分时间和作为助教的前几年。U-Commerce 作为电子商务与移动商务的理论拓展，首先由我的论文导师 Richard Watson 提出（Watson，2000），其目的是考察下一代商务，或者说，最终商务形态。在 2001 年，这个观点是相当刺激但难以向 IS 社区展示。被培训为一个计算机科学家，受教育成为一个实证研究者，尽力将未来的想象描述为可观察的实证研究在当时来说是相当有挑战性的，但同时也具有很大的激励作用。

通过 U-Commerce，我希望做出进一步贡献，包括更好地了解技术创新，它们如何影响人类态度、行为和社会整体，创新如何与在多大范围需要 IS 领域重新考察或修订一些其传统理论。

### Chon Abraham

我是 Richard Watson 的另外一个学术同行，他对于无线技术的出现与其对于未来实体间信息与服务的交换的意义也非常感兴趣。U-Commerce 关注的是信息和服务交换的进化。在 2002 年，我开始 U-Commerce 方面的研究，并寻求何种具备高度移动员工的行业会获取大的关于无线技术的效用，也寻求那些在传统有线计算中不明显的用户接受行为。我感兴趣的是考察组织如何开发或改造业务模型来将 U-Commerce 整合进来，以获取竞争优势和提高财务绩效。这些启示能有助于更好地了解其作用和 IS 设计者需要考虑的方面以去掉计算的时空边界。

### Richard Watson

我多年来感兴趣于推进我的个人和学术生涯。早期，我可能是一个探索者，但

最近我想探索 IS 领域中的思想。U-Commerce 与 U-Concepts(这两者已在本章讨论过)来自于关于网络和信息对商务作用的思考,同时也来自于人们到底想从信息系统获取什么的思考。我的其他一些工作探索了诸如顾客管理交互、进化对于解释 IS 现象的作用、生态可持续性与 IS、交易收益作为解释新兴组织形成的一个工具等方面。我认为 IS 从社会科学中借用了很多。我们不应是一个派生学科,而应是一个充满原创性思考的源泉。

我是佐治亚大学管理信息系统系互联网战略的 J. Rex Fuqua 杰出教授。我曾经担任过信息系统协会(AIS)的主席、国际信息系统大会(ICIS)的会议合作主席以及管理信息系统季刊(*MIS Quarterly*)的高级编辑。

我一直想做一名教授,开始是想在数学方面,但我发现纯数学并不是我个人的实际爱好。结果我转变了方向,在获取理学学位的同时,获得了计算专业的研究生学历和 MBA 学位。我感到如果想成为一名成功的教授,具备一些在企业工作的经历是必要的。因此,我在澳大利亚墨尔本的多个企业中从事过信息系统(IS)方面的工作。在 1975 年,我返回佩斯(Perth),在西澳大利亚大学完成了本科学位,并在科廷科技大学(后来更名为西澳大利亚理工学院)获得了一个教职。工作三年后,我转换工作到依迪夫高云大学(后更名为 Churchlands 高等教育学院),并在商学院中建立信息系统系。在该系及课程都建立起来以后,我和我的妻子及三个孩子(分别为 4 岁、3 岁、6 个月大)迁移到美国,并到明尼苏达大学的管理信息系统专业攻读博士学位。我在那里度过了 3 年,从 1984—1987 年,并获取了博士学位。因为我是在富布赖特基金的支持下攻读学位的,所以我必须返回澳大利亚并工作至少两年。在返回澳大利亚后,我很快意识到,在一所美国重点研究型大学任教将使得我更有可能实现我的学术目标,因此在 1989 年,我们第三次跨越太平洋,并在佐治亚的雅典定居。佐治亚大学,特别是 Terry 商学院是成就我学术梦想的理想之地。在工作 18 年后,我成为该大学管理信息系统系的互联网战略的 J. Rex Fuqua 杰出教授。

# 点评《U-Commerce 与信息系统的主要驱动因素》

鲁耀斌

(华中科技大学管理学院)

作为信息系统(Information Systems)领域的研究者,在我们的教学和研究中经常会为如下问题感到困惑:

信息管理与信息系统的特点到底是什么,与计算机软件或计算机应用的差异是什么?

　　随着技术的发展涌现出各种应用模式,如电子商务(E-Commerce)、移动商务(M-Commerce),那么,还会发展出新的应用模式吗? 会有一种终级的商务模式吗?

　　信息系统的本质是什么,在信息系统背后或信息系统之外有什么?

　　看了 Watson 教授与其合作者所撰写的《U-Commerce 与信息系统的主要驱动因素》一文后,心中疑惑,豁然开朗,油然感叹作者的分析视角和归纳推理能力。

　　Watson 教授是国际信息系统领域的知名学者,也是 U-Commerce 概念的提出者。在本文中,以哲学的视角,分析了信息的含义与本质,抽取出两个基本的驱动因素,类似于荣格原型。这两个因素决定了 IS 发展的历史,同时也将继续影响未来 IS 的发展,即:无处不在性(ubiquity)与唯一性(uniqueness)。无处不在表明信息系统发展的目的是用来克服时空边界,而唯一性则表明信息系统可标识现实世界的各种实体。这两个主导因素在 U-Commerce 上得到了充分的体现。U-Commerce 意味着人们可摆脱时空的束缚,在任何时间、任何地点,通过移动设备方便地开展商务活动。因此,从某种意义上来说,U-Commerce 可能是商务模式的最终形态。

　　基于上述两个主导因素,该文构建了一个 U-task 框架,将信息系统需要完成的任务从三个维度进行了划分,包括:依赖于时间的任务、依赖于空间的任务、依赖于身份的任务,每个维度包括高、低两个层次,有些任务可能兼具上述三个维度。

　　本文深刻地剖析了 IS 的本质,正如该文的结论中所叙述那样,这种剖析的价值会使我们对信息系统的抽象的结构有更深的了解,有助于更有效地传播 IS 的思想,使门外人能够更好地了解 IS 领域。对于本领域研究者和实践者来说,它对预测信息系统的未来发展带来启示,有助于研究者更好地定位我们的研究活动,有助于实践者评价已有的应用,同时想象未来的应用发展。本文作者提出的 U-Commerce 这个商务模式的可能的最终形态,对于 IS 研究者来说是一个慰藉。作为 IS 研究者不仅有存在的权力,而且有存在的责任,因为我们还未达到无所不在和唯一性这种最终形式,这表明对于信息系统来说存在宽广的进化空间与研究空间。

# 第15章　信息系统外包：文献回顾与分析[①]

**Jens Dibbern**[1]**，Tim Goles**[2]**，Rudy Hirschheim**[3]**，Bandula Jayatilaka**[4]

(1. Lehrstuhl für Wirtschaftsinformatik，[②] University Mannheim

2. College of Business，University of Texas at San Antonio

3. Ourso College of Business Administration，Louisiana State University

4. School of Management，SUNY-Binghamton)

　　**摘　要**　在过去15年中，信息系统(IS)外包理论研究进展迅猛，以至于研究界无暇获得一种一致性的观点，并对迄今各方面研究进行全面评估。针对这种需求，本文将探究和分析信息系统外包方面的文献。它将为信息系统外包研究提供一张路线图，重点说明截至目前已经做了哪些工作，在大致的框架下已有的研究是如何相互对应的，未来的研究方向将会是哪些。

　　为恰当表述信息系统外包和一般性外包研究的显著差异，我们提出了一个概念性框架，将有利于我们对文献进行分类。我们将重点考虑研究对象、所运用的方法以及文章的理论基础。在识别主要的研究对象时，我们将把外包看作是组织的决策流程并且采用 Simon 的决策制定过程模型进行分析。通过对每一篇理论文献的分析研究，我们运用决策制定过程模型解析出五个主要的研究问题。这五个主要的问题分别是为什么外包、外包什么(程度)、采用什么样的决策流程、怎样实施外包决策、外包决策的结果到底怎样。在分析文献时，我们将识别和构建主要的解释性因素以及这些外包过程间的理论关系。在对研究目标以及文献中理论依据和研究路径讨论的基础上，我们将分析不同的研究流派是怎样融合在一起的，并提出一系列研究启示。此外，在信息系统外包领域前人研究成果的基础上，对于一些"新兴"现象，如离岸外包、应用服务提供及业务流程外包等进行了深入讨论。

　　**关键词**　外包；文献综述；理论基础；研究路径；决定性因素；关系；结果

---

　　①　本章由任利成、王刊良翻译，王刊良审校。

　　②　The original article appeared in ACM SIGMIS Database Journal，Volume 35 ，Issue 4，Fall 2004，pp. 6 - 102，titled "Information systems outsourcing：a survey and analysis of the literature" by J. Dibbern，T. Goles，R. Hirschheim，and B. Jayatilaka (Publisher：ACM New York，NY，USA). It is reproduced with permission of ACM in the current book，MIS (Management Information Systems) Research：Current Research Issues and Future Development as edited by Drs. Wayne Wei Huang and Kanliang Wang. Publisher：Tsinghua University Press.

450

# 1　引言

## 1.1　背景

众所周知,信息技术(IT)已成为推动现代组织发展的一个重要驱动力。在过去的十几年间,外包活动的日益频繁便是满足组织 IT 需求最为广泛的应用之一。事实上,当 1989 年 Eastman Kodak(柯达)宣布将其信息系统职能外包给 IBM、DEC 和 Businessland 时,外包便开始在信息技术行业成为一种潮流。在此之前,许多机构都认为信息系统是战略性资源。因而,也就从未有知名机构愿意将其信息系统外包给第三方提供商(Applegate & Montealegre,1991)。当 Kodak 将其信息系统职能外包给 IBM 后,大大小小的公司发现将他们的信息系统资产、租约和职员外包出去是可以接受的,并实际上成为一种风潮(Arnett & Jones,1994)。Kodak 的外包使外包活动"合法化"并导致了所谓的"Kodak 效应"(Caldwell,1994)。美国及海外知名公司的高层经理们纷纷效仿 Kodak,与外包"合作商"签定了价值成千上万美元的长期合同。许多亿万美元"大订单"的签定使人们对外包产生了前所未有的关注。Dataquest 报告(2000)声称,自 1989 年起已有超过 100 个这样的大订单被签定(Young,2000)。

Datequest and Yankee 进行的一系列研究表明,信息系统外包方面的全球性收入增长迅猛。外包协会对 1200 个公司的调查表明,信息系统预算超过 500 万美元的公司中有 50％正在外包或正在评估外包决策。同时,他们声称在 1995 年,1/12 的信息系统资金花在外包合同上,并且这一比例在快速增长(http://www.outsourcing.com)。在对信息系统外包狭义限定的基础上,国际数据公司(IDC)在其报告中提出关于信息系统外包市场的另一种观点。这一观点声称,事实上,全球信息系统外包花费从 1996 年的 400 亿美元增长到 2003 年的 710 亿美元,增长率达到了 12.2％(IDC,1999)。Datequest 报告指出,1999 年信息系统外包产业的收入是 1940 亿美元,到 2002 年将增长到 5310 亿美元(Young,2000)。由此可知,信息系统外包市场将十分巨大。

虽然公司外包其信息系统有许多原因(Willcocks and Fitzgerald,1994)。但是,业界观察家通常会将这种信息系统外包的发展归因于两种主要现象(Lacity & Willcocks,2001)。首先,信息系统外包是经营战略的转变。近年来,许多公司抛弃他们追求适度风险的多样化战略,而是专注于核心竞争力上。高层经理们坚信,最重要的可持续竞争优势是战略聚焦。他们将精力集中在自己比其他公司做得更好的那些方面,而把其他方面外包给别人。聚焦战略使人们对信息系统外包更加关注。高层经理通常会将整个信息系统职能看作非核心业务,并且相信规模化经营的 IT 提供商能够提供比内部信息系统部门更为高效的专业技术支持。其次,信息系统所提供价值的不清晰性是外包发展的另一原因。许多公司的高层经理把信息系统看作是企业的一般管理费用——一种必要但可最小化的成本。

重新专注于核心竞争力以及认为信息系统是一种成本负担,这两个事实促使许多高层经理签订"大订单",将其所有信息系统服务外包出去。然而,这样的大订单也给这些公司带来了巨大的压力,一些公司已经表达了对这些订单长期延续的忧虑。事实上,一些著名的信息系统专家对像信息系统这种"战略性资源"的管理及控制权的大规模外包提出警告。许多"外包合作者"存在重大问题的案例,证明这样的担忧不是杞人忧天。一些公司花费了大量资金从外包合同中抽身而出,然后重建自己的内部信息系统能力(Hirschheim & Lacity,2000)。另一方面,一些拒绝或忽视与外包提供商打交道的信息系统经理们,当他们的信息系统部门无法证明为公司带来应有的价值时,这些经理们要么被解雇,要么其工作受到排挤(Lacity & Hirschheim,1993b)。所以,外包无疑地必须予以认真对待。

所有显现出的都预示着在信息系统外包领域正在发生一场重大变革。从根本上说,公司应当考虑怎样才能最有效地获取其所需信息系统服务,即所谓的"外包两难境地"。下面就此进行分析。

## 1.2 信息系统外包的历史

最初,信息系统外包是外部提供商提供单一的基本功能给顾客。例如,在设施管理方案中,由供应商来管理顾客的技术资源。数据中心便是典型代表。当 1963 年,Ross Perot 和他的公司(EDS)与宾夕法尼亚州的 Blue Cross 签定了一项有关 Blue Cross 数据处理服务的合同时,信息系统外包便开始发展起来。这是首次有大公司将其整个数据处理部门移交给第三方。由于在 Blue Cross 案例中,EDS 接管了 Blue Cross 信息系统部门的职员。因而,EDS 与 Blue Cross 所签订的合同与其他"设施管理"合同存在明显不同。这次交易扩展了原先第三方提供给公司的信息系统服务,如程序员使用、分时操作、软件包的购买、数据处理设备的管理、系统集成、服务机构等。EDS 同 Blue Cross 成交后,整个 70 年代间其客户基础不断扩大,包括像 Frito-Lay、GE 等著名客户。然而,在 80 年代中期,当 EDS 与 Continental Airlines,First City Bank 与 Enron 签定合同时,外包才真正兴起。这些交易意味着外包是可以接受的,但在此之前人们并不这样认为。在这三笔交易中,EDS 获得其客户的部分股权,而 EDS 为其客户提供软件产品。EDS 软件产品是可以延伸到其他行业的,且这些产品对新客户来说是极具吸引力的。Continental Airline 公司系统便是一例。EDS 认为,在线预订系统不仅能够运用在航空领域,而且其他行业也需要相同的预订系统,如汽车租赁和旅店等。

　　到 80 年代末,EDS 阻止 IBM 进入利润丰厚的信息系统服务领域的著名诉讼案件告一段落。一方面是 EDS 的成功,一方面也使得 IBM 建立自己的 ISSC 部门直接与 EDS 相抗衡。成功是立竿见影的,ISSC 与 Kodak 在 1989 年签定其第一笔交易。这笔交易标志着信息系统外包大订单的开始。同时,它也使得外包"合法化"。在 Kodak 事件之前,信息系统外包交易已经开始,但人们对那些交易似乎并不感兴趣。当 Kodak 的信息系统主管 Kathy Hudson 向世界宣称,他与以 IBM 为代表,包括 DEC 和 Businessland 在内的信息系统合作者建立"战略联盟"时,信息系统外包引起了全世界的震惊和关注。或许是 Hudson 的个人魅力,或许是 Kodak 的知名度,也或许仅仅是运气;但是,无论如何,Kodak 的十亿美元外包合同使人们对外包产生了广泛的兴趣。人们不再认为"信息系统是战略性资源,不能外包给第三方"。如果 Kodak 可以这样做,为什么其他组织不能呢? 事实上,这一事件成了信息系统外包的灵验神咒。Kodak 交易成功之后,许多知名公司迅速效仿, 如 General Dynamics, Delta Airlines, Continental Bank, Xerox, McDonnell Douglas, Chevron, Dupont, JP Morgan, Bell South。外包不仅仅只是在美国成为一种趋势。从一个客户的方案,发展到多个供应商对多个客户的多元协议。在一对一协议中,供应商似乎为其客户提供所有的信息系统服务。澳大利亚联邦政府签定的"多方"交易就是多对多的复合方案。现在,外包将合作商和联盟紧密结合在一起,此时客户与供应商共担风险、共享利润。EDS 更愿意把他们看作"合包交易"。现在的交易不再是仅仅以成本节约为目的,它包括基于价值链的外包、基于股权的外包、电子商务外包、业务流程外包。JP Morgan 与 Pinnacle 联盟,IBM 与 AT&T 联盟,EDS 与 Rolls Royce 合包交易等大规模结盟,掀起了新一轮的外包浪潮。交易中不断产生更多的创新。如在 The South Australia Government 与 EDS 签定的方案中,EDS 必须投入 10% 的外包收入到政府的经济发展中。

　　一个具有吸引力,同时也是最主要的原因即参与外包合同能为供应商提供较长期的资金流回报。与雇佣 IT 顾问相比,外包服务具有不确定性和波动性。长期外包方案有助于稳定供应商的业务量及收入,使计划更有可预测性,同时也使股东更为安心。

　　随着信息系统外包的发展,一个主要负责对外包合同进行监管的产业也随之诞生了。标杆分析、审计、合同管理、客户关系管理等都变得流行起来。所以,就合同进行再次谈判也是很常见的。Gartner Group 的报告认为,虽然 70% 的公司致力于各类形式的信息系统外包,但是,其中大部分公司不得不重新坐下来再次谈判(Young, 2000)。客户一般都会签定 5 到 10 年的合同期限。由于签订之初既没考虑到公司信息系统的变化,也没考虑到新兴信息技术的发展。因此,在合同期内,客户和供应商都一致希望就合同能有某些形式的再次谈判。

　　尤其近来，业界目睹了信息系统外包中两个新兴领域——网络和电子商务外包的迅速发展。供应商为客户公司提供基于 Web 的应用服务，以便公司能够进入电子商务领域。第二个发展领域是关于应用服务提供商（ASP）的出现（Kern et al.，2001）。然而，现在就断定这个产业能日益壮大还为时过早。大多数公司只是关注着快速发展的市场，想知道这种外包模式对他们而言是否可行。Dataquest 的报告预计，应用服务提供商（ASP）市场收入将从 1999 年的 700 万美元增长到 2004 年的 70 亿美元（Young，2000）。随着 2004 年之前信息系统服务市场每年 19.6% 的增长率，以及 7920 亿美元的市场中信息系统外包 67% 的份额，外包趋势将不可逆转。

## 1.3　动机及论文结构概述

　　若假设从 Kodak 签定其外包合同算起的话，信息系统外包的现代史已超过 15 年了。从那时起，许多公司在全球范围内签定大宗的外包合同。总的来说，与外包实务相比理论研究似乎进展较慢。可能这个主题很难研究，或许理论界对它没有什么兴趣，又或许因为其他原因"不在雷达屏中"（不在研究视野中）。正因为如此，信息系统外包知识的增长在很大程度上是由业界推动的。在过去的几年里，虽然理论研究也在不断增长，但是，由于缺乏积累的过程，在很大程度上它似乎是不连贯的。迄今为止，还未有一个认真的尝试，即对这一领域已有的研究和文献进行整理或总结。尽管学术研究曾一度落后于企业实践，目前也已普遍认识到这是一个重要的领域。本文的目的就是探究和综述到目前为止这一领域中已经做了什么。我们将为信息系统外包学术研究提供一个路线图，指出目前已经做了什么，在大致的框架下已有的工作应怎样整合在一起。分析信息系统外包前景时，我们尝试着从表面杂乱无章的文献中进行理论的系统化。首先我们需要建立一个基于 Simon 决策制定过程模型的概念框架。这将在第三部分中论述。这一框架将有助于我们对研究文献进行分类，使我们知道已经了解了哪些领域，还不了解哪些领域。

　　需要强调一点，本文将重点分析信息系统外包。一个世纪以来，人们一般会认为"外包"是由外部实体提供商品或服务来补充或替代内部工作的方案。大量的研究考察的是外包业务的职能，指的是后勤、薪资、人力资源等等。然而，我们认为信息系统外包与其他外包存在根本性的区别，即信息系统渗入到组织的各个方面。与其说信息系统是单一职能，不如说它几乎与组织各种活动都相关（Willcocks et al.，1996）。因此，我们的目的在于集中精力研究信息系统外包，尽管已验证过的和有价值的研究关注于外包的其他职能。

　　本文结构安排如下：第二部分定义外包并讨论组织中应用的不同外包决策。第三部分描述论文分析中所采用的研究方法。对本文所使用的模型进行阐述，并对其应用进行探讨。第四部分运用模型让读者了解已经做了哪些研究。第五部分是综合文献,点明常见的主题、未解决的问题、研究的空白及应吸取的教训。第六部分是总结,提出我们对信息系统外包未来可能方向的反思,以及我们对研究和实践进行总结后提出的建议。

# 2　信息系统外包的概念

## 2.1　信息系统外包的定义和概念

"外包"这一术语并不局限在信息系统范围。外包指由外部机构提供一种或多种组织活动,如产品或服务等。目前,外包在信息系统领域十分流行,从软件系统到第三方设施管理的各个方面都在应用。信息系统文献中外包的定义多种多样:

"……将全部或部分信息系统职能移交给供应商……"(Apte et al. , 1997, p. 289)

"……客户企业签定合同将其各类信息系统的部分职能外包给信息系统供应商……"(Chaudhury et al. , 1995,p. 132)

"……为达到组织既定目标,将其组织部分或全部信息系统职能外包给外部的服务供应商……"(Cheon et al. , 1995,p. 209)

"……允许一个或多个第三方实体来管理客户组织的 IT 资源、人员及业务(或其中的部分)以达到目标……"(Fitzgerald & Willcocks, 1994,p. 92)

"……第三方提供 IT 产品或服务……"(Hancox & Hackney, 1999,p. 1)

"……一个或多个外部信息服务供应商管理公司信息系统的部分或全部的业务……"(Hu et al. , 1997,p. 288)

"……组织将其 IT 资源、人员和/或活动外包或出售给第三方供应商的决策,而第三方提供商将在约定期限内提供资源管理和服务等以获取资金回报。"(Kern,1997,p. 37)

"……购买原先由内部提供的产品或服务"。(Lacity & Hirschheim, 1993b, p. 74)

"……外部供应商提供组织中整个或部分与 IT 部门相关的物质或/和人力资源方面的服务。"(Loh & Venkatraman, 1992a,p. 9)

"……为达到预期结果将其 IT/IS 资源、资金、或/和业务移交给第三方来管理"。(Willcocks & Kern, 1998,p. 2)

除了外包的上述定义,许多作者也描述了各种外包协议或选择。例如,Lacity and Hirschheim(1995)提出了外包决策选择的分类方法:

- 全部外包——客户将其提供信息系统产品或服务的信息系统资源、人员和管理职能等内部信息系统职能移交给一家第三方公司。第三方占据了超过 80% 的信息系统预算。

- 全部内包——评估信息系统服务市场后,仍保留管理权,内部供应超过了信息系统预算 80% 的份额。
- 选择性外包——选择部分信息系统职能外包给外部供应商,然而内部供应的信息系统预算仍保持在 20%～80% 之间。这些策略既包括单独的也包括多个供应商。

利用信息系统预算的分配比例可将全部和选择性外包决策区分开是与 Willcocks 和 Fitzgerald(1994)所作的研究相一致的,后者认为选择性外包通常占有正常信息系统预算 25%～40% 的份额。

其他学者也对外包决策做了进一步的分类。Lacity and Hirschheim(1993)运用分类学限定了外包决策的范围:

- 现场服务——管理上的一种(人员)使用,即把外包作为满足短期需求的一种办法。现场服务最为常见的模式是由公司自己的雇员来管理合约编程人员和服务人员。
- 项目管理——将信息系统业务中部分或某个特殊的部门外包。例如,项目管理外包包括,由供应商开发一个新的系统、提供已有的应用服务、处理大错修复、提供培训或管理网络等。在这些案例中,供应商有责任管理和实施业务。
- 全部外包——供应商全面负责信息系统业务的主要工作。最常见的类型是硬件运行的全面外包,如数据中心或远程通信等。最新的外包战略是将硬件和软件支持全部外包给外部供应商。Lacity and Hirschheim(1993)特别强调这类外包是"交钥匙工程"。

Millar(1994)定义了四种基本的外包协议:

(1) 包括三个可选方案的一般外包:

- 选择性外包——信息系统活动中某一领域被选择转交给第三方,例如数据中心运行;
- 增值外包——将信息系统业务中由内部信息系统部门提供不合算的部分外包给第三方,由第三方提供支持和服务能使此业务增值;
- 合包——由第三方供应商和内部信息系统部门共同支持的信息系统业务。

(2) 过渡性外包:涉及一个技术平台到另一个技术平台的迁移。过渡性外包包括三个阶段:

- 遗留系统的管理;
- 过渡到新的技术/系统;
- 稳定和管理新的平台。

这三个阶段中的任何一个或全部都可以移交给第三方供应商。

(3) 业务流程外包是相对较新的外包方案。第三方供应商运行客户组织的整个业务流程。参考 Millar 的观点，许多产业是适合业务流程外包的特别是，政府、金融服务(银行和保险公司)、卫生保健、运输和后勤部门。服务包括咨询热线、服务中心、呼叫中心、投诉管理以及文书处理。

(4) 业务利益合同也是一个相对较新的现象。它指的是，合同中规定供应商应提供给客户的服务，并且规定客户根据供应商的能力和带来的价值付费。其目的是使实际成本与实际利益相统一，且共担风险。假定传统外包存在风险，这一外包模式就更值得考虑。Millar 指出，虽然业务利益合同通常在第三方供应商提供外包服务的营销中运用，但是，由于利益难以测算，它在实际中通常不被采用。这一领域中的标杆管理引起人们质疑。虽然供应商的收入以及利益潜力是直接和标杆相关的，但双方根据标杆达成共识十分困难。

Wibbelsman and Maiero(1994)也就外包决策进行了讨论。组织需要面对的关键问题不是"我们应该外包"而是"该怎样外包"。他们提到有关"多方外包"的分包问题，也就是说信息系统服务的复合外包。他们将"多方外包"看作一个连续体。连续体从"维持现状"一端开始到另一端"彻底剥离"结束。连续体中"维持现状"就是相信所处的现状就是最好的外包策略，从这端沿着连续体不断向前。一个策略是"稳定和内部保有"。此策略认为内包是最好的战略，但内部信息系统部门需要通过实践变得更为有效和效率更高。对于"合包"协议，Wibbelsman and Maiero 讨论了"恢复和返回"策略。通过第三方协助，信息系统部门被重组，且仍保留在组织内部。另外一个策略是"过渡协助"策略，通过第三方承担起一定的信息系统业务责任，帮助内部信息系统部门过渡到可以拥有一系列新技能时。下一个方案就是"能力发展"，当信息系统组织发展其新能力时，第三方要么永远，要么暂时承担其信息系统业务。这些选择可以使信息系统组织关注其核心能力。在连续体的末端，Wibbelsman and Maiero 提到了"后向选择"，虽然信息系统外包给了第三方，但企业制定了将其职能收回企业内部的特殊计划。如果企业管理需要的话，企业在稍后的一段时间里，可以将其职能收回企业内部。最后是"彻底放弃"战略，信息系统职能被永远外包。此方案中，信息系统被认为是非核心的业务职能，最好由外包供应商来管理。

Willcocks and Lacity(1998)讨论了"新兴发包协议"的六种形式：

- 增值外包——外包伙伴一起努力去市场化新的产品和服务；
- 股份持有——一方获得另一方一定的股份；
- 多方分包——多家服务供应商签订同一个外包合同；
- 合包——外包供应商的收入与其提供服务的企业业绩紧紧结合在一起；

- 剥离——内部信息系统部门从企业剥离出来,成为一个新的实体,它可以在市场中提供服务;
- 创新合同——为满足特殊客户的需要,合同中包括一些特殊的条款。

## 2.2 外包概念整合

从本文研究目的出发,我们提出一个广义的概念。"信息系统外包"是为获得信息系统服务、资源管理以及满足生产活动的服务而制定的组织安排。信息系统服务以信息系统产品交付和信息系统职能提供的方式获得。职能可被定义为产品以及令人满意的服务等,也可包括日常业务如系统运作、应用开发、应用维护、网络、远程通信管理、服务台、终端客户支持、系统计划与管理。服务执行中,需要资源(人力、技术、资金)、治理结构、特殊技能等(Grover et al. , 1994a)。组织安排包括正式组织结构和授权安排。这些要么由内部(内包)要么由外部(外包)来处理(cf. Ang & Cummings, 1997; Ang & Slaughter, 1998; Clark et al. , 1995; Currie, 1998; DiRomualdo and Gurbaxani, 1998; Duncan, 1998; Lacity and Hirschheim, 1993b; McFarlan & Nolan, 1995; Quinn & Hilmer, 1994; Smith et al. , 1998)。随后,我们将集中讨论与外包相关的组织安排。这些组织安排由我们所称的"外包参数"组成。

四个基本参数决定了一家企业签定外包方案的类别,它们是:外包等级(全部外包、选择性外包、不外包);模式(单一供应商和客户或者多家供应商和客户);所有权(客户公司全部拥有、部分拥有、无所有权);时限(短期或长期)。在具体情况下,这些参数组合成各种各样的承包方案,如合资、设施共享、剥离等等。表1描述了外包等级和所有权的组合(承包方案类型)。表2描述了供应商和客户合作模式的组合(外包模式)。

表1　方案类型

| 外包等级 | 所有权 | | |
| --- | --- | --- | --- |
| | 内部 | 部分 | 外部 |
| 全部外包 | 剥离(全部自有子公司) | 合资 | 传统外包 |
| 选择性外包 | | | 选择性外包 |
| 不外包 | 内包/回包 | 多客户间的设施共享 | N/A |

从表1可以看出,信息系统能够剥离出一个独立的服务单元或是公司——此时,所有权依然是内部所有,但职能却是全部外包或是选择性外包的情况(Heinzl, 1993a; Heinzl,1993b; Reponen, 1993,)。当"剥离"单位由客户与供应商企业共有时,这种方案称为合资。这样的合资基于战略合作伙伴关系(Fitzgerald &

Willcocks，1994；Marcolin&McLellan，1998），信息系统所有权也可以移交给外包供应商。如果外包属于全部外包的话，我们称其为简单的传统外包（Earl，1996）；如果它是"有选择的"，称之为选择性外包（Lacity et al.，1996）。另一方面，企业可能想将信息系统完全留在内部或拥有全部的所有权。如果之前的信息系统并未外包出去的话，我们认为这是信息系统内包（Lacity & Hirschheim，1995），如果某一部门被外包后又被回购回本企业的话，称之为外包回购（Hirschheim & Lacity，1998）。发包方也可以选择与一家外包供应商或是同一产业的其他发包方共享信息系统所有权，我们称之为设施共享（Currie，1998）。

表 2　外包类型

| 客户 \ 供应商 | 单一供应商 | 多供应商 |
|---|---|---|
| 单一客户 | 简单的二元关系<br>（1∶1） | 多供应商<br>（1∶n） |
| 多客户 | 多客户关系<br>（n∶1） | 复合关系<br>（n∶n） |

表 2 描述了当有一个或多个客户和一个或多个供应商时，各种类型的供应商—客户外包安排。有四种可能的供应商—客户类型。即：单一供应商—单一客户、单一供应商—多家客户、多家供应商—单一客户及多家客户—多家供应商。单一供应商—单一客户的关系被 Gallivan and Oh（1999）称之为简单的二元关系。由于供应商投机会使简单的二元关系充满风险。所以，一些公司为降低风险，建立了多家供应商的关系（Chaudhury et al.，1995；Cross，1995），称之为多供应商方案。另一方面，同一或相近产业的几个客户公司可能有类似的需求，当他们从一家供应商获得服务时，将使外包更经济（Sharma & Yetton，1996），此类叫作多客户外包模式，由 Gallivan and Oh（1999）命名。另外，几个客户公司也可建立包括一家以上外包供应商的外包关系。例如，Gallivan and Oh（1999）举例的七家保险公司和两家外包提供商签定的合同。这样的方案称之为复合关系。

这些参数的共同特征之一，就是签定外包方案的合同期限。外包合同的时间期限通常按照短期、中期或长期进行协商。但是，实际操作中对"短期、中期、长期"的界定因人而异（cf. Lacity et al. 1996；Lacity & Willcocks 1998）。尤其是近来，通过雇佣自由职业者，短期的概念已经延伸到按天服务（Knolmayer，2002）。

最后，根据 Mitchell and Fitzgerald（1997）的观点，如果一个客户要参与外包协议，重要的是应该了解存在着不同类型的供应商。他们点明了五类供应商：

（1）信息系统顾问公司—全球性大型公司提供所有信息系统职能服务；

（2）系统集成商—他们擅长于系统集成；

（3）硬件供应商——他们擅长于 IT 硬件；

（4）外部信息系统部门，他们集中了行业的特殊资源；

（5）一般外包商，他们擅长于信息管理职能，特别是信息基础服务；

除这五种类型之外，还有

（6）自由职业者。

# 3　研究方法综述

## 3.1　研究目标

尽管有关外包领域的研究成果很多，但似乎缺少一个一致的焦点。在对外包相关研究文献进行评述研究时，很明显地可以看出，尽管有关外包方面的研究很多，而且是多角度的，但是将这些研究文献组织起来的较为全面的模型还很少。因此，本文正是为了弥补外包相关知识领域的这个缺陷而着手写作的。更确切地说，本文的研究目标如下：

- 第一，为已有外包文献的分类编目、综合分析及整合提供一个全面和统一的框架。
- 第二，识别并对不同的研究焦点进行分类。
- 第三，确定本文研究问题所用分析框架的基本理论观点。
- 第四，探究研究的本质——即用以指导分析的各类研究方法论。
- 第五，对相关文献研究的主题和趋势进行甄别，特别要确定公认的研究领域，同时对未来研究指明方向并提出建议。

大多数文献综述都是围绕特定领域已形成的目标对当前的文献著作进行评价。由于本文谈到的外包是一个相对较新的领域，且发展迅速，因此学术界在全球范围形成一致观点的机率很小。这也正是本文的写作动机所在。

## 3.2　分析框架

一般的设计框架是为了描述给定领域一系列研究对象的结构和研究对象之间的关系。这在一些学术领域的早期研究阶段是很有用的。步骤包括：

（1）清楚地描述该研究领域；

（2）界定、描述和组织该领域相关的知识；

（3）揭示或聚焦该领域理论发展的机会。

在本文中，我们的框架涵盖了信息系统外包领域的学术研究。

根据 Laudan 的观点，学术研究由三个主要互相依赖的要素组成，从而形成"三元验证网络"。（Laudan, 1984, cited in Landry & Banville, 1992）。该"三元"体系由方法、理论和目标（研究对象）组成。Robey（1996）和 Benbasat and Weber（1996）提出一个与三元体系相似的理论，被称做研究的多元化。目标是指所提出的相关研究问题及研究对象。理论指用来提出特定问题的相关理论支撑。方法则是用来收集、分析、说明数据（对经验研究而言）的相关技术，或（非经验研究中）构建和使用的数学模型/系统/应用。

　　分析信息系统外包的相关文献，可以很清晰地看出，不存在一个单一的被研究者普遍接受的研究问题、方法或理论。即使单独一篇论文也提出不止一个研究目标，采用多种不同的理论。例如，1994 年，Loh 从企业为什么外包的角度来研究，以交易成本和委托代理理论为理论支撑，得出最后结论。针对这样的多样性，我们着重定义三点：一是主要研究目标；二是理论基础；三是信息系统外包研究中用到的方法。

　　为了了解文献中用到的方法，我们采用大家熟知的经验研究和非经验研究两类方法（cf. Alavi et al. ，1989；Galliers，1991）。在理论基础方面，我们通过归纳法确定了主要的相关理论和包含在研究论文中的理论。如，交易成本理论、基于资源的理论、创新扩散理论等。另外，我们采用两个补充维度——"逻辑结构"（Mohr，1982）和"分析层次"（Pfeffer，1982）来进一步结构化地分析各种理论论点和信息系统外包论文中所用到的构念。

　　从另一方面来讲，研究目标的提出有些困难，因为在信息系统外包研究上还没有普遍认可的一系列具有典型意义的研究目标。因此，我们将确定一种合适的方法去辨识什么是信息系统外包，并将其分解成有机联系的各个部分。从学术的角度来看，信息系统职能外包的实践是业界驱动的。但直到 1992 年才有该方面的研究论文，也就是在 Kodak 做出具有里程碑意义的决策，将其信息系统职能外包的三年之后（Loh & Venkatraman，1992b）。我们将从实践的角度构造组织 IS 外包相关学术知识的研究框架。这就要求我们从实践的角度来构建术语，为框架增添适当的维度。

　　我们认为外包可以被理解为一种管理决策，这种观点与行为管理理论的观点相一致，行为管理理论认为管理的本质就是决策（Cyert & March，1963；Simon，1947）。一个著名的决策模型是 1960 年 Simon 提出的。利用并转换这个模型，可以识别外包的五个阶段，这便影射到研究目标（或研究问题）是：为什么外包、外包什么、哪些部分外包、怎样外包、结果如何。

　　这个框架事实上是信息系统领域内的一个微观领域。它反映了信息系统研究中所遇到的问题、用到的方法和理论基础整体多样化的情况（Benbasat & Weber，1996）。它使研究能够更精确地分析文献，得到有趣的发现。附表"信息系统外包的分类研究"概括总结了研究目标、理论及使用方法的异同。

　　（因为出版页数限制，本章 462～587 页在所附光盘中）

# 第16章 信息系统研究中的知识管理：最新研究进展[①]

**Dorothy Leidner**

（Baylor University，USA）

## 1 引言

知识管理（knowledge management）自 90 年代中期才开始为信息系统研究者们所关注，并持续研究至今。我从 1997 年访问一位住在波士顿的同事时开始对这一主题有所接触——我一直对包括组织学习和个人学习的学习领域很感兴趣，而组织中的知识管理研究可以被看作对该领域的自然延伸。我参与的第一个知识管理的研究项目是一次针对在波士顿参加高级管理课程的企业经理的小型调查，旨在了解其所在组织致力于知识管理的程度以及所使用的工具。尽管该调查是描述性的，却为一些值得研究的领域提供了方向。这项成果最早发表于 1998 年的 HICSS 会议论文集，而后投稿到《管理信息系统季刊》（*MIS Quarterly*）。有意思的是当时的主编认为知识管理的主题与读者对信息系统的需求无关，因此不属于该季刊涵盖的范围。我们最终将全文发表于当时的一个新期刊——信息系统协会通讯（*Communications of the AIS*）（Alavi and Leidner，1999）。随后，我们决定着手对知识管理领域建立一个全面的文献综述。汇编工作从 1998 年开始，一直持续到本世纪的头几年。要对一个相对较新的领域进行文献综述研究极富挑战性，事实上，我们找到的大部分研究是发表在非信息系统相关的期刊上的。考虑到知识管理以及支持知识管理的系统与知识库系统在概念、设计以及目标上都有着本质上的不同，我们刻意忽略了知识库系统（knowledge-base systems）方面的文献。编纂数年，这篇综述最终发表在《管理信息系统季刊》上（Alavi and Leidner，2001）。接下来的几年间，越来越多的信息系统研究涉及知识管理领域。借此机会，我仔细研究了 2001 年那篇知识管理的文献综述发表以来该领域的最新进展。文献综述的时间跨度从 2000 年（2001 年文献综述中的截止年份）到 2005 年末（本章起草于 2006 年春）。

---

① 本章由陈晓红翻译、审校。

588

　　如果现在用"知识管理(或者 KM)"和"IT(或 IS)"作为关键词,使用标准的图书馆系统如 ABI inform 来检索与信息系统相关的学术期刊,你会查到大量的文章。今天早上,我在 ABI 中用"知识管理"(knowledge management)和"信息系统"(information system)作为出现在摘要里的关键字进行检索,查找到了 167 篇文章。用"知识管理"(knowledge management)作为出现在摘要中的关键字,以及"信息"(information)作为出现在期刊名称中的关键字(为了将检索范围限定在与 IS 相关的期刊),结果检索到了 480 篇文章! 当保持其他检索条件不变("知识管理"出现在摘要中以及"信息"出现在期刊名称中),仅将文章发表的时间范围限定在 2001年 1 月以后的时候,查到的文章下降到 362 篇。也就是说,发表于信息系统期刊上的知识管理相关文章,在 2001 年 1 月以前有 118 篇,而之后则有 362 篇之多!

　　最理想的方式当然是通读所有这 362 篇文章,但实在太不实际,我决定选读其中的一部分。我阅读了所有发表于下列期刊上的文章摘要:《决策科学》、《信息系统研究》、《管理信息系统季刊》、《战略信息系统》、《信息与组织》,《管理科学》以及《欧洲信息系统杂志》——这些期刊代表了美英两国的最高水平。读完筛选的 60多篇文章后,我得到了近 40 篇合乎标准的文章。这些文章是本文献综述的基础。读者可以在参考文献中找到完整的文章列表。

　　我们的根本标准是文章必须以知识管理为核心主题。有些文章虽然将知识甚至知识管理作为关键字,但并不符合这一标准:多数类似文章都在暗示知识管理的好处,而缺乏对知识管理本身进行研究;另一些虽然以知识共享或者转移为题,但这些共享和转移并不以知识管理为目的。

　　虽说只选择一部分论文来写文献综述可能会错过一些有趣和有洞察力的研究,而且一个严谨的博士生很可能要阅读每一篇与他的研究基础相关的论文,但我的目标比较简单:我希望通过回顾 2000 年到 2005 年间信息系统期刊上发表的知识管理的文章,使读者对知识管理现象的各种理论、主题,以及研究方法产生大体的了解。要知道,如果需要回顾所有 362 篇文章的话(而且每月还在增长!),几章的篇幅远远不够。事实上,综述这些知识管理论文本身就是一个知识管理的困境:到底要阅读多少文章,才能够确定自己已经精通了呢? 知识管理为组织行为、组织价值和组织绩效提供了新的标准,本章即通过知识管理这一视角,纵览了大量不同的过程和活动,组织和个体。

　　本章对 2000—2005 年间发表于前述信息系统期刊上的知识管理主题论文进行综述,旨在回答下列问题:(1)在信息系统期刊上已经发布的知识管理研究的主要议题有哪些? (2)知识管理作为一种组织实践以及一个研究主题今后将如何发展?

# 2　知识管理研究的主要议题

　　显然,可以根据知识管理研究的不同侧重点和不同情境来对这些文章进行分类。研究的重点通常可归为知识管理的某一过程(创造知识、存储知识、转移知识)或者知识管理系统的某些方面(设计、使用,或影响)。这些知识管理研究的情境可以根据研究是否集中于以下几个方面来进行分类:

(1) 涉及较少情境知识的一般组织。

(2) 知识密集型的组织。

(3) 知识密集型的员工(可能工作在知识密集型或非知识密集型的企业)。

对知识密集型员工的研究最常见的类型有新产品开发团队、全球分布式系统开发团队、非全球分布式系统开发团队、技术支持团队、采购经理、销售代表和咨询顾问。表1给出了一个研究可能归属的分类的列表(每一栏代表一种分类)。下面对每一种分类进行描述。

**表 1　对知识管理研究的情境进行分类**

| | 知识密集型员工 | 知识密集型组织 | 一般组织 |
|---|---|---|---|
| 知识创造 | | | |
| 知识存储 | | | |
| 知识转移 | | | |
| 知识管理系统设计 | | | |
| 知识管理系统使用 | | | |
| 知识管理系统影响 | | | |
| 其他(知识管理作为一种理论来解释其他信息系统现象) | | | |

## 2.1　知识密集型员工情境下的知识创造

知识创造是指新知识的开发(Alavi and Leidner,2001)。对知识创造的界定比较混乱,部分原因是因为野中模型(Nonaka,1994)中的知识创造所包含的内化、外化、社会化和组合过程涉及知识转移和知识创造两方面。例如,外化指将隐性知识转化为新的显性知识(如:将习得的最佳实践或经验教训条理化),这既可以被认为是知识创造也可以被认为是知识转移。在本文献综述中,知识创造将严格指新知识的开发,而忽略其他形式(如:隐性或者显性)。有四篇文献是研究知识密集型员工情境下的知识创造问题。实际上,任何知识密集型工作都需要知识创造,因此这一情境可被设定为研究个体层面知识创造的理想情境。

Sarin 和 McDermott(2003) 关注于在知识密集型组织(高科技公司)中,团队领导的行为对学习(如:知识创造)以及新产品开发团队中知识应用的影响。特别地,他们发现那些为团队构建目标和过程结构,并积极鼓励成员参与的领导可以使成员学到和应用更多的知识,从而导致更快的新产品推向市场的速度和更高的团队成员的参与水平。

Janz 和 Prasarnphanich(2003)通过对 13 个组织的 27 支软件开发团队的调查,研究了组织氛围和自主性对共同学习(也概化为知识创造)程度的影响。这些合作和学习主要是实时地、同步地、面对面地活动。他们的发现支持这种观点:即以知识为核心的文化导致了与知识相关的较高水平的行为,如合作和学习。

类似地,Fedor, Shosh, Caldwell, Mauer, 和 Singhal (2003) 研究了在产品工艺开发团队情境中的知识生成(例如:创造)和传播(例如:转移)。他们调查了团队领导和组织支持,以及知识产生(内化的和外化的)和知识传播对项目成功和预期效果是否产生影响。他们发现项目成功与所有这四个变量都相关,并得出结论:为使得团队高效运作,团队领导必须成为好的推动者并有能力促进信息共享。

最后,Chen 和 Edgington (2005)着眼于知识员工所从事的知识创造活动的价值评估。他们预测,在给定时间内,参与知识创造过程的员工的能力增加程度将有赖于知识创造过程的强度,员工在这一过程中投入的时间和他们具有的完成该任务的能力。他们的观点是,组织必须对知识的创造过程进行积极的管理和治理。

从上述 4 篇文章可以得出以下两点:关于知识员工的研究几乎都是围绕着团队进行的。同样地,尽管知识管理过程可能出现在个体层面,但却受到团队成员间的合作和交互以及团队成员已有知识的强烈影响。其次,领导对团队成员知识创造过程的影响开始成为研究的热点。4 篇研究中的 2 篇都对团队领导在理解团队成员知识创造过程的某些方面进行了研究。在团队日益受到关注的今天,这一方面仍有大量的工作要做。

## 2.2　知识密集型组织情境下的知识创造

尽管组织也创造知识,但是知识创造根本上还是始于个人层面,比如说,创意到最佳实践。对于律师事务所、高等院校、医院、咨询公司这样的知识密集型组织而言,知识创造将会成为竞争优势的一个来源。然而,我们却没有发现在组织层面上对知识密集型公司情境下的知识创造问题的研究。

## 2.3　一般组织的知识创造

4 篇文章都着重研究了知识创造,但是没有具体定位在知识密集型员工或者组织。Saberwal 和 Becerra-Fernandez (2003)研究了知识创造过程对个人、群体和组织层面感知知识管理有效性的影响。他们引用了诺基亚的内化、外化、社会化以及组合化的知识创造过程。除了知识创造的外化和组合化模式不影响群体层面知识管理的有效性之外,其他所有的关系都成立。个人层面对知识管理有效性的感知越高,群体层面知识管理的水平就越高;群体层面知识管理的水平越高,组织层面的知识管理水平就越高。个人层面的知识管理有效性不能反映组织层面的知识管理有效性。知识管理创造的内化和外化模式反映了个人层面的知识管理有效性。社会化模式反映了群体层面的知识管理有效性,组合化模式反映了组织层面的知识管理有效性。Fernandez 和 Sabherwal(2001)在一篇类似的文章里指出,是组合化和外化过程而非内化或者社会化过程影响知识满意度的感知。

Droge,Claycomb 和 Germain(2003)检验了不同的环境变量——公司规模大小、技术固化度、技术变动性和需求不可预知性——是否在知识创造和应用对公司绩效的影响中起调节作用。他们发现新知识的创造并不能预测财务绩效,但是知识应用可以。公司规模大小与任何知识变量都不相关。生产技术固化度与实用知识相关;技术变动性也是知识变量,而且需求不可预测性与应用知识负相关。

Massey 和 Montoya-Weiss(2006)研究了知识创造的结果。特别地,他们研究知识创造的基本模式(社会化、外化、内化和组合化)是怎样影响感知媒体效用和知识创造过程中媒体的选择和使用,以及最终媒体的选择和使用是怎样影响知识创造的结果。

最后,Stenmark(2001)的创新研究调查了怎样根据个人的兴趣和需求推断出人们在搜索在线系统时想要得到什么知识。换言之,Stenmark 发现蕴藏于一个文件的评估之中的隐性知识,比那些由个人定义的显性知识(如关键字)在为搜索引擎提供信息方面更为有用。这些隐性知识不需要阐明原因或者提供关键字。他的研究是杰出的,因为他提出尽管一些隐性知识可能不容易规范化,但是仍然能够通过一些内隐机制在不同的组织过程中获取。有这样的一个系统,由用户提供一个他们认为有用的文档样本,该系统能够运用神经网络技术找到一些类似的文档,而无需用户清楚阐明为什么所提供的文档有用。此外,Stenmark 通过一个原型发现系统利用隐性知识所检索到的文献的相关性比使用用户自定义的显性知识检索到的文献的相关性要高。

在模式的探寻中,野中的知识创造分类模式的影响是显著的:4 篇文章中有两篇是依靠这一模式开展研究的。Droge 等人的文章做出了很好的贡献,他们考虑到不是所有的知识创造都会对组织绩效产生影响。他们发现公司环境的许多方面影响着由知识创造所带来的绩效提升的程度。在这个领域还有更多工作要做。如果知识创造不能导致组织绩效的提升,那么一般而言强调知识创造可能就达不到预期的目的。因此,需要通过更多的研究来理解那些知识创造对公司绩效有或者没有显著影响的环境。Stenmark 文章的创新同样值得注意。对于知识创造可能在个人没有意识到的情况下发生这种情形还需要进一步的研究。换言之,知识创造本身可以是一种隐性的过程,这样的过程可能比显性过程更有效。

　　总之,相当数量的研究集中在知识创造上。我们这篇文献中讨论的 41 篇文章中有 9 篇涉及知识创造,占了将近 1/4。就此,知识是怎样创造的这个主题已经被研究得相当多,而对知识创造的影响的研究相对较少。

## 3　知识存储

　　正如组织可以学习和创造知识,组织也会忘记或者不清楚他们已有的知识。因此,以一种可访问、可获取、可用的方式存储知识成为知识管理的一个关键问题(Alavi and Leidner,2001)。奇怪的是,尽管很重要,但很少有学术研究是关于知识存储的。知识存储方面的紧要问题包括存储知识时所需的环境水平(Alavi and Leidner,2001)。例如,当存储了一个用于保障重要商业投机的幻灯片演示文件时,还需要什么额外的信息使得这些建议可以对他人起作用呢? 提供给听众的解说词,报告人与听众的关系,报告时对具体事项的评论,或是对报告人用到的可能没有被包含在演示文件或注释中的例子的评论? 我们已经充分理解了怎样使存储的知识最有价值。对于知识的有效分类方法以及提供知识的质量指标的研究同样非常必要。很少有论文讨论知识存储的问题。也有可喜的例外,Ashworth(2003)分析了图书馆数字信息的存储管理。他的文章重点放在图书馆数字化存储的好处和挑战,以及风险上。图书馆是知识密集型组织,可以应用许多知识存储和检索的方法。关于知识存储的第二篇文章是 Randall 等人(2000)的一篇关于组织记忆构成的文章。作者建议信息系统应该着眼于支持工作,这与以所谓"最佳实践"为代表的理想化工作过程是相反的,换言之,作者关心的是许多系统存储的知识在存储之前就被严重地修改了,再也不能反映实际的情况。从某种意义上来说,他们的论文强调环境问题——知识的真实环境应该被包括在知识存储或者知识的一些理想化的"最佳实践"之中。

　　很少有文章回顾关于知识存储的讨论,一个主要的原因可能是早期的关于组织记忆的研究没有使用知识或者知识管理作为文章的关键字,因此采用知识管理作为关键字进行搜索就无法找到这些文章。此外,组织记忆可能是 20 世纪 90 年代的热点主题,但是在本篇文献综述所包括的文章所处的年代并不是热点。尽管这样,这仍然是一个需要研究的领域。

## 4　知识转移

　　在知识管理中,知识转移是指有目的将知识从一个来源转移到另外一个,这样的转移发生于各种实体之间,包括个体之间的知识转移、从个体到外部资源的知识转移、从个体到群体的知识转移、群体到群体的知识转移,以及从群体到组织的知识转移。之所以称之为有目的的转移,是因为虽然无意识或偶然的知识移动确实会发生,但是知识管理领域更愿意研究系统化的知识转移。因此,诸如 Nidumolu 等人(2001)关于发生在组织内的无意识的学习过程的文章就不属于这一类别。组织中知识转移是否有效的标准更多的是知识在不同环境下的应用情况而非知识的来源。知识分享并没有归属于知识转移的范畴,这是因为人们可能很好地分享知识,但分享的知识并没有被吸收或者被错误地吸收。因此,这里所指的转移是从其他来源实实在在地接受知识。组成这篇综述的文章中有 8 篇研究了知识转移,其中 3 篇着重研究知识密集型员工之间的知识转移,其他 5 篇则从一般情况研究知识转移,没有文章对知识密集型组织的知识转移进行研究。这些研究中对知识转移在组织层面上的分析倾向于与个人或团队相结合,而非组织之间。

## 4.1　知识密集型员工背景下的知识转移

最早关于知识密集型员工间知识转移的文章研究的是在一个团队内部知识转移的问题,用的是一个新产品开发团队的例子。Brockman 和 Morgan(2003)研究的是已有知识对新产品开发团队创新和绩效的影响。在该例中,作者对已有知识能否在团队成员之间转移并不很感兴趣,真正感兴趣的是已有知识是否影响新产品开发过程,包括信息的创新(也可以视为知识创新),信息的获取以及对共享信息解释的发展。这些作者提出的一个重要问题就是创造新知识并不总是重要的,重要的是对已有知识的管理,以便取得最满意的效果。

与 Brockman 和 Morgan(2003)不同,另外两篇关于知识密集型员工背景下的知识转移的文章则更多考虑了群体之间知识转移的问题。其中一篇探讨了一个组织同其外包开发团队之间的知识转移问题,另一篇则讨论了知识从咨询顾问转移给客户的问题。

Nicholson 和 Sahay(2004)在一篇关于软件开发人员的文章中探讨了嵌入知识向外包开发人员转移的问题。他们给出了一个例子,一家英国公司试图将一个失业管理系统的开发外包到印度。然而,因为在印度没有失业补助,印度工程师缺乏对失业津贴的知识储备。为了将这些知识转移给印度的软件开发人员,这家英国公司雇用了一名英国出生的印度人扮演中间人的角色。但这一中间人对英印双方都缺乏深入了解,造成这一"桥梁"失效。这篇文章提出了这样一个令人充满困惑的挑战,对于外包开发团队而言,转移的不是简单的需求,而是包含在需求中的知识。

Ko,Kirsh 和 King(2005)研究在一个 ERP 实施过程中,知识从顾问到客户的转移过程。他们检验了沟通因素——编码能力（表达能力）、解码能力（理解能力）和知识源可信度；动机因素——接收者和知识源的内在和外在动机；知识因素——吸收能力，达成共识的能力和不佳的人际关系。他们发现所有的四种动机因素均与知识转移正相关，并与知识型员工的吸收能力和达成共识的能力正相关。沟通因素影响知识因素而不直接影响知识转移。

## 4.2　一般的知识转移

与 Ko 等人一样，Huang，Newell 和 Pan（2001）调查了千年虫项目中开发者与用户之间的知识转移问题（在他们的研究中称为知识整合）。这里知识转移所面临的挑战贯穿了组织的各个部分，包括结构的、文化的、知识的。将其归为一般的知识转移，是因为用户不一定是知识密集型员工。事实上，他们是否是知识密集型员工并无多大关系。

类似地，Volkoff，Elmes 和 Strong（2004）在企业系统实施背景下研究了从实施团队到企业用户的知识转移问题。他们的研究表明，具体的知识壁垒涉及知识本身、知识来源、知识接受者以及知识转移环境。如工程制图之类的机制可以穿透这些壁垒。尽管如此，他们也发现这些不同群体间的知识转移不仅仅涉及转移，而必须包括针对接受者情境的知识的转化和再创造，以使知识更有意义。例如，用于培训的例子中的数据与用户毫不相关，而采用真实数据将使转移过程更加有效。

本节的前两篇文章主要讨论的是群体之间知识转移过程中的隐形障碍，接下来的三篇文章在主题上就各不相同。Dennell，Arvidsson 和 Zander（2004）认识到在一个组织中不是所有的知识都应该被转移，他们将问题定位于组织如何评价知识这种资源。换言之，组织在推广一个最佳实践之前，必须决定什么构成一个最佳实践。他们发现新的部门和处于次要市场中的部门，尽管很有能力，大多不被高层重视。因此，在这些部门中所实行的真正的最佳实践不太可能被公司认识到。而那些公司所推广的所谓的"最佳实践"却不一定真正是最佳的。

Lin，Geng，和 Whinston（2005）描述了一个框架来帮助对知识转移的理解。该框架使用发送者和接收者的信息完备性程度。均衡的情况是发送者和接收者都转移了完全信息。发送者优势情境是指发送者享有信息完备性而接收者不享有。类似地，当接收者享有完全信息而发送者不享有时就是接收者优势情境。最终，当任何一方都不具有完全信息时，不完全情况就发生了。例如，外包项目就是典型的发送方优势情境。他们用没有经过测试的模型来发展知识转移的命题。

最后，在一篇非常独特的文章中，Kearns 和 Lederer（2003）运用基于知识的公司理论研究 IT 的战略匹配。他们将 CIO 参与企业规划的过程与 CEO 参与 IT 规划的过程概念化为一种知识转移的问题。毫不奇怪，他们最终发现这种参与带来了更好的匹配,使 IT 的使用成为一种竞争优势。

# 5 知识管理系统设计

由于将搜索范围限定在基于信息系统的期刊,预期会有各种关于知识管理系统(KMS)设计的文章。出乎意料的是,我仅找到 3 篇。Fowler(2000)研究了人工智能技术在知识管理活动设计过程中的作用。他提出有不同的人工智能工具有助于不同类型的知识,包括描述性的、显性的、具体的、逻辑的、过程的、隐性的和抽象的知识。他的分析指出在为一个业务流程设计一个有助于该流程的合适的知识管理工具时,首先必须考虑所需知识的类型。Lindgren 等(2003)调查了如何评估知识管理系统能力的问题。他们建议,能力和重要性不应该由个体录入,这会导致许多偏差。开发一个有效的在线工具来评估知识员工的技术和能力依然是一个富有挑战的设计问题。

另一篇 Scheepers 等人(2004)的文章,研究了知识管理战略,挑战由 Hansen,Nohria and Tierney(1999)提出的两分法(个性化和规范化)。与其他近期的研究(Alavi,Kayworth 和 Leidner,2006)一样,他们发现这种两分法是粗略和不精确的。许多公司能够并且确实同时采用了这两种战略。但他们建议在知识管理的初期阶段必须清楚地选用某一种战略,随着时间的推移,可以灵活地采用这两种战略。对于为什么只有很少的文章明确地将知识管理系统的设计作为研究的主要问题,我的解释是,在 90 年代后期,知识管理的作者常常以反 IT 的姿态出现在他们的研究中,他们声称如果知识管理忽略人而过分关注信息技术,则有可能成为另一种"忽略人的时尚",并且知识管理的工具永远也不会和人一样重要。事实上,信息系统的文献从来也没有声称人不重要,且总是着眼于改善个人的工作。此外,一个公司实现了一个基于技术的知识管理方案并不意味着该公司就不能鼓励发展一个高度人性化的实践社区。我真心希望将继续有更多的关于知识管理系统设计的研究出现。

# 6 知识管理系统的使用

到目前为止发表文章最多的类别是"知识管理系统的使用"。这一大的类别主要包括研究个体与知识管理系统交互的文章。这种与知识管理系统交互的行为既可以是向知识管理系统贡献知识,也可以是从知识管理系统中检索知识。在该类别中也包括电子知识网络的研究。虽然给出了这么宽泛的定义,大部分文章研究的都是有关知识共享的问题,例如,如何使组织中拥有知识的个人分享他们的知识。我的观点是，对于知识共享的问题，影响因素和促进因素已经得到了充分的研究，可以将这一领域的研究转移到如何使人们实际地使用他人贡献的知识这一更具魅力的研究课题。可以看到，很少有论文明确地研究后一问题。

## 6.1　知识密集型员工情境下知识管理系统的使用

15 篇关于知识管理系统使用的论文中有 8 篇是基于知识密集型员工情境下的。和一般的知识管理系统使用的类别一样，这一类别中的研究多数围绕着知识共享。Tiegland 和 Wasko(2003)考虑了知识员工个体从事信息交易（如：共享）并跨越组织内部边界访问知识是否会增强知识员工绩效的问题。他们的研究集中于知识流以及让个体参与到知识流中以预测个体的创造力和绩效。类似地，Kotlarsky 和 Oshri(2005) 研究的是社会联系和知识共享活动是否有助于全球性的分布式信息系统开发团队的协作。正如该文和其他论文所示，对于分散的团队成员知识需求的管理是知识管理研究的一个重要领域。在 Tiegland 和 Wasko 研究中的因变量是个体绩效和创造力，而在 Kolarsky 和 Oshri 的研究中因变量是以产品成功和个人满意形式代表的成功协作。虽然对于远距离而言重要的是利用工具来促进知识共享过程，但是作者们同时也发现在正式的分散式的团队作业之前，对远程站点的短期访问机制非常重要。

Schultze 和 Boland(2000)调查了技术使用在改变知识工作者（更具体而言，竞争情报分析者）的知识工作实践中的作用。尽管知识员工声称支持使用 IT 以使获取情报更方便，但是他们仍然反对情报处理的商品化，因为那将会削弱他们的权力和中心地位。Hayes 和 Walsham(2001) 的文章也强调权力和政治。Hayes 和 Walsham(2001)调查了在一个销售部门员工中，政治对基于群件的知识共享的影响。他们发现，销售代表在争取晋升的时候会使用 Notes 论坛让高层对他印象深刻。例如，销售代表们会记录他们所有的销售电话而不仅仅是那些相关的。然而，那些不渴望晋升的销售代表们就没有发现参与在线讨论的好处。这两篇是少有的将权力和政治包含到分析中并反对仅仅粗略地提到这些因素的影响的文章。此外，后面的论文为知识共享本身实际上是高度政治化的观点提供了证据。

尽管没有特定于知识密集型团队的情境，Gray(2000)的关于知识管理系统对临时团队的影响模型研究了在复杂、快速变化的环境中知识管理系统是如何帮助团队处理非常规问题的。他的模型说明了知识管理系统的使用将增加知识搜索的效率，进而增加团队知识的多样性、问题分析的全面性和方案的有效性。Gray 的工作强调了知识搜索任务而非知识分享任务。同样关注于知识搜索任务的有 Poston 和 Speier (2005) 的创新的知识管理系统使用模型。他们认为知识工作者必须调整知识内容以满足他们自身情况的需要，但当一个任务非常复杂或者不明确时这些调整不太可能发生。作者们考虑到可靠性指标——评级的人数、评级专家和协同过滤——在评级的有效性对内容搜索和评估过程的影响中起中介作用。内容搜索和评估过程包括三种类型：

（1）定位于不加调整的高质量内容；

（2）定位于不加调整的低质量内容；

（3）定位于有调整的低质量内容。

这些过程会影响决策质量和时间。该研究发现评级必须非常有效，因为从最初的定位对内容进行调整很少发生。也就是说，如果在一个知识管理系统中包含有低质量的知识，用户往往不会考虑到知识的质量，并且受到这些知识的影响。第三篇论文也研究了知识员工如何获取他们所需的知识。Gray 和 Dorcikova（2005）着眼于技术支持员工以及那些影响这些员工获取他们所需的相关知识的因素。Gray 和 Dorcikova 将这一过程标记为"知识获取"，而其他人所提到的知识"获取"仅仅是指知识库环境中的"使用"或者"知识搜索"。他们发现个体的学习倾向影响他们从同事那里获取知识的程度，但与从文件或知识库中获取知识的程度负相关。对一个人的智力需求与从同事和知识库中获取知识的程度正相关，个体的时间压力与从同事获得知识负相关，并且风险厌恶与从同事和知识库中获取知识正相关。

该类中的最后一篇文章是 Hoegl 等人（2003）挑战常理，质疑在软件开发团队中知识网络的效用。特别地，他们挑战每个团队成员必须参与知识网络构建这一观念，提出如果某些成员作为跨边界者和门卫，团队将产生更大的生产力。同时他们建议在组成一个团队时，最好引入那些没有太多的外部网络关系的成员。他们发现几个网络构建"预报器"：团队对组织共享知识氛围的感知、团队的沟通偏好、团队感知沟通的重要性、团队技术能力和团队的物资资源。

总的来说，这一节的文章涵盖了知识共享、知识搜索和知识网络以及所用的各种理论和方法等方面。

## 6.2    知识密集型组织情境中知识管理系统的使用

与那些研究在团队环境中知识共享的文章类似，Garud 和 Kumaraswamy（2005）认为知识密集型组织中的高管所面临的挑战是找到一个合适的方法来促进对组织的知识管理系统的利用。为提升最初的低参与率，管理者们提出了一个知识货币单位计划使得个体可以通过知识共享获得货币报酬。其后，参与率飙升以至出现了大量无用的信息，在某种程度上雇员们开始发表一些他们并不清楚知道的东西。高管因而必须修改这一方案并开发出鼓励适度参与的激励机制。该研究也突出了组织所面临的从知识管理系统的使用中来获益的挑战。该研究更多地集中于系统使用中的共享方面。

## 6.3　一般的知识管理系统使用

有六篇文章着眼于知识管理系统的使用却没有说明是由知识密集型员工使用或知识密集型组织使用。但在很大程度上可以假定知识管理系统是由知识密集型员工使用。然而，由于这些论文本身并没有特别指出知识密集型员工或组织，我将它们归入一般类别。这些文章中有两篇（Taylor，2004 和 Marksu，2001）的主题是知识共享。

Huber 探讨了潜在的可以使组织能够鼓励个体在知识管理系统中共享他们的知识的激励策略。他警示说外在报酬可能减弱我们对内在报酬的关注，而就长期而言，内在报酬更加有效。Levy，Loebecke 和 Powell（2003）研究了中小型企业中竞合关系环境下的电子知识共享。特别地，他们提出了在竞合关系下，什么应该共享，与谁共享，以及何时共享的问题，并且考虑到了信息系统在管理知识共享中的作用。他们发现共享的程度及共享的实质与环境有关——在这一行业中客户是否占主导地位以及公司的战略是成本控制还是价值增值。Wasko 和 Faraj（2005）通过对一个国有法律行业协会成员的调查，研究影响这些成员通过电子网络自愿共享他们知识的因素。不同于其他很多关于知识共享研究的是，他们着眼于跨组织的而非组织内的知识共享。因此，不能依赖组织文化、规范、和/或报酬来产生共享行为。他们发现，声誉、承诺和核心性（个体在网络中的重要性）等因素能显著地影响个体的知识贡献，而享受帮助别人的快乐、自我鉴定、在该领域的地位，以及回报的义务不能预测个体的知识贡献。Bock，Zmud，和 Kim（2005）也对知识共享的影响因素进行了调查。他们测量的因素包括外在报酬、互动关系、自我价值的感知，以及组织气氛。不同于 Wasko 和 Faraj（2005）的研究，他们着眼于组织内部而非跨组织的个人之间的知识共享。他们发现预期的互动关系、自我价值的感知，以及组织气氛（公平性、亲和性、创新性）影响共享的意愿，这样的影响或者通过态度影响共享（如预期的互动关系），或者是通过主观规范（如自我价值和组织气氛）起作用。另一篇由 Kankanhalli，Tan 和 Wei（2005）写的论文也是关于影响个体对知识库贡献的因素的。这篇文章中考虑的影响因素被分解为成本（失去权力、编码化的辛劳），外在报酬（组织的报酬、形象、互惠）和内在报酬（自我效能和帮助别人的快乐）。在这 10 个假设关系中只有 4 个得到支持，主要的发现是内在报酬可以比外在报酬更好地预测个人对电子知识库的贡献。但是这项研究的文化背景——位于新加坡的公众组织——没有被考虑进来。

如前所述，这类文章中有两篇是研究知识共享的。第一篇是 Taylor（2004）的文章，他调查了认知类型（分析型 vs. 自觉型）对知识管理系统使用的影响，还探讨了对知识管理系统感知有用性的影响因素。该研究不同于其他研究知识共享的文章那样包含了特定和可控的激励因素,而是在个体层面进行分析,调查了个体内在特性(如认知类型)的作用,这不是组织可控制的。所以结论虽然有趣,但不具有必要的可操作性。第二篇文章是 Markus(2001)发表的对知识可重用现象的一个很好的描述,该文描述了不同类型的知识重用情境和不同类型的知识重用者。虽然不是实证研究,这篇文章还是提供了对知识重用的丰富的描述以及各类影响知识库内容质量的因素。

# 7　知识管理系统的作用

一个组织采用知识管理系统的最终目的是希望改进知识员工的绩效。在美国的 1.37 亿劳动力中有 4800 万可归为知识工作者(Mckinsey,2005),提高这些工作者的劳动生产力将提高组织绩效。令人吃惊的是,仅有一篇文章主要关注于知识管理系统的作用。有几项研究已经综述了在模型中整合进"知识管理系统的满意度"或者"感知知识管理有效"变量的最新研究进展,但这些研究大多是关注满意度或感知有效的成因。一篇由 Tanriverdi(2005)写的重点关注知识管理系统影响的论文,研究了"IT 关联"和知识管理(KM)能力对企业绩效的影响。他所说的 IT 关联是指 IT 架构、IT 战略制定过程、IT 人力资源管理过程,以及 IT 供应商管理过程。知识管理能力是指产品 KM 的能力、客户 KM 能力、和管理 KM 能力。他发现 IT 关联、知识管理能力和企业绩效之间有相关性。

# 8　其他

最后讨论那些不适合分到其他类别中但仍包含一些有趣主题的文章。下述 3 篇文章之所以被选入是因为它们都采用知识管理理论作为工具来解释非知识管理的组织现象。Edmondson,Winslow,Bohmer,and Pisano (2003)进行了一个有意思的研究,他们观察了在采用以提高绩效为目的的新技术之后的隐性及编码性知识的共享过程。他们的文章旨在理解新技术被应用时绩效的改进是如何发生的——这里的新技术在他们的研究中使用的是新医疗技术。这篇论文借助于知识管理理论,尤其是知识工作者(医务人员)的隐性及编码性知识的功能,来解释如何促进新技术的有效利用。第二篇文章的作者是 Majchrzak,Malhotra 和 John (2005)。这些作者考察了协同技术(或者如何使团队有效合作的知识)是怎样在虚拟团队环境下发展起来的。他们提出如果运用 IT 支持的语境化策略,虚拟团队中的个体将开发出更多的协同技术。最后,由 Morgan 等人(2003)所写的论文开发了一个在出口企业环境下的知识管理框架。在某些方面出口企业,类似于跨部门产品开发团队,有明显的知识边界需要跨越。在这篇文章中,他们考察了出口企业的知识基础,包括经验和信息知识,并论证了这些知识基础如何影响出口企业的销售计划和执行能力,并最终导致适应性绩效。他们指出知识管理策略应该致力于努力运用已有的知识基础发展相应的能力来使组织适应新的环境。

# 9  结论

基于以上的文献综述,我认为以下几点应引起学者们的注意:

(1) 很多研究是在知识员工个体层面或团队层面进行的,组织层面的研究较少。对组织层面的研究可能有助于加深我们对知识管理系统如何改进组织绩效和竞争力的理解。

(2) 有很多研究已经考察了知识的创造、传递和共享,但较少关注知识的存储或知识管理系统的设计。随着以文档、展示报告、讨论线程和其他如视频资料形式存在的大量知识的不断增加,需确保对更有效地储存、查找和检索机制的研究。不难想象,小的视频资料将成为知识储存的首选方式,但储存、获取和评估这样的视频资料将是值得重点考虑的问题。你可以略读文章或展示报告,而视频却不行。

(3) 有关知识管理系统使用的研究大多集中于使用的"分享"方面——内容的提供者,而非使用的"检索"方面——内容的搜寻者。有很多研究探讨了为什么人们共享他们的知识或将他们的知识贡献到知识库,但很少解释人们为什么使用或者不使用知识库里的知识,这其中有几个有价值的例外研究。对激励组织中知识检索的合适方式的研究仍应受到进一步的关注。

(4) 缺乏对知识管理系统的影响的关注。迄今为止的研究大多关注于知识管理系统使用的预测,而非最终评价知识管理系统的效益。即使包括了一些影响变量的研究,似乎并不旨在研究知识管理系统的切实影响,而是更多地关注到诸如满意度之类的软影响。

(5) 现在似乎有一种用知识管理理论来解释其他组织现象的趋势。这是在知识管理系统不再是一个热门话题之后的一个令人鼓舞的趋势,知识管理理论仍能够为长期存在的组织问题,如团队冲突、分散的劳动力的管理、合并两个或更多组织或者组织单元,提供独特的解释。因此,我预想会有更多研究将知识管理作为理论视角来帮助解释很多存在已久的组织现象。

(因为出版页数限制,本章 602～608 页在所附光盘中)

# 第17章　信息系统战略领导力①

**Elena Karahanna**[1]**，David Preston**[2]**，Daniel Chen**[2]

(1. MIS Department，Terry College of Business，University of Georgia

2. Information Systems and Supply Chain Management Department，

Neeley School of Business，Texas Christian University

3. Information Systems and Supply Chain Management Department，

Neeley School of Business，Texas Christian University)

**摘　要**　信息系统领导力对许多组织而言是一个关键的领域。因为越来越多的组织为了提高运作效率，推进信息技术战略的实施而依赖于信息系统。尽管信息系统领导作用与一般意义上的领导作用有重要的共性，但信息系统的领导作用也有其独特之处。因为首席信息官被认为是可以通过信息系统技术，深入地、多方面地对组织进行了解。因此，由于整个组织的技术接口或商业接口以及信息系统的普遍性质对这种独特的领导作用带来了挑战。本章通过首席信息官（我们称之为信息系统战略领导者）着重对信息系统领导力进行讨论。尽管信息系统战略领导力非常重要，但这一领域内以理论为基础的实证研究却相当有限。现存的研究主要是集中在首席信息官的作用和特点，首席信息官与团队最高管理者之间的关系，以及首席信息官对组织产出的影响。本章总结和集中了现存的关于信息系统战略领导力的研究，提供了当前这方面知识的研究现状，以便加以了解。我们检验那些已经被应用于研究一些现象的理论基础，以及这些研究所得出的关键结论。我们进一步找出在我们理解中产生的差距，并为今后的研究提供方向。

## 1　引言

对于在提高操作效率和加快改革和经营战略进程方面越来越依靠信息系统的组织来讲，信息系统领导力受到重大的关注（Karahanna 和 Watson 2006）。同样，信息系统领导力在由信息系统衍生价值方面是至关重要的。然而，我们对高效的信息系统领导力实践的理解仍然被限制，并且很少存在相关的基于理论的专注于主题的实验法研究。

---

① 本章由李东翻译、审校。

在历史上,信息系统的作用被认为主要是支撑后台办公操作,而没有把信息系统看作是一个关于影响公司的竞争策略的战略资源(Gupta,1991;Ross 和 Feeny 2000)。正如需要战略性的利用信息系统的投资增长和信息系统作用更加突出,信息系统领导者的角色和能力设置都从功能的管理者转变到一个致力于组织的远景和战略的领导者(Ross and Feeny,2000)。同样,首席信息官(CIO)作为组织上层梯队的角色和执行者出现了。尽管研究员和从业者在研究之前已经意识到信息系统执行者在组织中重要性(Ives and Olson,1981;Martin,1982;Rockart,1982;Benjamin et al.,1985;Doll,1985),CIO 术语被 Synnott 在 1987 年的文章中创造了,并且这个术语被普遍认为是组织中信息系统执行者的起源。

科技体系的转变(例如,源于建筑学的服务和 Web 服务),在转换产品和服务中信息科技的遍及性、外购的趋势和被敏捷系统激活的敏捷组织相应的焦点(Karahanna and Watson,2006)展现了对于信息功能行为的新挑战。这些连续的变化正在重新定义信息系统领导力的本意和 CIO 的角色。

高效的 CIO 们期望信息系统的作用向着和业务执行伙伴运行卓越(供给方领导力)方面发展,并且能够提供激活信息科技组织创造组织价值(需求方领导力)的主动性的构想(Broadbent and Kitzis,2005)。供给方领导力集中在一个高性能信息系统组织的发展,信息科技的无缝结合,以及企业和信息科技风险的管理,引导企业决定对于信息和信息科技的需求,并且提供科技如何能够改进和运作商业策略的规划。

平衡供给方和需求方的领导力并且使两方都表现出色,这是 CIO 最关注的领导力。例如,在美国最近 CIO 主管提交了一个议程(http://www.cioexecutivesummit.com/Atlanta/agenda.php),这个议程关注于给企业带来价值中 CIO 的角色,关注于与业务伙伴衡量和沟通信息科技产生的价值,关注于改变信息科技的前景,关注于 CIO 和高层主管之间的合作,关注于如何与首席组之间的控制协作和处理关系,关注于把一个科技问题转换为业务问题。

如何平衡需求方和供给方的领导力行为没有明确的解释。Kairotic 时间和这些行为的时间顺序看起来很关键(Watson 和 Karahanna,2007)。Watson 和 Karahanna 提出需求方领导力依靠并且取决于 CIO 的行为,这些行为是为了构建通过供给方的可行性和通过高层管理团队(TMT)积累社会资本。他们认为,为了实现从完全的需求方领导力(也就是说,CIO 作为一个独立的运作领导者)到 CIO 在组织中作为一个战略伙伴的需求方领导力的转变,CIO 们需要积累过渡期的资本。这个过渡期的资本是通过良好的可操作性,社会资本的发展以及 CIO 行为的适当顺序和 kairotic 时间来获得的。

假定信息系统领导者面临着问题的普遍性和战略重要性,令人吃惊的是领导力调查受到很少的关注。当很多研究存在时,很少有基于理论的经验主义研究。

事实上,CIO 和其他的首席层领导者仍然在努力弄清楚 CIO 的效力是什么 (Forrester Report,2005;Lieberman,2004),还想弄清楚与其他高层执行者相比高于平均离职率和作为信息科技领导较短任期的原因(Karimi 和 Gupta,1996)。

　　虽然缺乏基于理论的经验主义信息系统战略领导力的研究作为一个可能的解释,这个解释就是指从高层主管收集数据的困难,但另外一个可能性就是信息系统战略领导力与任何其他战略领导力没有不同。假如这是事实,那么就没有充分的理由去理解信息系统领导力的研究,信息系统领导力的研究认为大量的关于领导力的研究具有存在性。然而,带给 CIO 们特殊挑战的信息系统使得信息系统战略领导力受到普遍的关注。

　　最后我们对信息系统战略领导力和通常的信息系统领导力加以区分,并且提供了一个定义。我们深入地探讨了信息系统战略领导力和通常的信息系统领导力相比所具有的唯一特质。我们回顾了关于信息系统领导力的现有文献,验证了优势的观点,集成文献成为理论模型,这个模型获取了我们当前对一些现象的理解并提供了未来研究的方向。

# 2　定义信息系统战略领导力

　　由于信息系统是一个相对比较新的概念,所以,关于它的准确定义还没有达成一致。在信息系统领域,"信息系统领导力"这一术语被赋予了多种的含义。因此,许多理论家和实践家认为信息系统领导力包含了一系列的主题内容,如:项目管理、人力资源管理信息系统以及一些其他的业绩管理。

　　尽管在信息系统领域取得了一些明显的效益,但是我们仅仅是从战略领导力方面来考察信息系统领导力的,或者说是从领导力的执行水平来考察信息系统领导力的(Karahanna and Watson,2006)。因此,必须对领导能力和管理能力作一个清晰的区分。

　　Finkelstein and Hambrick(1996)指出:"关于(战略)领导力的概念,一些主流的思想是集中在对单独的执行能力的考察方面。"因此,战略领导力是指通过执行者来显示的领导力,通过执行者的战略选择和战略实施对组织绩效产生深远的影响。假定首席信息官管理着一个能够影响整个组织以及经营战略的职能部门,那么,首席信息官就能够影响该组织的战略选择。因此,信息系统战略领导力是首席信息官从一个适当的角度来看待领导力。

　　我们将信息系统战略领导力定义为,由组织的首席信息官或者信息系统最高执行者通过设立方向,创立承诺,在制度上、政策上和心理上的动员以及其他资源,来促进战略的实施,并调节信息系统模块来适应不断变化的环境,这样它能够增加信息系统模块的价值,实现组织的共同目标(Karahanna and Watson,2006)。因此,信息系统战略领导力包含了大部分关于领导力的定义中的潜在假设条件:激励、指导、组织的故意影响以及其促进作用(Karahanna and Watson, 2006;Yukl,2001)。

信息系统战略领导力有何不同?

信息系统战略领导力与一般意义上的领导力有所不同,是因为希望首席信息执行官可以使整个组织对信息系统技术有深入的多方面的理解。由于技术/业务接口需要首席信息官具有技术和业务双重方向,由此带来了对特殊领导力的挑战(Karahanna and Watson 2006)。这些不同主要表现在两个方面:一是在与其他首席执行者交流时不同;二是通过在(技术)操作和(业务)战略任务两者矛盾中的优先权以及精力关注的不同来定义首席信息官的职责。

假设典型的首席信息官对技术领域都很熟悉,那么对首席信息官一般来说比较困难的是,在非技术领域与业务主管非常清楚地交流信息的技术价值(e. g.,Feeny et al,1992)。另一方面,典型的业务主管一般对"评估和优化 IT 投资,对 IT 能力的理解,评价业绩中信息系统的作用以及对首席信息官贡献的评价(e. g.,Earl and Feeny,1994;Westerman and Weill,2004)"不熟悉(Karahanna and Watson 2006,p. 2)。这些组合起来就形成了对独特领导力在完成战略合作伙伴方面的挑战,以及在 CIO 和 TMT 之间对 IT 在组织中的作用达成共识方面的挑战(e. g.,Feeny et al,1992;Henderson,1990;Nelson and Cooprider,1996;Preston and Karahanna,2004),以及信息系统能力和业务战略之间战略策应的启示(e. g.,Reich and Benbasat,1996;Rockart et al.,1996;Chan,2002;;Hirschheim and Sabherwal,2001)。

它对同时提供"无缝服务,整个组织以及客户和供应商协同空间的透明集成技术,找到支持业务战略正确的 IT 结构方案,锻造整个组织的关系,并担当起战略伙伴。CIO 的角色在战略和操作方面本质上存在着冲突,并且执行和兑现这些都可能构成挑战"也是一个挑战(Karahanna and Watson,2006,p. 2)。

因此,CIO 在组织中面临着一系列独特的领导力的挑战和机遇,这些都是在建立 IS 战略领导力理论时需要考虑在内的。现存的战略领导力的理论提供了广阔的理论视角,它可以帮助我们理解现象的某些方面,他们无法应付特殊的挑战和信息系统战略领导力的独特性。研究需要不断地发展和检验那些特别侧重于信息系统战略领导力理论,并将其独特性考虑在内。

# 3 当前的研究成果

为了引导关于信息系统战略领导力的文献回顾,我们了解以前的信息系统战略领导力使用 Webster 和 Watson 在 2002 年提出的三个阶段来进行研究。首先，利用我们定义的信息系统战略领导力的关键词，这些关键词来自于我们查询的没有时间约束的期刊数据库和我们浏览的 1980 至 2006 年的前沿的期刊和会议录中的文章的标题。这个搜索既包含信息系统期刊，也包含战略管理的期刊，该搜索通过对全文中的"chief information officer"，"CIO"，"CEO and information systems"，"IS leadership"等关键字的查找来完成。每篇文章的题目和摘要都会被检查用来评价是否包含的内容被授权（例如，牵涉到的文章，或者相关的文章，信息系统战略领导力的问题）。期刊数据库包含商业资源数据库和过刊全文库。期刊包括（完整的目录在表 1 中），管理信息系统季刊，管理信息系统杂志（JMIS），信息系统研究（ISR），管理学院学报（AMJ），以及战略管理杂志（SMJ），会议包括美国信息系统会议（AMCIS）和国际信息系统会议（ICIS）。表 1 总结了跨期刊的文章分布。其次，我们使用引文来认定文章的进一步来源。最后，我们使用社会科学引文索引和网络版科学引文索引来确定额外的文章。这个系统而全面的搜索得到了信息系统战略领导力文章，这个完整的清单被用来向作者请求。另外这个过程不包括书籍的章节，工作文件，博士论文和没有受到同等审稿的其他文章。我们对文章的分类采用概念驱动，既我们根据每个文章所提到的概念进行分类。

表 1   期刊的文章分布

| 出版物 | 选取的文章 |
| --- | --- |
| 杂志 | |
| MIS Quarterly | 18 |
| Sloan Management Review | 10 |
| JMIS | 7 |
| Harvard Business Review | 4 |
| IEEE TEM | 4 |
| Information & Management | 4 |
| Information Systems Management | 3 |
| Business Horizons | 2 |
| Decision Sciences | 2 |
| Information Management Journal | 2 |
| Journal of Information Systems | 2 |
| Journal of Information Technology | 2 |
| California Management Review | 1 |
| Communications of the ACM | 1 |
| Information Management Review | 1 |
| Information Systems Journal | 1 |
| ISR | 1 |

| 出版物 | 选取的文章 |
| --- | --- |
| Journal of Business Strategy | 1 |
| Journal of Computer Information Systems | 1 |
| Journal of Information Systems Management | 1 |
| Logistics Information Management | 1 |
| Management Decision | 1 |
| Management Review | 1 |
| McKinsey Quarterly | 1 |
| MIS Quarterly Executive | 1 |
| Omega | 1 |
| Strategic Management Journal | 1 |
| Conference Proceedings | |
| AMCIS | 7 |
| ICIS | 1 |

# 4　成果综述

## 4.1　当前新兴主题综述

　　如表2所示,这些著作可以分为8个主题,3个大的种类:CIO的特征;TMT与CIO之间的关系;以及CIO的价值创造。上述每一个主题和大类都形成一系列有关联的研究,在这些研究中的具体的主题对研究信息系统战略领导力采用了相似的观点。值得注意的是,研究往往可分为多个主题。例如,一个关于CIO效力的研究包括了CIO的特性,CIO的角色,TMT与CIO之间的关系,以及CIO效力在IS战略策应中的作用。

　　A. CIO的特性

　　(1) CIO的个人特性:技术、能力、个人品质。

　　(2) CIO的任务:(过去,现在和将来的)预期、责任、职位、义务。

　　(3) CIO效力:什么构成了有效的CIO。

　　B. TMT与CIO之间的关系

　　(1) 在IS中TMT的任务:TMT在IS中扮演什么样的角色。

　　(2) CIO/TMT的关系:首要的焦点是关键角色间的关系。

　　C. CIO的价值创造

　　(1) CIO管理IS功能模块:如何实现IS功能模块战略上的管理。

　　(2) CIO对组织产出的作用。

表 2　概念矩阵

| 研究 | 刊物 | 研究类型 | Role of CIO | CIO Effectiveness | CIO Characteristics | TMT's Role in IS | CIO/TMT Relationship | Mgmt of IS Unit | CIO/Org Impact | IS Strategic Alignment |
|------|------|----------|------|------|------|------|------|------|------|------|
| Ives and Olson 1981 | MIS Quarterly | Case Study (Descriptive/ Empirical) | X | X | | | | | | |
| Martin 1982 | MIS Quarterly | Case Study (Descriptive/ Empirical) | X | X | | | | | | |
| Rockart 1982 | Sloan Management Review | Case Study (Descriptive) | X | X | | | | | | |
| Benjamin, Dickinson et al. 1985 | MIS Quarterly | Survey (Descriptive/ Empirical) | X | | | | | | | |
| Doll 1985 | MIS Quarterly | Survey (Descriptive/ Empirical) | | | | X | | | | |
| Lederer and Mendelow 1987 | MIS Quarterly | Case Study (Descriptive/ Empirical) | | | | X | X | | | |
| O'Riordan 1987 | Journal of Information Systems Management | Theoretical/ Descriptive | X | X | | | | | | |
| Synnott 1987 | Information Management Review | Theoretical/ Descriptive | X | X | | | | | | |
| Highbarger 1988 | Management Review | Theoretical/ Descriptive | X | X | | | | | | |
| Lederer and Burky 1988 | Journal of Information Systems | Survey (Empirical) | | | | X | X | | | |
| Lederer and Mendelow 1988 | MIS Quarterly | Case Study (Empirical) | | X | | X | | | | |

续表

| 研究 | 刊物 | 研究类型 | Role of CIO | CIO Effectiveness | CIO Characteristics | TMT's Role in IS | CIO/TMT Relationship | Mgmt of IS Unit | CIO/Org Impact | IS Strategic Alignment |
|---|---|---|---|---|---|---|---|---|---|---|
| Ashmore 1989 | Journal of Business Strategy | Theoretical/ Descriptive | X | | | | | X | | |
| Bantel and Jackson 1989 | Strategic Management Journal | Survey (Empirical) | | | | X | | | | |
| Lederer and Mendelow 1989 | JMIS | Case Study (Empirical) | | | | X | | | | |
| Raghunathan and Raghunathan 1988 | Journal of Information Systems | Survey (Empirical) | | | | X | | | | |
| Raghunathan and Raghunathan 1989 | JMIS | Survey (Empirical) | | | | X | X | X | | |
| Moynihan 1990 | MIS Quarterly | Case Study (Empirical) | | | | X | | | | |
| Watson 1990 | MIS Quarterly | Survey (Empirical - Delphi Study) | | X | | | | X | | |
| Emery 1991 | MIS Quarterly | Theoretical/ Descriptive | X | | | | | | | |
| Gupta 1001 | Journal of Information Technology | Theoretical/ Descriptive | | | | | | X | | |
| Jarvenpaa and Ives 1991 | MIS Quarterly | Survey (Empirical) | | | | X | | | | |
| Applegate and Elam 1992 | MIS Quarterly | Survey (Descriptive/ Empirical) | X | | | | | | | |

续表

| 研究 | 刊物 | 研究类型 | Role of CIO | CIO Effec- tiven- ess | CIO Char- acter- istics | TMT's Role in IS | CIO/ TMT Relati- onship | Mgmt of IS Unit | CIO/ Org Imp- act | IS Str- ategic Align- ment |
|---|---|---|---|---|---|---|---|---|---|---|
| Davenport, Eccles et al. 1992 | Sloan Management Review | Theoretical/ Descriptive | | | | | | X | | |
| Feeny, Edwards et al. 1992 | MIS Quarterly | Case Study (Descriptive/ Empirical) | | | | | X | | | |
| Karake 1992 | Logistics Information Management | Survey (Empirical) | X | | | | | | | |
| Raghunathan 1992 | JMIS | Survey (Empirical) | | | | X | | | | |
| Saunders and Jones 1992 | JMIS | Survey (Empirical - Delphi Study) | | | | | | X | | |
| Stephens et al. 1992 | MIS Quarterly | Case Study (Empirical) | X | | | | | | | |
| Grover et al. 1993 | JMIS | Survey (Empirical) | X | | | | | | | |
| Boynton et al. 1994 | MIS Quarterly | Survey (Empirical) | | | | | | | X | |
| Earl and Feeny 1994 | Sloan Management Review | Case Study (Descriptive/ Empirical) | X | | | | X | | | |
| Feld and Marmol 1994 | McKinsey Quarterly | Theoretical / Descriptive | | | | | X | | | |
| Karake 1995 | Information Systems Journal | Theoretical / Descriptive | | | | X | | | X | |
| Karake 1995 | Management Decision | Empirical (Secondary Data) | | | | X | | | | |
| Martin, Batchelder et al. 1995 | Harvard Business Review | Theoretical/ Descriptive | | | | X | | | | |

续表

| 研究 | 刊物 | 研究类型 | Role of CIO | CIO Effectiveness | CIO Characteristics | TMT's Role in IS | CIO/TMT Relationship | Mgmt of IS Unit | CIO/Org Impact | IS Strategic Alignment |
|---|---|---|---|---|---|---|---|---|---|---|
| McLeod and Jones 1995 | Business Horizons | Theoretical/Descriptive | | X | | | | | | |
| Elliot 1996 | Decision Sciences | Theoretical/Descriptive | | | | X | | | | |
| Karimi et al. 1996 | JMIS | Survey (Empirical) | X | | | | | | X | X |
| Reich and Benbasat 1996 | MIS Quarterly | Case Study (Empirical) | | | | | X | | | X |
| Markus and Benjamin 1997 | Sloan Management Review | Theoretical/Descriptive | | | | | | | | |
| Reimus 1997 | Harvard Business Review | Case Study (Descriptive) | X | X | | | | | | |
| Bensaou and Earl 1998 | Harvard Business Review | Theoretical/Descriptive | | | | | | X | | X |
| DeLisi et al. 1998 | Business Horizons | Empirical (Interview) | | X | | X | | | | |
| Feeny and Willcocks 1998 | Sloan Management Review | Case Study (Descriptive/Empirical) | X | | X | | | | | |
| Pervan 1998 | Journal of Information Technology | Survey (Empirical/Descriptive) | | | | X | X | | | |
| Armstrong and Sambamurthy 1999 | Information Systems Research | Survey (Empirical) | | | | X | X | | | |
| Earl and Scott 1999 | Sloan Management Review | Case Study (Descriptive/Empirical) | X | | | | | | | |
| Luftman and Brier 1999 | California Management Review | Survey (Empirical) | | | | | X | | | X |

续表

| 研究 | 刊物 | 研究类型 | Role of CIO | CIO Effec-tiven-ess | CIO Char-acter-istics | TMT's Role in IS | CIO/ TMT Relati-onship | Mgmt of IS Unit | CIO/ Org Imp-act | IS Str-ategic Align-ment |
|---|---|---|---|---|---|---|---|---|---|---|
| Earl and Feeny 2000 | Sloan Management Review | Case Study (Descriptive/ Empirical) | | | | X | | | | |
| Maruca 2000 | Harvard Business Review | Descriptive | X | X | | | | | | |
| Reich and Benbasat 2000 | MIS Quarterly | Case Study (Empirical) | | | | | X | | | X |
| Willcocks and Sykes 2000 | Communic-ations of the ACM | Case Study (Descriptive) | X | | | | | X | | |
| Chatterjee et al. 2001 | MIS Quarterly | Empirical (Secondary Data) | | | | | | | X | |
| Kwak 2001 | Sloan Management Review | Descriptive | | X | X | | | | | |
| Basu et al. 2002 | Information & Management | Survey (Empirical) | | | | X | | | | |
| Launchbaugh 2002 | Information Management Journal | Descriptive | X | | | | | | | X |
| Onan and Gambill 2002 | Journal of Computer Information Systems | Survey (Empirical/ Descriptive) | X | | X | | | | | |
| Rifkin and Kurtzman 2002 | Sloan Management Review | Theoretical/ Descriptive | | | X | X | | | | X |
| Sauer and Willcocks 2002 | Sloan Management Review | Descriptive | | | X | | | | | X |

续表

| 研究 | 刊物 | 研究类型 | Role of CIO | CIO Effectiveness | CIO Characteristics | TMT's Role in IS | CIO/TMT Relationship | Mgmt of IS Unit | CIO/Org Impact | IS Strategic Alignment |
|---|---|---|---|---|---|---|---|---|---|---|
| Smith 2002 | Information Management Journal | Descriptive | X | | | | | | | |
| Enns 2003 | MIS Quarterly | Survey (Empirical) | | X | | | X | | | |
| Grupe et al. 2003 | Information Systems Management | Descriptive | X | | | | | | | |
| Leidner, Beatty et al. 2003 | MIS Quarterly Executive | Empirical (Interview) | | | | | | X | | |
| Soliman 2003 | Information Systems Management | Survey (Empirical) | | | | | | X | | |
| Stokes 2003 | Information Systems Management | Descriptive | X | X | | | | | | |
| Kearns and Lederer 2003 | Decision Sciences | Survey (Empirical) | | | | X | | | | X |
| Kearns and Lederer 2003 | Information & Management | Survey (Empirical) | | | | X | X | | | |
| Lewis and Bernard 2003 | AMCIS Proceedings | Theoretical | X | | | | | | | |
| McClean and Smits 2003 | AMCIS Proceedings | Theoretical | X | | | | | | | |
| Qu 2003 | AMCIS Proceedings | Empirical (Secondary Data) | | | | X | | | | |
| Rattanasampan and Chaidaroon 2003 | AMCIS Proceedings | Theoretical | | | X | | X | | | |

续表

| 研究 | 刊物 | 研究类型 | Role of CIO | CIO Effectiveness | CIO Characteristics | TMT's Role in IS | CIO/TMT Relationship | Mgmt of IS Unit | CIO/Org Impact | IS Strategic Alignment |
|---|---|---|---|---|---|---|---|---|---|---|
| Preston and Karahanna 2004 | ICIS Proceedings | Survey (Empirical) | | | X | | X | | | |
| Sanchez, Kappelman et al. 2004 | AMCIS Proceedings | Survey (Empirical) | | | | | | | X | |
| Williams et al. 2004 | AMCIS Proceedings | Theoretical | | X | | | X | | | |
| Johnson and Lederer 2005 | JMIS | Survey (Empirical) | | | | | X | | X | |
| Ranganathan and Jha 2005 | AMCIS Proceedings | Empirical (Secondary Data) | | | | | | | X | |
| Kearns 2006 | Omega | Survey (Empirical) | | | | X | | | | |
| Li et al. 2006 | IEEE TEM | Survey (Empirical) | | | X | | | | X | |
| Lin 2006 | Information & Management | Survey (Empirical) | | | | | X | | | |
| Newkirk and Lederer 2006 | Information & Management | Survey (Empirical) | | | | | X | | | |
| Preston et al. 2006 | IEEE TEM | Survey (Empirical) | | | X | | X | | | |
| Smaltz et al 2006 | IEEE TEM | Survey (Empirical) | X | X | | | | | | |
| Tan and Gallupe 2006 | IEEE TEM | Empirical (Cognitive Mapping) | | | | | X | | | X |

（因为出版页数限制，本章 623～641 页在所附光盘中）

# 第18章 群决策支持系统：
# 研究现状和前景展望[①]

**W. W. Huang[1], K. L. Wang[2], H. Z. Shen[3] and R. T. Watson[4]**

(1. MIS Department, College of Business, Ohio University;
and Harvard University, USA

2. Management School, Xi'an Jiaotong University, China

3. Management School, Shanghai Jiaotong University, China

4. MIS Department, Terry College of Business, University of Georgia, USA)

**摘　要**　在现代组织和社会中，人们必须以群体或小组为单位完成很多工作。但是，群体工作往往是低产出、没有效果的。群体支持系统(GSS)是一个横跨管理科学、计算机科学、社会心理学等多个学科的研究主题，能够弥补群体工作的不足之处，得到更好的群决策效果，有效提高群决策的效率。本章简单回顾了 GSS 的发展历程，介绍了重要的 GSS 理论，并且给出了 GSS 在企业中的实际应用案例。最后，本章总结了 GSS 的发展现状，在结论中探讨了 GSS 研究成果在将来的应用。

## 1 GSS 概述

不论大型企业还是中小型企业每天都要就许多生死攸关的问题做出有效决策。后工业时代的企业面临的是知识、复杂性、干扰日益增多的环境。在这样一种环境中，个体收集并处理全部所需信息、掌握全部所需知识、解决越来越复杂的组织问题是不可能的。俗话说："二个臭皮匠顶个诸葛亮。"在现代企业和现代社会中，解决复杂的组织问题时，绝大部分工作都是以群体为单位完成的。现代社会正越来越广泛地采用群体决策方式，将群体中每一个体的知识、智慧、信息处理能力融合在一起。

群体有两个或两个以上具有相同兴趣的成员组成。成员间面对面进行互动、沟通，共同解决企业面临的问题。在召开小组会议时，成员们通过各种各样的沟通渠道共享信息、提出并构思某些想法、起草规章制度和业务流程、达成共识、最终作

---

[①] 本章由罗艳翻译、审校。

出决策。在后工业社会中，人们必须更快速、更频繁地就越来越多的复杂的企业问题作出决策。不幸的是，群体决策往往是没有效果、徒然的。因此，对于一种高效率、效果显著的决策工具的需求变得日益重要。另一方面，企业经营者发现难以在安排时间参加决策会议和专注于自己的管理业务两者之间找到平衡点。在美国，据报导会议充斥了每一分钟。企业经营者将工作时间的 25%～50% 花在开会上，而这些时间有一半被浪费掉了。将来，后工业时代企业日益增加的复杂性和动荡性有可能需要更多的群体决策。因此，企业经营者可能将更多时间花在开会上。更多时间用来开会意味着更少的时间用在管理上。会议对经营者时间的要求同样需要开发、实施新的方法，使群决策会议更加高效。

因此，群决策会议的效果和效率亟待提高。这方面工作应致力于增加决策过程所"得"，同时减少决策过程所"失"。前人所提出的方法，例如手工处理信息的名义群体法和德尔菲法不能完全满足后工业社会的需求。群体决策支持系统看起来正是人们所需要的。它在小组会议时支持问题形式化和问题求解，是计算机技术、通信技术和决策支持技术的结合体(DeSanctis and Gallupe，1987)。因此，在过去的 20 年中，人们展开了许多 GSS 的相关研究。

GSS 的相关研究横跨管理科学、组织行为学、计算机科学、数据通信、社会心理学等多个学科。国际会议上和学术期刊中越来越多地有关 GSS 的论文是 GSS 相关研究迅速发展的有力佐证。GSS 是一个令人兴奋的研究领域，正如 Gary Dickson 在 1992 年美国召开的管理学术年会上所说的那样，GSS 是信息系统技术发展过程中为数不多的研究指导实践的领域之一。

## 1.1　小组会议和 GSS

知识是后工业社会的重要特征，海量知识是不断变化的，因其具体内容繁多且具有动态性所以非常复杂，而且知识的不可控性是与日俱增的(Huber，1984)。社会本身是不断变化的。这一特点由动荡性和公共、私营企业组织反映出来。

现代社会越来越依赖的技术也在快速变化着。在某种程度上有些自相矛盾的是，社会面临着许多难以解决的，甚至有一部分显然难以驾驭的问题。

人们必须头脑清醒地认识到问题的解决、规则和战略的建立都应当符合现代问题的特点。这一过程中决策群体往往比个体做得更好。

因此，当现代企业面临复杂的组织问题时，群体的努力至关重要。换言之，任何个人都难以处理复杂、动态的组织问题，而由各种专长和经验组成的小组是解决复杂企业问题的更好选择(Huang and Zhang，2004)。

群体共事和决策制定有多种正式和非正式形式。非正式群体工作包括非正式谈话、建设性对话、工作模式固定的创意思维工作室等。群体共事的更正式的方式往往是小组会议,小组成员常常在指定的时间和地点会面,按照会议议程讨论具体议题,并且得出结论。

根据文献,在美国,人们每个工作日都要将大量时间花在小组会议上,每天美国大约有 1100 万个小组会议。这些会议大约相当于 1 亿小时专业和高管人员的生产力。引用了许多有关小组会议的评论和调查,认为小组会议对于在企业工作的员工和管理者来说是必须的,他们有 25%～80% 的时间用于开会。小组会议注定在人们的工作中扮演着重要角色。

鉴于小组会议的重要性,研究者们就提高小组会议效率的方法展开了大量研究。这些方法包括:头脑风暴法、德尔菲法、名义群体法(Nominal Group Technique,NGT)等。群决策支持系统(GSS)是基于计算机的互动系统,它支持承担共同任务的群体,将通信、计算机、决策支持工具与问题形式化和问题解决流程结合在一起,已经成为计算机支持形式之一(Huber,1984;DeSanctis and Gallupe,1987)。

虽然 GSS 对提高会议效率和效果非常重要,但是在 GSS 的商业应用和实证研究方面仍然存在一些问题,包括 GSS 采用率和使用率低下、GSS 实证研究结果不一致等等。

## 1.2　GSS 实证研究回顾

自 20 世纪 80 年代出现以来,GSS 吸引了许多信息系统研究者的兴趣。GSS 实证研究经历了诸多发展阶段。(Chuang,Huang and Zhang,2005)在(Burke,2002),(Chidambaram et al.,1990-1991),(Chuang and Nakatani,2004),(Dennis and Gallupe,1993),(Dennis et al.,2001),(Johnson and Whang,2002),(Saunders,2000),(Wheeler et al.,1999)等人研究工作的基础上,将 GSS 实证研究的发展过程分为以下六个阶段:

- 起始阶段(20 世纪 70 年代),
- 初始探索阶段(20 世纪 80 年代初期),
- 早期试验阶段(20 世纪 80 年代中期至 80 年代末),
- 实证研究阶段(20 世纪 80 年代末至 1993 年),
- 深入研究阶段(1993 年至今),
- GSS 研究前沿(20 世纪 90 年代中期至今)。

GSS 实证研究的演化过程与任何一个学科的新兴研究领域诞生过程是一致的,最初始于 GSS 概念研究。在最初的仍然比较模糊的概念基础上,这一领域富有激情的研究者们展开了探索性的研究,他们建立了最初的 GSS 系统,并且构建了 GSS 概念框架,为进一步研究打下基础。之后,GSS 实证研究进入了实验室试验阶段。许多试验是为了初步检验系统的效率和效果。在后一阶段，GSS 实证研究主要集中在 GSS 技术在企业环境中的应用，以及 GSS 对企业的实际影响方面。自 1990 年中期开始，GSS 实证研究进入较为深入的阶段。在这一阶段，研究者们深入细致地剖析了 GSS 应用的很多具体方面，例如营销、生产、信息系统发展、质量小组工作过程等等。与此同时，随着新技术的引入，GSS 研究发展到了一个新的里程碑。一方面，GSS 研究拓展到了基于网络的 GSS 设计、电子协作、虚拟小组。另一方面，GSS 研究需要更为复杂的研究设计，用于检验 GSS 应用的某些特殊方面，例如，具体 GSS 软件和具体群体特征的应用。此外，GSS 研究结果的不一致性还有待研究者们进一步用理论加以解释。

综上所述，自 20 世纪中期以来，GSS 实证研究进入了一个新纪元，研究的焦点已经转向"应用 GSS 有什么影响，为什么有这些影响，以及在什么情况下会出现这些影响"(Dennis and Gallupe, 1993: 69)。特别值得一提的是，GSS 研究结果的不一致性需要研究者们提出解释性的理论(Chuang, Huang and Zhang, 2005)。

## 2　文献综述和 GSS 研究现状

### 2.1　GSS 发展背景

#### 2.1.1　提高群体绩效的技术

以往的研究者们曾试图通过加强典型收益，同时减少效率低的方面来提高群体绩效。通过这些研究，提出了各种各样的群体干预技术。三种代表性技术描述如下，从而可以区分其特征。

- 头脑风暴法(Gallupe et al., 1991)

头脑风暴法由 A. F. Osborn 于 20 世纪 30 年代提出，最初用于其所从事的广告职业的申请。1957 年，Osborn 出版了《应用想象》(*Applied Imagination*)一书，提出下列理论：如果小组成员避免评价自己和他人提出的想法，专注于提出脑海中有关某一议题的所有想法，那么小组会得到更多想法。为了得到更多、更好的想法，头脑风暴会议常使用下列规则：

a. 尽可能多地提出想法，

b. 想法越发散越好，

c. 提高或结合已经提出的想法，

d. 进入评估阶段以后，才可以批评其他小组成员的想法，在此之前不要批评他人的任何一个想法。

长期以来，头脑风暴法一直是小组讨论产生想法的有力工具。与独立工作相比,每个成员所提出的想法一致性更少,这一点是头脑风暴法遭到批判的地方。这应当归因于小组环境中的社会惰性、评价忧虑和生产障碍(Gallupe et al. , 1991)。

- 名义群体法(Nunamaker, et al. 1991)

名义群体法由 Andre L. Delbecq 和 Andrew H. Van de Ven 于 1968 年提出,这一技术源自对公民参与的群体决策问题所作的研究。

名义群体法是一种结构化方法。当群体对决策问题无法达成一致意见或者对问题本质的认知不完整时,可以用名义群体法激发有创造性的群决策过程。在使用名义群体法进行决策的过程中,群体成员独立工作,相互之间不进行沟通,按顺序完成下列活动:

a. 将各自安静思考后产生的想法记录下来,
b. 将所有想法在一张活动挂图上循环列出,
c. 整个群体逐一讨论每个想法,
d. 群体成员独立、安静地将所有想法按照优先值排序,
e. 群体对优先值进行讨论,
f. 成员再次独立地对想法进行优先值排序。

名义群体法是基于社会心理学研究的,这种方法意味着在产生质量更高,数量更多、更好的事实查找型任务信息的分配方面,上述程序比传统的小组讨论方式更好。名义群体法的成功主要依靠协助者的技巧,以及参与者所接受的培训。当然,这一方法无法避免群体相互作用过程中的某些无效行为,例如害怕发言、会议计划和组织不够好、容易妥协、缺乏匿名性、缺少参与性、想法冗余等等。

- 德尔菲法(Nunamaker, et al. 1991)

德尔菲法是一项决策专家群体的管理技术,由兰德公司提出。专家们相互不见面,他们对其他专家的身份也一无所知。一般地,这种方法一开始是要求每位专家提供有关待解决问题的独立撰写的任务或意见(例如:预测),以及任何支持性的争论和假设。这些意见交给德尔菲协调人,这位协调人负责编辑、整理、总结所有资料。然后,这些意见匿名反馈给所有专家,同时反馈给专家的还有第二轮的问题或专题。问题和反馈反复进行多次,逐渐变得具体,直到所有成员达成一致为止,或者直到专家们不再改变立场。

德尔菲技术的优势在于匿名性、多种意见,以及持有截然不同的意见和假设的成员间的沟通。同时,它避免了许多否定的效果,例如:主流行为、群体思维、顽固化不肯改变想法,这些弊端往往与面对面的决策技术直接相关。

尽管德尔菲技术是匿名的,而且能够鼓励某些原创性的想法,它也有许多限制。这种方法很慢、费用高,并且仅限于一个讨论议题(例如:技术预测、某一项目是否继续下去)。

### 2.1.2　GSS 发展历程

头脑风暴法、名义群体法、德尔菲法等旨在提高群体绩效的技术是在过去 20 年中提出的。从 20 世纪 80 年代初期开始，随着个人电脑(PC)的普及，以及网络系统的进一步发展，研究者们再一次将他们的注意力投向了提高群体绩效方面信息技术(IT)的使用。信息技术的这种支持作用有许多表现形式，包括：计算机会议系统、群决策支持系统(GDSS)(DeSanctis and Gallupe, 1987；Huber, 1984；Kraemer and King, 1988)、(后来于 1993 年变为)群体支持系统(GSS)、电子会议系统(EMS)、计算机支持的协同工作(CSCW)、协同技术、群件等等。

当今的 GSS 环境可以追溯到 Engelbart 在 20 世纪五六十年代所做的工作。Engelbart 富有创新思维，他发明了鼠标、创建了 Windows 操作系统、提出了超文本、建立了个人计算系统。1975 年，Wagner 建立起一个研究系统，名为思维视屏(Mindsight)。思维视屏包括一个设施完备的会议室，室内安装了图表展示屏和配有彩色投影仪的公共屏幕，室内装饰风格也有助于小组讨论。会议室隔壁是一间专供社会心理学家通过单向可视镜观察会议的房间。综合上述两方面工作，GSS 的发展起源于 Engelbart 的远景展望和 Wagner 实施的思维视屏系统(Wagner et al., 1993)。

20 世纪 80 年代早期，亚利桑那大学建立了世界上最早的 GSS 之一：Plexsys，同时构造了一种计算机辅助的小组会议设备。在同一时期，Lewis 在他的博士学位论文中建立了用于调查计算机支持的会议的"协助者"(Facilitator)。后来，被转化成用于 Windows 的商业产品"会议工作"(MeetingWorks)。20 世纪 80 年代中期，明尼苏达大学建立了名为 SAMM(Software Aided Meeting Management，软件辅助会议管理)的 GSS。研究人员最初用它构建 GSS 成功应用的理论基础(DeSanctis and Gallupe, 1987)。

20 世纪 80 年代后期，亚利桑那大学的研究者授权 Ventana 公司将 Plexsys 转化为产品用于产业和政府部门。自 20 世纪 90 年代起，从诸多商家那里可以购买到尖端、复杂的 GSS 产品，如：VisionQuest(Ventana Corporation)、TeamFocus(IBM)、MeetingWorks for Windows(Enterprise Solutions, Inc.)等等。

## 2.2　GSS 基础

### 2.2.1　GSS 的定义

GSS 一词源于(Huber, 1984)提议的 DSS 拓展定义。Huber 在他的 GSS 研讨会论文中提出了与群体决策支持系统(GDSS)设计有关的诸多专题，并将 GDSS 定义为"包含软件、硬件和语言的一套构件和程序，用于支持参加决策会议的一群人"(Huber, 1984)。

(DeSanctis and Gallupe, 1987)将这种 DSS 定义为基于计算机的人机交互系统,该系统能够通过决策者的群体性工作帮助解决非结构化问题。他们把这种系统称为群决策支持系统(GDSS)。为了将 GDSS 的用途拓展到决策以外的其他支持性活动,在 1993 年举行的第 26 届夏威夷系统科学国际会议上,GDSS 改为 GSS (Jessup and Valacich, 1993)。从此以后,GSS 和 GDSS 可以互换使用。

总结上述代表性的 GSS 定义,可以得出下列结论:

- GSS 是一种基于计算机的"社会技术"(Turoff et al., 1993),设计 GSS 的目的是提高群体工作(如:问题解决和决策制定)的效率。
- GSS 由软件、硬件、人、程序构成。
- GSS 可以同一时间在同一地点使用,也可以在不同时间异地使用。

GSS 可以定义为由软件、硬件、人、程序构成的基于计算机的"社会技术",旨在帮助群体完成他们共同承担的工作,不论他们是同一时间在同一房间,还是不同时间在不同地点。

时间/地点结构

(Gerardine and Gallop, 1987)在时间/空间框架基础上解释了不同的 GSS 分类。时间要素描述了群体成员相互作用的时间,地点要素描述了群体成员相互作用时的位置。这一框架描述了四类不同的 GSS。表 1 给出了这些分类和实例。

**表 1　GSS 分类的时间/地点结构图**

| | 相同时间 | 不同时间 |
|---|---|---|
| 相同地点 | 决策会议室 | 项目会议室 |
| 不同地点 | 视频会议 | 电子邮件 |

GSS 框架的情境设置包括:

a. 同时/同地。在这种情境下,参与者们在同一地点、同一时间会面,例如:决策会议室。

b. 同时/异地。这一情境指的是会议成员分布在不同地方,但是可以同时交流、沟通,例如:电话会议、视频会议。

c. 不同时/同地。这种情境发生在人们轮班的情况下。第一轮上班的人将消息留给第二轮上班的人。项目会议室是实例之一。

d. 不同时/异地。在这种情境下,参与者身处异地,他们在不同时间收发消息。电子邮件系统就是一个实例。

## 2.2.2　GSS 应用的支持水平划分

GSS 系统构件包括硬件、软件、人、程序。这些构件配置在一起,用于支持参加

决策会议的一群人。根据构件的复杂程度,GSS 可划分为以下三个水平:

a. 一级 GSS,旨在提高群体成员间的沟通水平。系统收集、整理、交流群体成员关于某一问题的意见和判断。此类系统具有匿名的特征,但是没有数据库。

b. 二级 GSS,具备一级 GSS 的所有特征和功能。此外,它包含个人水平和群体水平的复杂的决策支持工具,如电子制表软件和分配模型。

c. 三级 GSS,是在二级 GSS 特征的基础上进一步建立起来的。它利用人工智能和专家系统技术产生计算机引导的提示,并且给出群体成员间的交流模式。

世界上许多大公司,象 IBM、NCR、苹果、微软、Lotus、惠普等等,已经在 GSS 开发方面投入了大量资金。本章讨论了两种最常用的 GSS 系统——GroupSystems 和 SAMM。

### 2.2.3　群决策辅助的类型

根据(DeSanctis and Gallupe,1987)所做的文献综述,(Kraemer and Pinsonneault,1990)将群体的技术性支持分为两类:

- 群体沟通支持系统(GCSS)
- 群体决策支持系统(GDSS)

(Kraemer and Pinsonneault,1990)将 GCSS 描述为用于支持群体成员间的沟通过程的信息帮助,其基本目的是减少群体沟通障碍。基本上,GCSS 为产生、收集、汇编各种想法提供信息控制(如数据存储、恢复)、表示能力(例如图形显示能力,大型视频显示能力)、群体协作支持等。(Kraemer and Pinsonneault,1990)还强调 GCSS 能够提供(DeSanctis and Gallupe,1987)所提出的一级和三级支持。GCSS 的实例包括电视会议、电子邮件、电子公告牌、(Kraemer and Pinsonneault,1990)分辨出的本地群网络。

(Kraemer and Pinsonneault,1990)认为 GDSS 是以某种方式力图构建群决策过程的系统。GDSS 能够通过决策模型支持成员的独立决策过程。这在本质上与 DSS 应用于群体而不支持群体过程相一致。GDSS 技术支持个体在群体中的决策过程。此类系统有"如果…,将怎样…"(what if)分析、PERT、预算分配模型、选择模型、分析和推理模型、Zachary 所讨论的判断提炼模型等等。GDSS 也有可能采用群体决策过程技术的形式,用于支持群体决策过程。这种支持的实例包括自动化的德尔菲技术、名义群体技术、信息中心、决策会议、协作实验室由(Kraemer and King,1988)提出。这与(Kraemer and King,1988)的二级支持是一致的。

## 2.3　GSS 与群体研究框架

目前,研究人员已经提出了许多 GSS 和小群体研究框架,包括(McGrath,

1984)、(DeSanctis and Gallupe, 1987)提出的那些框架。

### 2.3.1 小群体研究框架

(McGrath, 1984)将(Shaw, 1973)等人的研究工作加以整合,提出了群体任务环状图。他根据会议期间群体必须完成的事宜,将群体任务分为 8 种类型,主要概念如图 1 和表 2 所示。

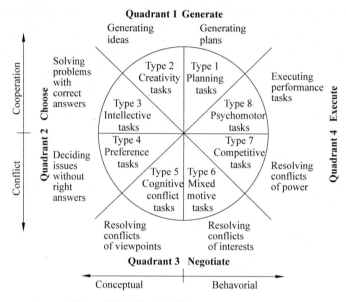

**图 1　群体任务环状图（McGrath，1984）**

表 2　任务类型的关键概念

| 任务目标 | 任务类型 | 关键概念 |
| --- | --- | --- |
| 产生 | 计划型任务<br>创造型任务 | 产生计划。<br>头脑风暴,产生新的想法。 |
| 选择 | 智力型任务<br>偏好型任务<br>（决策任务） | 选择正确的替代性想法,或将这些想法排序。<br>需要选择或排列无法客观评判其正确性的替代性想法。 |
| 谈判 | 认知冲突型任务<br>动机混合型任务 | 解决不同观点之间的冲突,而非利益冲突。<br>解决动机冲突或利益冲突,即谈判或讨价还价。 |
| 执行 | 竞争型任务<br>精神型任务 | 解决权力冲突,为取得胜利而竞争(如:战争、竞技运动)。<br>与目标或优秀的绝对标准相背而行(如:体力任务、某些运动)。 |

根据 McGrath,1984

### 2.3.2　GSS 绩效的框架

以往的 GSS 研究文献中提出了许多有关 GSS 绩效的框架(Fjermestad et al.，1998)，主要包括(Kraemer and Pinsonneault，1990)、(Nunamaker et al.，1993)、(Fjermestad et al.，1998)提出的框架。本章接下来将介绍衡量 GSS 绩效的四个主要框架。

**Kraemer and Pinsonneault，1990**

在对组织行为学和群体心理学研究进行系统回顾的基础上，Pinsonneault 和 Kraemer 提出了能够识别四组群体相互作用和群决策影响因素的模型。

- 环境变量(个人因素、情境因素、群体结构、技术支持、任务特征)；
- 群体过程变量(决策的特征、沟通特征、由 GSS 决定的结构、个体间特征)；
- 与任务相关的结果变量(决策特征、决策实施特征、对于决策的成员态度)；
- 与群体相关的结果变量(群体过程满意度、未来参与群体工作的意愿)。

该模型强调了独立的环境变量对群体决策过程，以及最终对相互关联的群体决策结果变量的影响。根据这种观点，环境变量影响群体过程变量，从而决定了与任务和群体相关的结果变量。GSS 被看作是影响群体过程的环境变量之一，如图 2 所示。

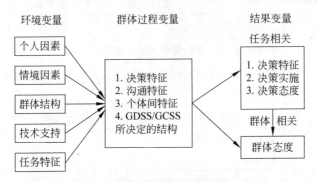

**图 2　GSS 对群体绩效的影响框架**

**Nunamaker 等(1993)**

Nunamaker 等人(1993)修改了 Dennis 等提出的研究框架，建立了 GSS 绩效的一般模型，如图 3 所示。该模型建立在群体过程中成员间的相互作用、任务、GSS 构件的环境因素(如匿名制、平行输入、群体记忆)。

他们将(Steiner，1972)提出的过程得失作为 GSS 研究模型的理论基础。他们坚持：

群体绩效/产出＝群体成员的个体绩效/产出＋群体相互作用带来的过程收益

×（增加群体绩效/产出的因素）
－群体相互作用导致的过程损失
×（减少群体绩效/产出的因素）

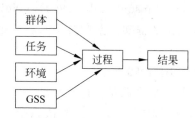

**图 3　GSS 研究的一般模型（Nunamaker 等,1993：127）**

　　根据 Nunamaker 等人的研究(1993)结论,无论群体成员独立工作还是一起工作,成员的个体绩效/产出都是相同的。因此,群体绩效/产出取决于群体过程收益和损失的平衡情况。若要实现群体绩效/产出最大化,必须增加过程收益,减少过程损失。开发 GSS 的初衷就是要通过增加过程收益、减少过程损失来提高群体绩效/产出(Nunamaker 等,1993)。表 3 列出了主要的过程收益和损失的来源。

**表 3　过程收益和损失的主要来源**

| 过程收益和损失 | 过程收益和损失的主要来源 |
|---|---|
| **过程收益** | |
| 更多信息 | 群体知识量多于任何个人的知识量。 |
| 协同作用 | 群体成员的不同知识和处理技巧取得的成果是任何独立的个体所无法做到的。 |
| 更多客观评价 | 群体在捕捉提议中存在的错误方面做得比任何一个成员都好。 |
| 激励 | 作为群体的一员,个体在工作中会受到激励和鼓舞,从而有更加出色的表现。 |
| 学习 | 群体成员可以学习和模仿技术更好的成员,从而提高个体绩效。 |
| **过程损失** | |
| 交流时间支离破碎 | 用于发言的时间必须在成员间进行分配。 |
| 生产/注意力障碍 | 一次只能有一人发言,这导致有人忘记自己的某些想法,无法与他人共享自己的想法,提不出新的想法(这些都是提取他人评价的结果)。 |
| 记忆失败 | 成员们会忘记他人所做的贡献。 |
| 一致性压力 | 群体成员出于礼貌或是害怕遭到报复而不愿意批评他人的评论。 |
| 评价忧虑 | 有些成员由于害怕得到否定的评价而保留意见和评论。 |

续表

| 过程收益和损失 | 过程收益和损失的主要来源 |
| --- | --- |
| 搭便车 | 因为认知思维不积极（cognitive loafing），需要争取沟通说话时间（the need to compete for air time），或者察觉到他们的工作不为团队所需，有些成员在完成目标时依赖他人。 |
| 认知惯性 | 群体讨论要沿着一个狭窄的、集中的方向进行下去，这样成员们才能避免做出与目前讨论不直接相关的评论。 |
| 社会化 | 由于讨论一些与任务不相关的事情而使得群体任务迷失重心，或完不成任务。 |
| 控制 | 某些群体成员过分影响或控制群体时间，往往劳而无获。 |
| 信息过量 | 提供信息的速度比吸收信息的速度快。 |
| 协作问题 | 缺乏适当的整合成员贡献的方法往往导致工作的障碍循环（dysfunctional cycling）、讨论不完整、决策不成熟。 |
| 信息利用不充分 | 信息渠道不完整或者利用不充分会阻碍群体任务的顺利完成。 |
| 任务分析不完整 | 对任务的分析和理解不完整会导致肤浅或无关的讨论。 |

Nunamaker 等，1993: 127, 129

（因为出版页数限制，本章 654～691 页在所附光盘中）

# 第 19 章　全球信息技术：回顾与展望[①]

## Felix B. Tan

（AUT University，New Zealand）

**摘　要**　本章将对全球信息技术领域的现状进行回顾，对其发展趋势进行展望，以使读者更透彻地了解在国际环境下开发、运用和管理信息技术的复杂性。

全球信息技术（Global Information Technologies，全球 IT）领域的研究成果正在与日俱增（Gallupe and Tan，1999）。尤其在 20 世纪 90 年代，不仅增加了大量与本领域有关的信息系统（Information System，IS）期刊，而且还出现了不少专注于全球信息技术的开发、运用和管理中重大问题的特定期刊。

目前 IS 文献中尚没有全球 IT 的标准定义（Gallupe and Tan 1999）。Deans and Ricks（Deans and Ricks 1993）认为全球 IT 是"MIS 与国际商业的结合（p. 58）"。而 Palvia（Palvia 1997）在其"全球 IT 研究"中，提出了一个模型，用于"评估 IT 对从事国际商务的全球组织的战略影响（p. 230）"。

本文认为，全球 IT 是指信息系统在全球/国际环境下的开发、运用和管理（Gallupe and Tan 1999），即全球 IT 处理的是管理、技术和文化方面的问题。例如，不同国家通信的基础设施、不同的 IS 质量标准、不同文化背景下的 IS 开发等。

全球 IT 研究是对全球信息系统在多个国家组织的环境下开发、运用和操作/管理的系统性研究。传统的全球 IT 研究关注的是大量单个国家在其国内环境下的信息资源管理问题。Palvia（Palvia 1998）认为，这些"第一代"的研究奠定了后续研究的基础，有助于对全球 IT 进行定义。因此，全球 IT 也包括本领域早期对单个国家的研究，以使我们更好地认识到哪些国内问题是需要特别重视的。

全球 IT 研究有什么特征呢？在编辑全球信息管理期刊（*Journal of Global Information Management*）稿件时，我曾强调了全球 IT 研究具有的以下三个特征（Tan 2002）：

---

①　The original article appeared in an IGI book，titled "Global Information Technologies：Concepts，Methodologies，Tools and Applications" by Tan，F. B. （Ed.）（Publisher：IGI Group，USA）. It is reproduced with permission of IGI in the current book，MIS（Management Information Systems）Research：Current Research Issues and Future Development as edited by Drs. Wayne Wei Huang and Kanliang Wang，by Tsinghua University Press. 本章由梁丽琴翻译，邵培基审校。

692

（1）全球 IT 的研究领域较窄

全球 IT 研究是 IS 研究的一部分，关注于 IS 问题中的国际层面。它是传统 IS 领域的延伸，并不局限于单一场所的单个系统，而是扩展到全球环境中多种用户的多个系统。但是，全球 IT 研究与一般的 IS 研究是截然不同的，其中一个判断方法就是考察他们的研究主题。

Gallupe and Tan(1999)定义了全球 IT 的六大研究主题，即全球企业管理、全球信息资源管理、文化和社会经济问题、国家间的对比研究、研究概念和问题、单个国家研究。这些主题使全球 IT 研究与其他 IS 研究相区分。

（2）全球 IT 研究具有多样化

全球 IT 研究是多样化的，有许多变量可供研究，有许多方法可以采用。变量的检验既要包括组织内的变量（比如，开发、操作和管理环境的特征，研究中的 IS 特征，以及 IT 采纳和扩散的程度），也要包括外部环境中的变量（比如，文化、基础设施、政府政策和法制体系）。目前，定量和定性的方法都已经被广泛采用，其中现场研究和案例研究是主要研究方法(Gallupe and Tan 1999)。

（3）全球 IT 研究具有难度

以上指出的本领域研究范围较窄以及研究多样化的本质特征，说明了从事全球 IT 研究是具有难度的。内在困难在于资源的限制和方法的问题。例如，研究者与研究参与者的语言障碍、研究工具的转译、文化的定义和度量、偏见、资金和时间相关的限制。

# 1　回顾：组织性框架

目前很少有文章能提出有助于全球 IT 研究的框架或者模型。

Deans & Ricks(Deans and Ricks 1991)的研究是一个例外。他识别出了全球 IT 的重要主题，并基于 Nolan & Wetherbe (Nolan and Wetherbe 1981)的 IS 研究模型和 Skinner(Skinner 1964)国际性维度的研究成果，提出了一个新的研究模型。该模型将研究看作是一组子系统，管理信息系统位于该组子系统的中心。而 Skinner 的国际性维度（社会/文化、经济、技术、政治/法律）界定了此模型中全球 IT 主题涉及的范围。这个新的模型从一般意义上说是很有用的，但它似乎并不能说明先前的研究哪些适用于未来的研究，哪些有助于引导未来的研究。

另一个例外是 Palvia(Palvia 1997)。他在文章中尝试提出了一个测量 IT 对全球企业的战略影响的模型。该模型有助于鉴别全球 IT 研究时应该考虑的诸多战略性因素。但是，该模型不能识别未来全球 IT 研究的关键领域，也不能经过特定的扩展来指导本领域的综合性研究。

其他一些关注于文化的初级框架或许也可以被认为是全球 IT 的组织性研究框架。Ein-Dor，Segev & Orgad(Ein-Dor et al. 1993)在模型中提出文化是融合了经济、人口统计、社会心理这三个重要维度的变量。他们认为全球 IT 的任何研究都应该考虑到这三个文化维度。而 Nelson & Clark (Nelson and Clark 1994)提出了一个描述多种环境对 IT 开发和运用影响的模型。

近年来，Gallupe and Tan(Gallupe and Tan 1999)提出了整合全球 IT 研究的一个更为综合性的组织框架。作者修正了 Ives，Hamilton and Davis 的全面 IS 研究模型(Ives et al. 1980)，进而发展出可用于描述全球 IT 研究的模型，如图 1 所示。

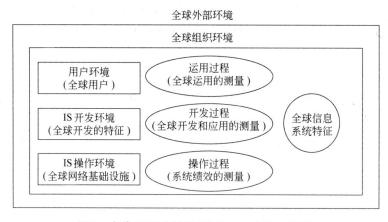

**图 1 全球 IT 研究模型(Gallupe and Tan 1999)**

在全球信息管理的环境下，该模型的延伸已从单一场所或组织环境中的单个系统(Ives et al，1980)，扩展到全球环境下多种用户的多个系统。该模型描述了三个变量组——全球环境特征、全球过程变量和全球 IS 特征。

- 外部环境：包括信息系统所运行国家的政治、经济和社会状况。
- 组织环境：包括系统发挥功能所在组织的结构、组成、管理过程。
- 用户环境：包括系统涉及的所有不同类型的用户及其特征。
- IS 开发环境：包括硬件、软件，以及全球系统开发和测试区域的人的特征。
- IS 操作环境：包括支持全球 IT 环境的网络和计算基础设施。

按照全球信息系统过程变量组的定义，运用过程包括对不同用户运用全球信息系统方式的测量。开发过程包括在尽可能广泛区域内对用于开发信息系统的程序及应用的测量。操作过程包括对系统在多个国家操作的网络和计算绩效的测量。

最后，全球信息系统特征变量组列出了研究中的全球系统的具体功能和特征。

这些特征包括数据结构、逻辑结构、安全因子，以及其他属性。

　　这三个变量组合起来为全球 IT 的研究提供了许多不同的视角。研究者可以在同一变量组或者变量组之间检验一个或多个变量。Gallupe and Tan(1999)认为全球 IT 研究可以分为五种不同的类型，如图 2 所示。

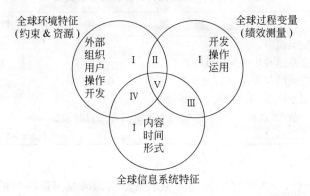

**图 2　全球 IT 研究的五大类型(Gallupe and Tan, 1999)**

　　研究类型Ⅰ：该类型只涉及一个种类——全球 IS 环境、全球 IS 过程或者全球 IS 特征。例如，对单个公司的全球 IS 开发过程的研究就属于这一类个球信息管理(Global Information Management，GIM)研究。

　　研究类型Ⅱ：该类型探索的是过程类中一个或多个变量与环境类中一个或多个变量之间的关系。例如，对终端用户的系统(该系统在许多国家使用)满意度研究就属于这种类型。

　　研究类型Ⅲ：该类型检验的是 IS 特征和 IS 过程变量之间的关系。例如，案例研究中检验信息呈现在用户面前的形式，以及不同国家的用户是如何使用系统的就属于这种类型。

　　研究类型Ⅳ：该类型探究了环境资源和约束与 IS 特征之间的关系。此类型的研究可以着眼于 EDI 系统的内容及其对组织规划任务的作用。

　　研究类型Ⅴ：该类型探讨的是来自三类共同的一个或多个变量之间的关系。例如，综合性研究民族文化对全球高管信息系统(Executive Information System，EIS)应用程序的使用和特征的影响就属于该种类型。

　　作者采用这五类全球 IT 模型，调查了 1990 年到 1998 年间比较典型的文献(具体细节，请参看 Gallupe and Tan，1999)，其结果如表 1 所示。

　　比较明显的是多数全球 IT 研究基本上是单个变量的研究，而且这些研究大多数关注的是环境变量。鉴于全球 IT 研究的本质特征,这一点不足为奇。但是,缺乏交叉变量组的研究是值得注意的,它可能导致"单一维度"的研究,从而忽视了使本领域研究充满趣味和挑战性的多种因素。

表 1　全球 IT 研究五大类发表文章的数量

| 研究类型 | 描　　述 | 数量 | 百分比 |
|---|---|---|---|
| 类型Ⅰ | 单个变量组 | 257 | 81.8 |
| 类型Ⅱ | 过程变量组与环境变量组的关系 | 46 | 14.6 |
| 类型Ⅲ | 过程变量组与 IS 特征变量组的关系 | 6 | 1.9 |
| 类型Ⅳ | 环境变量组与 IS 特征变量组的关系 | 3 | 1.0 |
| 类型Ⅴ | 环境变量组、过程变量组、IS 特征变量组三者之间的关系 | 2 | 0.7 |
| | 发表文章的总量 | 314 | 100% |

来源:Gallupe and Tan (Gallupe and Tan 1999)

此结果的出现,一方面可能是因为单个变量组的研究是最简单的,最易于操作的。尤其在全球环境下,当"单个研究"可能涉及多个不同国家时,这点很重要。另一方面也可能是因为单个变量的研究使我们对本领域的研究更为集中,而交叉多个变量组进行研究会导致一定程度的复杂性,这对于研究者和读者来说都是很难把握的。最后一点原因可能是,研究者感知到的本领域现有的范围和边界也许有点"窄"。

同时,Gallupe and Tan(Gallupe and Tan 1999)还采用与 Ives, Hamilton & Davis(1980)相同的分类法调查了本领域的研究策略。Ives et al. 使用的是 Van Horn(Van Horn 1973)的 MIS 研究分类法,将研究方法分为案例研究、现场研究、现场试验和实验室研究。另外,Ives et al. 还添加了一个"非数据"项以指代"主要依靠二手资料或者概念性(p. 927)"的研究。Gallupe and Tan 改进了这种分类法。他们在"案例研究"类别下加入了行为研究和其他定性研究策略,在现场研究中包含了调查法和访谈法。表 2 列出了全球 IT 研究中,五大类研究所使用的研究策略。

通过以上分析发现全球 IT 研究主要采用的是现场研究(37.9%)、案例研究(28.7%)和非数据(32.1%)研究策略。每个 GIM 研究类型的研究策略归纳如下:

- 类型Ⅰ:该类型的大部分研究本质上是描述性、说明性的,主要是概念性的研究,其主要方法是非数据研究策略。在实证研究时,该类型倾向于采用案例研究和现场研究来检验特定的变量,而在探索相同变量组中两个或多

表 2　全球 IT 研究五大类的研究策略

| 类型编号 | 研究类型 | 发文量 | 百分比 (GIM) | 案例 研究 | 现场 研究 | 现场 试验 | 实验室 研究 | 非数据 |
|---|---|---|---|---|---|---|---|---|
| 类型 I | 单个变量组 | 257 | 81.8 | 71 | 74 | 2 | 0 | 100 |
| 类型 II | 过程变量组与环境变量组的关系 | 46 | 14.6 | 14 | 31 | 1 | 0 | 0 |
| 类型 III | 过程变量组与 IS 特征变量组的关系 | 6 | 1.9 | 2 | 2 | 0 | 1 | 1 |
| 类型 IV | 环境变量组与 IS 特征变量组的关系 | 3 | 1.0 | 2 | 1 | 0 | 0 | 0 |
| 类型 V | 环境变量组、过程变量组、IS 特征变量组三者之间的关系 | 2 | 0.7 | 1 | 1 | 0 | 0 | 0 |
| 总量 百分比 | | 314 100% | 100% | 90 28.7% | 119 37.9% | 3 1.0% | 1 0.3% | 101 32.1% |

来源：Gallupe and Tan（Gallupe and Tan 1999）

个变量之间的关系时，倾向于采用现场研究的策略。

- 类型 II：该类型偏爱采用现场研究的方法，同时案例研究方法也常用于检验外部（组织）环境和 IS 运用过程之间的关系。
- 类型 III：该类型广泛采用从案例研究到实验室研究的多种研究策略，以探索 IS 特征对 IS 运用过程变量的影响作用。
- 类型 IV、类型 V 只采用了案例研究和现场研究的策略。

大多数现场研究本质上被认为是定量研究，因为其包括正式命题、变量的定量测量和假设检验。但也有定性的现场研究，例如 Hill et al.（Hill et al. 1998）曾对阿拉伯文化和 IT 转移问题进行了定性的现场研究。

GIM 研究最常采用的定性方法是案例研究，它具有实证性或解释性（Myers 1997）。解释性案例研究与实证性案例研究不同：

- 解释性案例研究：解释性案例研究不能预先确定独立变量和非独立变量。例如，Barratt & Walsham（Barrett and Walsham 1995）曾采用解释性案例研究方法评估牙买加保险公司 IT 管理中的文化、学习和领导问题；Harvey（Harvey 1997）对德国和美国在 IT 理论和实践方面的文化差异进行了一项人种案例研究。
- 实证性案例研究：Dologite et. al.（Dologite et al. 1997）采用实证性案例

研究方法探究了中国经济的变化(自变量)对中国四个国有企业 IS 规划、支持和管理(因变量)的影响。

Gallupe and Tan(Gallupe and Tan 1999)还进一步提出全球 IT 研究与传统的 IS 研究的区别在于其许多主题的不同。他们分析了 314 篇文章的内容,归纳出全球 IT 研究的六大不同主题。这些主题及其描述如表 3 所示。

表 3　全球 IT 研究主题

| 全球 IT 研究主题 | 描　　述 |
| --- | --- |
| 单个国家研究 | 国内环境下 IT 的开发、操作、管理和运用,不包括全球环境中信息资源的管理。例如,在中国农村 IT 的采纳。 |
| 国家间对比研究 | 对比两个或多个国家 IT 的开发、操作、管理和运用。文化不是这种研究中的变量。例如,对比加拿大、新西兰和新加坡的系统分析技术。 |
| 文化/社会-经济问题 | 民族文化对 IT 开发、操作、管理和运用的影响。这被认为是"纯"的跨文化研究,与国家间单一的对比不同。例如,探索阿拉伯国家复杂文化维度对 IT 转移的影响,同时应包括与 IT 相关的社会-经济问题,比如政府政策、法制和经济因素。 |
| 研究概念和问题 | 概念研究为全球信息管理提供了多方面的框架、理论和研究议程,包括来自整个全球 IS 管理研究的重要问题。 |
| 全球信息资源管理 | 在全球环境下 IT 的开发、操作、管理和运用,包括区域环境下,而非国内环境中信息资源的管理。例如,管理全球 IT 外包;促进全球 IT 研发队伍的发展;管理拉丁美洲远程通信技术的引进。 |
| 全球企业管理 | 运用 IT 对跨国界的企业进行职能管理,包括管理多国企业和跨国企业。例如,研究 IT 对全球供应链、全球分布和全球市场的影响。 |

来源：Gallupe and Tan (Gallupe and Tan 1999)

为了更进一步地分析,Gallupe and Tan(1999)对 314 篇文章按这些主题进行了分类。表 4 显示了这些分析的结果。

表 4　研究主题的发文量

| GIM 不同的研究主题 | 研究主题量 | 研究主题百分比 |
| --- | --- | --- |
| 单个国家研究 | 145 | 46.2 |
| 国家间对比研究 | 49 | 15.6 |
| 文化/社会-经济问题 | 29 | 9.2 |
| 研究概念 & 问题 | 23 | 7.3 |
| 全球信息资源管理 | 53 | 16.9 |
| 全球企业管理 | 15 | 4.8 |
| GIM 总的发文量 | 314 | 100 |

来源：Gallupe and Tan (Gallupe and Tan 1999)

（1）单个国家研究

单个国家"国内"研究在全球 IT 研究中占主导地位。通过对 314 篇文章分析，其中 145 篇（46.2%）可被认为是单个国家的研究。所有这些研究关注的都是国内环境下信息资源管理的不同方面。这些研究多数属于类型Ⅰ，采用的是案例研究和非数据研究策略。例如 Kautz & McMaster（Kautz and McMaster 1994）进行了案例研究，试图将结构化开发方法用于英国公共部门组织的 IT 单元。Wan & Lu（Wan and Lu 1997）采用非数据研究策略回顾了中国计算机犯罪问题及相关的法制。

（2）国家间对比研究

两个或多个国家的对比研究是本领域研究的另一大主题。49 篇（15.6%）文章属于这一主题，其中大部分文章可归入类型Ⅰ和类型Ⅱ。研究类型Ⅲ中半数也是国家间的对比研究。其中一些研究将美国与欧洲、亚洲和中东的国家进行了对比。例如，Abdul-Gader & Kozar（Abdul-Gader and Kozar 1995）探究了计算机隔离对美国和沙特阿拉伯 IT 投资决策的影响。Straub，Keil & Brenner（Straub et al. 1997）跨越三个国家——日本、瑞士和美国检验了技术接受模型。其他研究也有对同一区域的两个或多个国家进行对比的。例如，Simon & Middleton（Simon and Middleton 1998）分析了新加坡、香港、马来西亚和中国内地 IS 部门人力资源管理的最优策略。Tam（Tam 1998）探究了亚洲四个新兴工业化经济体的 IT 投资对企业绩效和评估的影响。以上这些例子都采用了现场研究策略。

（3）全球信息资源管理

调查文献中，"全球信息资源管理"研究主题占了 53 篇（16.9%）。该研究主题关注的是在全球环境下 IT 的开发、操作、管理和运用。它包括区域环境下而非国内环境下的信息资源管理。全球环境下的多数研究属于类型Ⅰ，采用的是案例研究、现场研究或非数据研究的策略。例如，Ramanujan & Lou（Ramanujan and Lou 1997）对有关从离岸点对维护工作实施选择性外包的问题进行了现场研究。Gibson & McGuire（Gibson and McGuire 1996）采用非数据研究策略讨论了全球软件开发的质量控制问题。Trauth & Thomas（Trauth and Thomas 1993）提倡为 EDI 制订全球标准政策。

关注于区域的文章主要属于研究类型Ⅰ，采用的是非数据研究策略。这些文章或者描述特定区域内 IT 的相关问题，或者为发展中国家的 IT 扩散和转移提供指导，但它们并非研究区域内国家间的对比。例如，Gibson（Gibson 1998）提出了影响拉丁美洲 IT 扩散和经济发展关系的重要因素。Loh，Marshall & Meadows（Loh et al. 1998）探讨了发展中国家信息和通信技术的伦理适当性。

（4）文化/社会-经济问题

"文化/社会-经济问题"研究主题在 314 篇文章中占 9.2%。Gallupe and Tan
(1999)发现出人意料的是其中只有 15 篇文章(3.7%)可以被认为是"纯"跨文化研
究。"纯"跨文化研究与单一对比两个或多个国家的研究不同,但他们也称为多文
化研究。这些文章大都属于全球 IT 研究的类型 Ⅱ,采用的策略主要是现场研究,
重点探讨了国家研究中固有的文化维度和元素问题。例如,Hill et al.(Hill et al.
1998)关注了影响阿拉伯国家 IT 转移水平的复杂社会文化结构(信念和价值)。
Straub(Straub 1994)调查了日本和美国的文化对其使用电子邮件和传真技术的影
响。Harvey(Harvey 1997)采用 Hofstede(Hofstede 1980)的框架对德国和美国在
IT 理论和实践方面的文化差异进行了一项人种研究。多数探讨社会-经济问题的
文章被认为属于全球 IT 研究的类型 Ⅰ,主要采用的是非数据研究策略。例如,
Mehta & Darier(Mehta and Darier 1998)讨论了通过互联网实施的电子治理的
问题。

（5）研究概念 & 问题

其余两个主题——"研究概念 & 问题"和"全球企业管理"的文章数总共占不
到 13%。

概念研究为全球 IT 研究提供了多方面的框架、理论和研究议程。它已被归入
前面的其他主题类中。例如,Nelson & Clark(Nelson and Clark 1994)提出了 IS
研究中有关跨文化问题的研究框架。Martinsons & Westwood(Martinsons and
Westwood 1997)扩展了一个适用于中国商业文化背景的 MIS 解释性理论。Deans
& Ricks(Deans and Ricks 1993)为 IS 与国际商业相结合的研究议程提出了建议。
此外,全球 IT 实践和研究的关键问题也可以囊括在这一主题组下(Burn and Ma
1993;Mata and Fuerst 1997;Watson et al. 1997;Yang 1996)。

（6）全球企业管理

"全球企业管理"关注的是如何运用 IT 处理跨国界企业多方面的管理问题。
这 主题同时要用到现场研究和案例研究的方法,主要属于类型 Ⅰ 和类型 Ⅱ,而且
大多数研究主要针对多国公司。例如,Chidambaram & Chismar(Chidambaram
and Chismar 1994)调查了美国多国企业的运作和投资形式。Cummings &
Guynes(Cummings and Guynes 1994)对比了美国跨国公司和其他国家跨国公司
的 IS 情况。但是,该主题缺乏处理 IT 与全球供应链、人力资源、营销、制造和销售
管理相关问题的研究。只有 Niederman(Niederman 1993)和 Sankar & Liu
(Sankar and Liu 1998)对此做出了一点贡献。

总之,Gallupe and Tan(1999)的研究是对全球 IT 研究机构的一种挑战,其目
的是为了使本领域的研究能更向前迈进。作者鼓励全球 IT 研究者不要局限于目

前关注的单一变量，而应该开始致力于独立变量和非独立变量的研究。例如，研究环境变量时应该包括对过程变量（开发、操作、运用）影响程度的测量，或者对全球系统特征影响程度的测量。从全球 IT 研究模型（图 1）的三个变量组中各选不同变量进行研究，可以使读者对本领域有更为综合性的理解。例如，综合性研究民族文化对全球 EIS 应用程序的使用和特征的影响。

全球 IT 研究使用的方法主要是案例研究、现场研究和"非数据"研究。目前还没有采用现场试验和实验室研究方法的研究。

Gallupe and Tan(1999)认为，广泛采用定性方法可能会使人们感到全球 IT 研究似乎不能采用更多的定量技术。的确，本领域已经采用了诸多定性策略，而且或许可以从广泛的学科中延伸出更多种的定性技术来进行这种类型的研究（Myers 1997）。但作者也相信本领域也需要采用定量技术来进行严密的全球 IT 研究。这样更多的变量将得到控制和测量，研究将更具有可测性和可重复性。

访谈法是定性策略采用的最主要技术。很少有研究者能够突破传统的模式，采用诸如人种学、解释性认识论或者基础理论的技术来开展研究。目前研究中采用这些方法，例如，Harvey（Harvey 1997）对德国和美国在 IT 理论和实践方面的文化差异进行了一项人种案例研究；Montealegre（Montealegre 1998）采用解释性认识论探索了拉丁美洲四个国家的互联网采纳情况。Gallupe and Tan（1999）挑战 IS 学者观点，认为全球 IT 研究中应采用替代性定性技术。

单个国家"国内"研究已经具有比较鲜明的研究主题。这种类型的研究大多属于全球 IT 研究的类型 I，倾向于描述性和解释性。Palvia(Palvia 1998)认为这些"第一代"的研究是很重要的，尤其在 GIM 研究的初期阶段。"它们有助于更好地定义全球 IT 领域，使我们更好地把握全球 IT 的实质"（P.7）。

Gallupe and Tan(1999)认为全球 IT 研究中单个国家的研究无论在早期还是现在都很重要。单个国家的研究为 IS 在国际环境下的实践和研究提供了一些视角。例如，政府政策对于全球神经网络在 Latvia 采纳影响的研究对全球 IT 实践（比如，国际公司计划在该国从事商务）的研究具有启示作用，也为研究民族文化和全球企业管理相关的主题提供了不少机会。但意外的是，现存的文献中较少有文章研究民族文化。普遍接受的是民族文化的差异可以说明在不同文化背景下 IS 的差异（Deans and Ricks 1991；Ein-Dor et al. 1993；Shore and Venkatachalam 1995；Shore and Venkatachalam 1996）。作者期望有更多的研究来探索民族文化是如何影响全球 IS 过程的测量的，从而更透彻地理解 IS 在多种文化背景下开发和使用的特征。

目前文献中特别缺乏对全球企业管理方面的研究。跨国组织的操作与国内组织的操作是迥然不同的。如何将 IT 更好地用于支持和加强这些企业的国际竞争力呢？Gallupe and Tan 主张全球 IT 研究同行展开更多的调查，以探索 IT 对全球供应链、人力资源、营销、制造和销售管理的影响。全球 IT 在这些方面的研究并不属于传统 IS 研究的范围，但是我们相信当组织在全球性竞争环境下建立职能操作的管理时，这是同样迫切需要的。因此，*Journal of Global Information Management* 最近已经出版了一本全球 IT 人力资源管理的专刊（volume 7，number 2）。

（因为出版页数限制，本章 703～716 页在所附光盘中）

# 第20章 信息安全领域的研究[①]

## Qing Hu

(Department of Informaiton Technology & Operations Management
Boca Raton, University of Florida Atlantic)

# 1 引言

## 1.1 信息安全挑战

上世纪 90 年代初,以互联网为载体的网络商务模式的出现推动人类社会进入了全球网络和数字经济的新纪元。信息技术推动全球市场的革新和成长,为消费者和企业提供了前所未有的新机遇。1999 年,美国商业周刊宣称网络时代已经到来,并预言它将成为全球经济发展的引擎(Mandel and Kunii, 1999)。在随后的几年中,世界经济的发展远远超出了人们的预期。与互联网相关的技术革新使得发达国家,例如美国和日本,在经济持续稳步增长的同时仍能保持较低的通货膨胀率,稳稳占据世界经济霸主的地位。与此同时,全球数字网络和信息技术的发展使得发展中国家,如中国、印度、爱尔兰以及波兰等,快速缩短与发达国家在经济和技术方面的鸿沟,成为全球经济市场的主要竞争者,并神奇地改变了数十亿人的生活。事实证明,互联网和信息技术对人类社会的冲击,远远超过了 18 世纪末至 19 世纪初的工业革命对人类的影响。

然而,正如主流科技、社会和文化在人类历史长河中的演变一样,网络时代通往繁荣的道路上,也蕴含着意料之外的不速之客。计算机病毒、间谍软件以及其他形式的计算机恶意程序,由某个人在任意地点释放,之后很快会蔓延到由计算机和网络组成的整个虚拟世界。数据和身份偷窃从未像现在这般容易发生和流行(Richtel, 2002)。现实的情况是,自 1993 年至 2003 年的十年间,向美国计算机网络应急技术处理协调中心(CERT, Computer Emergency Readiness Team)报告的安全事件的数量从每年的 1 334 件上升至每年 137 529 件(CERT, 2004)。这些侵袭事件已经使得美国企业及包括政府在内的其他组织机构遭受总额高达上百万美

---

[①] 本章由杨姝翻译,王刊良审校。

元的损失(Gordon ct al.,2004,2005),而在世界范围内的损失则可能超过万亿美元(Mercuri,2003;Cavusoglu et al.,2004)。

最近,不断有媒体争相报道,在官方和私人贸易中发生的数据偷窃问题致使公民和普通消费者处于危险境地(e. g., Krim and Barbro, 2005;Acohido and Swartz,2007),信息安全成为各组织机构管理者和个人电脑用户必须面对的最艰巨的挑战之一。近期对来自于 55 个国家的超过 1 300 个企业的管理者的调查显示,太多的与安全相关联的法规使得信息安全成为董事会讨论的焦点(Ernst & Young,2005)。

近些年来,由于对信息安全的空前重视,学术界在世界范围内产生了对信息安全研究的浓厚兴趣。然而,信息安全的复杂性及其对人类社会各方面的广泛影响,使得信息安全研究主题分散,并在方法论的方面存在困难。信息安全涉及多个学科的知识融合,包括计算机科学、社会科学、经济学、信息系统、数学、法律和刑事司法等学科。本章将试图缩小信息安全的研究领域,仅从信息系统角度介绍与信息系统学科相关的研究热点。本章的主要目标是,回顾主要的研究范式,对近二十年发表的以信息安全为主题的文献进行分类,并在此基础上,对未来研究提出有意义和有价值的指导。

## 1.2　信息安全定义

信息安全术语的应用领域宽泛,涉及一系列的概念,包括数据安全、网络安全、系统安全、计算机安全,有时还涉及计算机系统和设备的物理安全等。本章借用普遍意义上对信息安全的定义,"信息及关键组成部分的保护,该组成部分主要是指:信息在使用、存储、及传输时涉及的系统和硬件"(Whitman and Mattord,2005. p. 8)。同样地,在管理实践和学术研究中,信息安全涵盖以下四个相互交叉的领域:计算机及数据安全、网络安全、安全政策和法规,以及个人和组织对信息安全的管理。值得注意的是,在该信息安全的定义中,安全政策和法规是信息安全研究的关键点,并与其他三个方面紧密相连。它们之间的关系如图 1 所示。

**图 1　信息安全包含的内容**(资料来源:**Whiteman and Mattord,2005**)

## 1.3　信息安全研究

尽管在信息安全的研究和实践中,需要解决的问题和达成的目标不同,但是,政府和研究机构一致认同,无论是对信息安全的管理还是研究,其最终目标都要满足信息安全的 CIA 法则,即机密性、完整性和可用性。

机密性(Confidentiality)是指具有阻止未经许可的个人或组织浏览或查阅信息的能力。无论是组织内部还是外部的普通人员都无法接触到只有高层管理者才有权浏览的信息。出于购买交易的目的,传送给供应商的客户信用卡信息,不应该被与此交易无关的第三方组织获得。

完整性(Integrity)是指发送给指定用户的信息是完整的、准确的、完好的以及安全的。如果存储在学校数据库中的学生记录是可变的,那么信息的完整性就会受到威胁。信息的完整性非常重要,因为,信息的价值大部分依赖于它的准确度和可信性。不准确的信息不但对信息的使用者无用,而且还很有可能对使用者及其他第三方造成损害。2003 年智能系统错误致使美国袭击伊拉克就是一个非常好的佐证。

可用性(Accessibility)是指有能力保障信息在传送给经许可的和合法的用户和系统时,不会受到干扰或被迫中断。将计算机和数据库锁起来并放置在一个安全的地方,不与任何外部网络进行连接,可以有效保障信息的机密性和完整性,但是,若用户无法接触到信息,那么他们的价值又从何体现呢?

信息安全研究是对技术、应用、系统、程序和政策的设计、执行以及维护进行研究以完成并持续满足个人和组织对信息的 CIA 需求。因此,将信息安全研究中的某些关键问题总结如下:

- 什么样的技术、安全政策及法规和管理实践可以帮助组织或个人保持信息的机密性、完整性和可用性?
- 个人、组织或社会如何才能有效使用这些技术、安全政策及法规和管理实践?
- 为什么个人、组织和社会会关注信息安全问题,如何才能更好地认识到信息安全问题并对其进行有效的控制?
- 信息安全对个人、组织和社会在经济、社会、政治及文化方面有哪些影响,如何才能减轻或加强这种影响?

需要澄清的是,以上这些问题仅是该研究领域内的一些例子而已。本章的目标不是囊括所有的信息安全领域的研究热点。但是,这些例子可以帮助读者了解本章中论述的信息安全研究的内容。接下来,本章将对近二十年以来的信息安全研究文献进行回顾,试图确定在研究和实践领域出现的并一直活跃着的关键问题。

# 2 信息安全研究回顾

## 2.1 信息安全研究分类

信息安全几乎影响人类社会的各个方面,从个人日常生活到政府活动,从个人电脑用户的地址到组织间的竞争。信息安全研究同样具有多样性和复杂性的特点。计算机科学、数学、社会科学、经济学、信息系统、法律及刑法领域的学者分别从各自的角度对他们感兴趣的信息安全问题展开研究。毫无疑问,在不影响研究范围的深度和完整性的前提下,任何单个模型或分类方法都无法将整个研究领域涵盖进去。尽管如此,本节将根据已经发表的文章的领域和内容对其进行分类以厘清信息安全研究的范围,如表 1 所示。

**表 1  信息安全研究分类**

| 领域 | 研究的焦点 | | |
| --- | --- | --- | --- |
| | 个人 | 组织 | 社会 |
| 技术 | • 认证<br>• 授权<br>• 身份管理<br>• 电脑保护<br>• 反病毒/反间谍软件 | • 加密/解密<br>• 防火墙<br>• 入侵检测<br>• 审计<br>• 垃圾邮件过滤 | • 安全标准<br>• 网络安全协议<br>• 软件安全<br>• 安全网络架构<br>• 公匙基础设施 |
| 经济 | • 动机<br>• 激励/威慑<br>• 生产力 | • 投资决策<br>• 竞争<br>• 防范策略 | • 经济影响<br>• 市场选择<br>• 保险及衍生 |
| 社会 | • 行为模型<br>• 技术接受<br>• 社会工程学<br>• 隐私关注(困扰) | • 技术采纳<br>• 技术接受<br>• 组织文化<br>• 权力及政治 | • 犯罪学<br>• 网络空间战<br>• 数字恐怖主义 |
| 管理 | • 行为预期<br>• 行为矫正 | • 安全政策<br>• 质量法规<br>• 风险管理 | • 政策/法规<br>• 灾难管理<br>• 国家安全 |

尽管列在每个分类下面的研究问题还不完整,仅是个例而已,但是若按照分类上罗列的例子进行文献回顾也已经超出了本章的范畴。根据本章的目标,将主要从经济、社会和管理角度对信息安全研究文献进行回顾。尽管如此,技术角度的研究相当重要且富有成效,但绝大部分信息系统学者们对此不感兴趣,因此本章将不

对技术类的研究文献进行介绍。

## 2.2　经济角度

　　学术界对信息安全领域的研究中,从经济学角度展开的研究或许是最有活力的部分。该领域涵盖一系列的研究主题,最基本的研究问题源自于经济学的基础原理——假定人是理性人,对预期行为的成本和收益分析将对人们的最终行为和决策产生某种程度的影响。通常情况下,信息安全涉及以下三类人员:外部黑客和罪犯、内部员工和管理者以及受委托保护组织信息财产安全的专业人员,这三类人的行为和决策被假定是合理的且恰当的,相互之间存在明显的限制和分界(Simon,1957)。因此,信息安全的经济学角度的研究就是要辨认个人或组织,谁攻击系统,释放计算机病毒,盗窃身份和数字资产。以经济学理论为基础建立的决策模型,可以有效辅助个人和组织进行战略分析,以最优结果为目标对数字资产进行保护。为评价信息安全对个人、组织和社会造成的经济影响而建立的评估模型以及实施的安全管理实践和政策均是以可靠的经济学理论为基础。经济学角度的信息安全文献包含一系列的主题(Camp and Lewis,2004;Anderson and Moore,2006)。本章将按照表 2 中列出的模型进行有选择的介绍。

表 2　经济学角度的信息安全研究

| 出发点 | 主题 | 方法 | 参考文献 |
|---|---|---|---|
| 个人 | • 行为矫正<br>• 防御战略<br>• 生产力 | • 分析<br>• 理论<br>• 实证 | • Jonsson and Olovsson(1997)<br>• Cremonini and Nizovtsev(2006)<br>• Png et al. (2006) |
| 组织 | • 投资战略<br>• 行为矫正<br>• 风险管理<br>• 投资回报 | • 分析<br>• 理论<br>• 实证 | • Gordon and Loeb(2002)<br>• Cavusoglu et al. (2004)<br>• Bodin et al. (2005)<br>• Huang et al. (2006)<br>• Drugescu and Etges(2006)<br>• Campbell et al. (2003) |
| 社会 | • 网络外部性<br>• 网络保险<br>• 经济影响<br>• 政策及法规 | • 分析<br>• 理论 | • Anderson and Moore(2006)<br>• Gordon et al. (2003)<br>• Ogut et al. (2005)<br>• Varian(2004)<br>• Dynes et al. (2006)<br>• Ghose and Rajan(2006)<br>• Herath and Herath(2007) |

### 2.2.1 个人层面的研究

从个人角度进行的信息安全研究,存在如下基本假设,即人是有限理性的,为了获得最好的信息,对收益和成本进行分析,该结果将对个人行为产生重要影响。因此,可以用经济学理论对个人行为进行建模和解释。在信息安全领域中,从经济学角度对个人行为的研究是最近几年才开始的。事实上,引发信息安全隐患问题的恰恰是人类自己,因此,很多研究都致力于探索攻击者的行为。Jonsson and Olovsson(1997)是最早采用数学建模的方法对攻击者的行为进行研究的学者之一。为了收集到攻击者的行为数据,他们专门设计了一个实际的攻击情境。实验结果证实了假设,根据攻击者的行为,安全入侵可以被分成三个阶段,分别是:学习阶段、标准攻击阶段和创新攻击阶段。接下来的统计分析检验显示,标准攻击阶段的持续攻击频率呈指数分布,这说明一旦攻击者突破了初始学习阶段的障碍,那么其成功的几率就会显著提高。只有在学习阶段和革新阶段才需要攻击者付出较多的努力。因此,作者们建议,将公众普遍知晓的攻击弱点从系统中去除,这样可以使入侵者被迫进入革新攻击阶段,那么攻击发生的频率就会显著下降。

尽管 Jonsson and Olovsson(1997)的研究还很简单,但是当大多数研究仅关注技术层面的问题时,他们将学者们的注意力引向了对攻击者的研究。致使在随后的研究中,学者们可以采用建模的方法对攻击者的行为进行分析。根据期望利益最大化理论,Cremonini and Nizovtsev(2006)对攻击者的攻击行为进行建模。结果显示,针对不同安全特征的目标,当安全目标水平升高时,攻击者花费的精力却会减少。因此,目标系统的安全措施可以通过两个机制来影响攻击的频率:提升目标系统对一定攻击强度的抵御能力,减少攻击者的努力使得攻击减弱。所以,作者们声称,普遍采用的年损失期望方法,严重低估了信息安全投资的有效性。

采用近似的期望效用最大化模型,Png et al.(2006)考察了攻击者和电脑用户之间的交互作用以及电脑用户彼此之间的相互作用。他们的模型显示,电脑用户采用的安全防御措施具有战略替代的性能,也就是说,若其他人采用高级别措施抵御安全攻击时,某一电脑用户则会采用低级别的防御措施。它实际上与 Varian(2004)的搭便车分析相似。作者们还发现,用户对攻击的脆弱性随着安全政策执行水平的升高而降低,如果防御成本足够高的话会随之升高,如果防御成本足够低的话则会随之降低。Anderson and Moore(2006)对近期利用博弈论对有关个人行为的研究进行了总结。

尽管采用经济学和博弈理论对个人安全行为的分析和建模是相当有趣而重要的,但是,从经济学角度出发,对个人层面的信息安全进行研究的文献仅局限在少数几个方面。首先,过分依赖分析模型,且又缺少对分析模型的实证检验,导致模型众多,无法在攻击者和用户的行为上达成一致的观点。其次,对用户行为的研究并没有很强的理论基础。最后,作为信息安全研究中最重要的研究问题之一,信息安全对个人生产力和工作绩效影响的文章在主流刊物中还未见发表。

### 2.2.2　组织层面的研究

在组织层面,多数是基于博弈理论和微观经济学理论对信息安全和风险管理战略进行的研究。普遍公认的是,在组织中若想实现完全意义上的信息安全而不至于影响正常的商业活动是不可能的,因为在全球经济中,与组织外部的商业伙伴和用户进行联系是必须的。如果无法达到完全安全的状态,那么从业人员和学者们将面临如下挑战:如何使企业用最少的投入维持可接受的风险水平。类似问题引出了两个额外的研究方向:安全投资回报决策(ROSI)(Cavusoglu,2004)和不同风险情景中安全资源配置的最优化(Gordon and Loeb,2002;Huang et al.,2005;Huang et al.,2006)。

尽管信息安全已经成为组织中管理者们最关心的问题之一,但是,在安全相关的技术和实践应用上的投入未必是被优先考虑的(Dhillon,2001;Hu et al.,2007)。对安全投入策略的恐慌、不确定性以及疑问(FUD)不再起作用。不可避免地,IT经理必须用投资回报率(ROI)向高层管理者证明对确保安全进行的投资是必要的。然而,与其他类型的投资不同,安全投资回报是间接的、无形的。如何对安全投资回报进行测量是从业人员和学者们面临的挑战。Drugescu and Etges(2006)对组织测量安全投资回报的方法和标准进行了综述。他们推荐,可以通过以下三种途径对安全投资回报进行量化和测量:

(1) 与降低安全防范(例如影响收入流的安全漏洞、丧失机密性、丧失可信性或外部入侵、法律责任问题、停工期或低生产率等)成本相关的安全价值;

(2) 在企业的运作依赖于 IT 服务的应变能力时(例如,商务智能和数据库营销、物流资源计划、资金处理等),保障业务利用现有 IT 服务的安全价值;

(3) 在机遇和风险并存的情况下(例如,改善客户服务、战略合作、外包或简化业务运作、新技术服务交付模型),增强业务竞争优势的安全价值。

进行了为信息安全分配资源的决策,接下来的工作是如何把这些资源分配到不同的安全项目中,以便达到最佳的影响效果。在经济学领域中,最近关于信息安全投资策略方面的研究一般可以分为两类:一种是基于博弈论模型的投资策略研究,另一种是基于微观经济学理论的投资策略研究,例如效用最大化理论。Cavusoglu et al.(2005)利用博弈论模型评价入侵检测系统(IDS)的投资策略及其效果。他们发现,只有当检测率大于某一临界点(该临界点取决于黑客侵入的成本及收益参数),企业才能从 IDS 的投资中获得正向收益。有趣的是,他们的模型表明,改善的检测本身并没有对 IDS 投资获得的正向收益产生影响,而是通过提高阻碍能力,间接影响了 IDS 的投资收益。

然而,使用博弈论进行的研究存在较大的局限性,因为它不但对被试的行为做了假设限定,而且对交互过程的界定过于简单。在许多研究中,只考虑了一两个被试的行为,和一两个交互过程。这些假设限定会使模型的结论在有效性和可用性方面遭到质疑。另一个研究流派利用传统的微观经济学模型以达到回报最大化或者风险最小化为目的。这种方法尽管在 IT 投资评估领域中被广泛应用,但是由于安全投资不同于其他形式的 IT 投资,其回报不仅来自于收入的增加或者运营成本的降低,还体现在安全风险的降低等方面,因而该种方法的复杂性较高(Alter and Sherer,2004;Sun et al. ,2006)。在安全研究文献中,风险通常被定义为损失产生的可能性及损失导致的成本的乘积。Gordon and Loeb(2002)使用这种微观经济学分析方法在不同的风险情境下分析企业安全投资的最优水平。他们发现,当一家风险中性企业,通过对安全投资的成本和可能的安全入侵所导致的潜在损失进行比较,以实现安全投资期望收益最大化时,最优的安全投资水平并不一定随着系统弱点的增多而升高,这表明投资的重心不应总是停留在最易受到攻击的信息资产上。他们的分析同时也说明在安全破坏确实发生时,最优的安全投资远低于潜在的损失,在假定存在攻击时,若想达到理论上的最优水平,安全投资应该是潜在损失的 36.8%。

Huang et al. (2005)采用期望效用模型针对上述研究进行拓展,放宽了企业风险中性的限制,着重考察企业面对的风险。假设企业在面对风险时会采取规避态度,Huang 等人发现最佳信息安全投资存在一个损失的最低临界点,在这个临界点以下,最佳投资为 0;在临界点之上,最佳投资随着潜在损失的升高而升高。相对于风险中性的情形,作者发现具有风险规避偏好的决策者可能会持续对信息安全进行投资直到投资花费接近于(但没有超过)潜在的损失。此外,他们的研究还发现,以获得投资期望效用最大化为目标时,风险规避的决策者并不一定比风险中性的决策者会对信息安全进行更多的投资。

经济学角度的研究通常注重如何使信息安全投资达到最佳状态,假设攻击行为是独立发生的,且每次只有一种攻击。然而,在现实生活中,企业通常会同时面对不同类型的安全挑战,例如对网站或者数据库,随机进行的电脑病毒攻击或目标攻击。因此,信息安全管理需要面对的重要挑战不是整体投资水平,而是如何将有限的资源进行合理分配,以对不同种类的攻击进行有效的防御。针对具有不同特征的多个外部威胁源同时进行攻击时,既包括目标攻击也包括随机发生的攻击,Huang et al. (2006)提出了一种分析模式。在不同边界条件下采用数值分析方法对主要变量之间的关系进行研究,包括系统灵敏性、安全破坏率、潜在损失、安全投资水平等。分析得出最有趣的结论是,安全预算较少的企业把绝大部分或者全部的投资用于解决某一种潜在的攻击取得的效果更好。此外,他们还发现如果企业的信息系统对目标攻击相对较为敏感,且其导致的潜在损失大于安全预算时,那么企业应该将安全投资集中用于防止这种类型的目标攻击。这些发现与人的直觉认识大相径庭,并为更好的安全管理实践提供了一些有趣的思路。

　　除了基于博弈论或微观经济学理论建立的投资模型以外,大量文献也使用了层次分析法(AHP)分析投资决策。Bodin et al. (2005)利用 AHP 评分方法对预算进行最优配置,以达到维护和加强组织内信息安全的目的。利用这种评分方法,组织列举出需要使用的一些评价准则和子准则,并且确定了每个准则的权重。然后,对用于维护和加强信息安全的各个提议方案进行评价。根据确立的准则,逐一对方案进行单独评价,对每个方案给出相应的分数。最后,根据每个投资方案的总得分,制定投资决策。相对于其他经济学模型,应用 AHP 方法分析安全投资分配问题的主要优势在于,评价准则以及每个准则的权重可以依据实践经验和组织知识进行适当调整,并且可以同时考虑很多个评价准则和备选方案,而不必担心会增加方法的复杂程度。但是,对人为判断的依赖性也可能会导致次优的决策结果,这也是 AHP 方法的主要局限。

### 2.2.3　社会层面的研究

　　互联网和全球经济时代,任何一个个人或者组织都很难与外面的世界完全孤立。某个组织中只要有一台计算机与互联网相连,那么整个组织就可能暴露在网络中。另外,全球网络中某台计算机或者网络存在不安全因素时,无论是有意还是无意,都会导致与其相连的其他计算机或者网络遭受安全威胁。这一点在商业网络中尤为明显,因为许多组织和顾客都拥有彼此访问系统的较高权限。所以,信息安全被认为是网络外部性的体现(Anderson and Moore, 2006)。也就是说,一个网络的安全性随着网络中每个成员的安全程度的升高而升高,而且一个部分不安全会显著降低整个网络的安全性。为了掌握这种类型的网络中各成员的行为和采取的应对策略,Varian(2004)利用博弈论模型分析了三种情境:

　　(1) 努力水平加和情形:整个网络的安全性取决于每个成员表现出来的努力的总和;

　　(2) 最弱环节情形:整个网络的安全性取决于实施努力水平最小的成员;

　　(3) 最佳表现情形:整个网络的安全性取决于实施努力水平最大的成员。

　　现实中的情境可能是上述几种情形的组合。他的发现非常有趣。在努力水平加和情形中,他发现网络的安全性由效益成本比最高的成员的努力水平决定,而所有其他成员则可以"搭便车"。在最弱环节情形中,却发现网络的安全性是由效益成本比最低的成员的努力水平决定。而在最佳表现情形中,结果不明确:存在两个纳什均衡,表明效益成本比最高或者最低的成员的努力水平对整个网络的安全性都有可能产生重要影响。

因此,某个组织的安全风险不仅取决于组织的信息安全质量,而且还依赖于它的商业伙伴以及其他与其有关联的组织和个人的安全质量。通常情况下,组织无法对其商业伙伴和顾客的网络也给予足够的控制,那么组织如何对网络安全风险进行管理呢? Gordon et al. (2003)提出,除了在安全技术和实践方面的投资以外,还可以通过购买安全保险的方式对风险进行管理。他们认为,企业需要在这两方面进行权衡,分别是为保护安全不受攻击进行的投资和对网络空间风险保险进行的投资。为了让组织在保险覆盖面和安全技术及实践投资之间进行正确的权衡,作者给出了四点具体的建议。

Ogut et al. (2005)将上述针对企业的分析拓展到相互连接的 IT 系统上,发现网络风险具有相互依赖的特点,这种相互依赖性减少了企业对信息安全进行投资或购买保险的动机。在这种情况下,尽管较高程度的相互依赖性会提高风险,但却减少了企业在信息安全方面的投资。这与 Varian(2004)提到的最弱环节的情形是一致的。所以,他们提出应建立相关机制,例如法律惩罚或者成员间的信息共享以促进各成员进行更多的投资并扩大保险覆盖范围。最近,Herath and Herath (2007),应用新近流行的 Copula 方法,从保险精算角度,对依赖风险建立模型,研究电子保险的定价措施。他们的保险定价模型明确考察了企业的风险状况,因为其中的两个评价参数——受影响的计算机的数量及损失的金额都取决于企业的风险状况。该文提出的框架由于考虑了计算机的产品差异、生产力降低、税收、及成本等因素,因此可以对企业的风险状况进行评估并对损失进行估计。该模型还考虑了互相关联的风险的非线性依赖,允许根据 Copula 模型进行仿真,而不需要决定两个给定的边际分布的联合分布。

另一个从经济学角度,对信息安全展开研究的重要方向是,研究社会规范对市场竞争和社会财富的经济影响。Ghose and Rajan(2006)认为,遵守规章、安全审计,以及内部弱点导致的强制性信息披露等,对预算和竞争都尤为重要。基于利润最大化理论,他们提出了一个理论框架,研究政府强制进行的信息披露和内部加强 IT 安全投资审计对经济的影响,以及对行业总产值的最优化和市场竞争范围的影响。分析显示,为了服从规范进行的强制性投资可能导致意料之外的结果,例如最优产量的降低、市场竞争范围的减小,及社会整体财富的降低等。

### 2.2.4　小结

总而言之,尽管从经济学角度进行的研究中对参与信息安全活动的各方行为已经给出了许多深刻的见解和结论,但仍有许多障碍和局限性需要克服。其中一个最显著的局限性表现为,在经济学模型中将人假定成理性人,对他们的行为进行分析,是基于他们自身对采取某行为进行成本收益分析的结果。但是,在现实生活中,人类毕竟是社会化的动物,他们的行为在经济意义上并不是完全理性的。所以,仅仅通过博弈论和微观经济学理论并不能完全理解人类和组织的行为。然而,无论怎样,经济学角度的研究都是信息安全问题研究的一个重要的组成部分。

　　(因为出版页数限制,本章728~744页在所附光盘中)

# 第 21 章　组织中电子协作技术的实施[①]

**Bjørn Erik Munkvold**

(Department of Information Systems, University of Agder)

## 1　简介

多个成员使用电子技术合作完成日常工作的行为通常称为电子协作(Kock, 2007a)。包括多种信息和通信技术(information and communications technologies, ICTs)的电子协作技术可以在不同的层面提供协作支持,小到两人合作完成一份文档,大到不同组织共同完成一项任务。协作支持包括通信支持(例如电子邮件、即时通讯和各种讨论系统)、信息共享支持(知识库共享、讨论论坛等)、群体过程支持(电子会议系统)和协调支持(工作流支持系统和工作计划提示系统)。不同层面的支持功能集成为电子协作套件(Munkvold and Zigurs, 2005)。

电子协作研究以探讨电子信息技术对协作的影响为主线,研究多集中在如下领域中:群件(Ciborra, 1996; Johansen, 1988)、计算机辅助协同工作(computer-supported cooperative work, CSCW)(Grudin and Poltrock, 1997)、以计算机为媒介的沟通(computer-mediated communication, CMC)(Sproull and Kiesler, 1991)和群体支持系统(group support systems, GSS)(Jessup and Valacich, 1993; Nunamaker and Briggs, 1997)。

电子协作是协同商务、知识管理(Alavi and Leidner, 2001)和全球虚拟团队工作(global virtual teamwork)(Dubé and Paré, 2001)领域中最重要的战略性概念之一,近 20 年来受到广大学者和从业人员的普遍关注(Bond et al., 1999)。部分学术期刊出版了电子协作的专辑(Davison and de Vreede, 2001; Kock and Nosek, 2005; Nunamaker and Sprague, 1993),其中有些期卷的主要内容都与之有关(Kock, 2007a; Kock, 2007b; Khosrow-Pour, 2002)。该领域的代表性期刊包括: CSCW(计算机辅助协同工作)、*Journal of Computer-Mediated Communication*(计算机媒介沟通学报)和 *Group Decision and Negotiation*(群体决策和谈判)。

对电子协作技术中的组织实施研究最早可以追溯至群件技术的应用。伴随技

---

[①]　本章由王渊翻译,王刊良审校。

术进步及组织活动中的技术扩散,越来越多的人对组织中的技术消化过程展开研究。本章回顾了组织中电子协作技术中的组织实施问题,对实施中的影响因素进行分类。组织实施是组织采纳和应用新技术过程中所有活动的总称,例如:需求发现、提出需求说明、开发设计、安装、培训以及为提高利用率而固化业务流程等(Munkvold,2003)。由于组织的氛围不同、项目的特点不同和所采纳技术的特点不同,致使上述活动存在较大差异。组织实施的研究目的在于对这些活动提供一个总体的分析框架。这一分析框架可以作为进一步研究电子协作技术实施的基础,例如,针对电子协作技术类型的差异,我们可以开发出与其相对应的不同的实施策略。

本章介绍了作者自 1990 年至今对电子协作技术实施的研究(见个人简介),其中的部分内容在"Implementing Collaboration Technologies in Industry:Case Examples in Lessons Learned"一书中有详细介绍(Munkvold,2003)。

接下来一节首先对电子协作技术及应用的分类框架做了简短的回顾,进而对基于实地研究的电子协作技术的组织实施问题进行归纳。在此基础上,提出了针对不同类型电子协作技术的实施因素分类框架,并讨论了有待进一步研究的问题。最后一节给出了本章的结论及启示。

## 2　电子协作技术及应用分类

电子协作技术及应用有一些不同分类框架。其中影响力最大的是 DeSanctis and Gallupe(1987)提出的基于时间/空间的分类框架。这一分类框架依据时间和协作交互的地理空间两个维度将电子协作技术分为四类,见图 1 所示:

|  |  | 时间 | |
|---|---|---|---|
|  |  | 同一时间 | 不同时间 |
| 空间 | 同一空间 | 电子会议系统 | 电子邮件<br>文档管理系统<br>日历和工作计划系统<br>工作流管理系统<br>电子公告栏 |
|  | 不同空间 | 音频会议<br>视频会议<br>数据会议<br>即时通信系统<br>桌面会议系统 | 电子邮件<br>文档管理系统<br>基于 WEB 的项目/团队工作室<br>日历和工作计划系统<br>工作流管理系统<br>电子公告栏 |

**图 1　电子协作技术分类的时间-空间矩阵(来源:Johansen,1998)**

同一时间的交互一般是指同步的交互,不同时间的交互指异步的交互。图 1

中的每个单元都包括一些典型的交互技术,然而,正如图 1 所示,一种交互技术可以支持多种时间空间模式。

尽管时间空间矩阵对协作技术分类非常有用,但也存在一些局限性。例如,我们很难用四种时间空间状态来区分组织活动,因为多数情况下它们在时间和空间上都处于一种中间状态(Grudin and Poltrock,1997)。因此,对电子协作技术来说,一个重要的趋势就是在同一产品的不同功能和服务之间进行集成或者在不同产品间提供无缝的集成。集成后的产品要求能够支持多种模式下的协作,亦可称作"随时随地"协作。简言之,它需要支持下述协作任务(Grudin and Poltrock,1997):

- 沟通:主要指人与人之间的语言、文字、视频等方式的沟通。
- 信息共享:创建和控制共享信息。
- 协调:管理参与者及其行为间的相依关系。

尽管协作技术趋于高度集成,但是 Grudin and Poltrock 指出,按照功能可以将其进行分类,因为每类工具往往都具有一种主要的功能。在此基础上,Zigurs and Munkvold(2006)提出了一个扩展的功能分类方法(表 1)。

表 1　电子协作技术的功能分类方法(**Zigurs and Munkvold,2006**)

| 基于功能的分类 | 例　　子 |
|---|---|
| 沟通工具 | 电子邮件<br>即时通信/聊天室<br>音频、视频会议 |
| 信息共享工具 | 文档管理系统<br>数据会议①<br>电子公告栏 |
| 过程支持工具 | 群体支持系统(GSS)/分布式 GSS<br>电子会议系统 |
| 协调工具 | 工作流管理系统<br>日历和工作计划系统 |
| 不同功能种类间的集成工具 | 协作产品套件<br>基于 Web 的团队/项目讨论室<br>集成团队支持技术<br>电子学习系统 |

---

①　数据会议:处于不同地理位置的与会者,通过即时的数据通信技术参加会议。数据会议要用到白板软件和其他能够支持所有参会者同时访问和修改某一文档的软件。

　　与 Grudin and Poltrock（1997）的功能分类框架相比，该扩展分类框架增加了两个分类项，即过程支持技术和集成技术。前者包括支持群体过程的一些技术，例如电子头脑风暴及替代分析。后者融合了其他功能的特点。该项包含面向组织和团队层面的不同类型的产品，电子学习即是其中最具特色的应用领域之一。

　　在协作任务、过程和相关技术支持分类方面有一些理论和分类框架很有影响力，例如：群体任务环理论（McGrath，1984），任务技术匹配理论（Dennis et al.，2001；Zigurs and Buckland，1998）、媒体富度理论（Daft and Lengel，1986）和协调理论（Malone and Crowston，1994）。尽管这些理论对我们理解协作任务、过程和技术的特点很有帮助，但是，在指导组织发展电子协作方面却不能提供可行的策略。Weiseth et al.（2006）认为，目前仍然缺乏一个面向操作层面的、整体性的框架用来分类，也缺乏评价电子协作需求的工具。基于这一观点，上述模型和分类框架都过于一般化，不能对需求分析的细节加以描述，也不能有效地评价备选方案的细节，或者说仅仅是关注了"大图"中的局部。

　　Weiseth et al.（2006）以国际原油公司 Statoil 为背景，归纳了该公司发展电子协作支持基础设施的长期经验，提出了基于功能的电子协作工具分类模型。

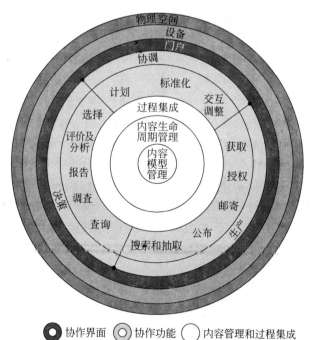

**图 2　协作工具轮-基于功能的协作工具分类模型（Weiseth et al.，2006）**

协作工具轮模型包含三层，外形像一个车轮，如图 2 所示。中间层表示一般性的功能分解,分解的目的是为了支持协作的三个子过程:协调、生产和决策。核心层表示内容管理功能和过程集成功能。最外层代表协作功能的界面,包括设备、门户和物理空间。归纳一下,三层结构的核心是基于协作工具的计算机。可以把协作界面形象地比作协作工具轮的轮胎,协作功能比作轮辐,内容管理和过程集成比作轮毂。

　　协作工具轮模型既有理论意义也有实践意义。首先,不同领域之间过去仅有有限的交互,而且都是两两之间的。现在,不同的领域被看作一个整体,其交互发生在整体内部。例如,协调决策支持和信息管理代表了不同的研究领域,现在我们从整体上看,两者之间有必要加强交互。从扩展的视角来看,内容管理是协作的一个子过程,这不同于以前的分类模型。本文借用 Statoil 的电子协作策略及电子协作和信息管理解决方案案例(Weiseth et al. ,2006)说明了新分类模型的有效性,特别是在电子协作的开发、实施阶段,包括需求分析、选择策略、可行性研究、需求描述和产品评估等过程中的有效性。

　　但是,值得注意的是该分类模型仅从一般的功能视角对协作工具进行分类,而电子协作工具的特征有赖于具体的应用情境。基于行业的电子协作研究为不同部门的电子协作技术实施提供了广泛的支持,例如:大的或者小的咨询公司(Orlikowski,1992;Karsten,1995)、医院(Bardram,2000)、造纸厂(Karsten et al. ,2001)、建筑企业(Karsten et al. ,2001)、海险承保部门(Hustad,2006)。同时,目前的研究表明,即便是在同一家企业,不同的电子协作技术采纳和扩散过程也不一样(Munkvold and Tvedte, 2003)。

## 3　组织中电子协作技术实施的文献综述

　　本节从实地研究的视角对电子协作技术的组织实施加以回顾,内容覆盖早期的群件原型研究到目前广泛存在的关于电子协作技术的实地研究。

### 3.1　群件到企业电子协作

　　80 年代,电子协作技术结束了实验室测试阶段,开始进入组织实践活动中(早期的一些电子协作系统参见 Bannon,1993; Bullen and Bennett,1991;Greenberg,1991)。早期的电子协作系统已经被证明存在局部的目标冲突(Suchman,1987),一旦进入生产实践,设计者对实施该系统的期望和实际用户的工作支持需求之间存在的差距便显现出来。因此,早期的实施过程中,失败的案例远多于成功的案例(Carasik and Grantham,1988;Egido,1988;Francik et al. ,1991)。

　　在第二届计算机辅助协同工作会议上,Grudin(1988,发表于 1989)提出了早期电子协作系统的问题并分析了其影响因素。他比较了群件技术和单用户的电子协作系统，发现了群件技术应用过程中的主要特点。同单用户群件系统不同，单用户的电子协作工具，其收益和成本是不确定的，取决于其他用户的行为。这种相互依赖关系有可能导致技术实施的失败，公用数据库上的"搭便车"用户就是一个例子（Markus and Connolly，1990）。正如同通讯技术高速发展，用户是否能享受到新技术带来的好处？一定规模的用户基础成为主要因素（Markus，1987）。

另外一个应用电子协作系统的潜在障碍是，不同的用户感知带来的收益是不一样的。一些用户看重短期收益，另一些用户可能认为这本身就是一项额外的工作，目的是为了更好地记录和使用信息。该现象可以用自动会议安排系统的使用来说明，短期收益是系统可以召集会议（经理或秘书），但是对于其他团队的人员就无能为力了，除非其他的团队也愿意安装这样一套系统。近来的研究已经证实，无论是在个人层面还是组织层面，投入和产出的不对等问题（Grudin，1989，1994）是影响电子协作技术实施的主要因素（Bowers，1994；Munkvold，2003；Rogers，1994）。

一项扩展研究调查了25个不同类型组织中使用的8种群件产品，结果表明，人们往往对提供并行工作的技术感知到的价值更高。这一结论可以解释电子邮件产品的成功（Bullen and Bennett，1991）。不能给用户带来明显便利的工具，人们感知到的努力程度更高，这一问题再一次支持了Grudin的观点（1989）。另外一个重要障碍是不同工具之间缺乏集成。组织层面的影响因素有：拥护、愿景、期望、提供适当的培训、不断地支持和流程重构的需要。

早期阶段，群件技术应该是计算机辅助协同工作的主要技术。然而，这一概念却主要应用在群体应用的支持方面，该群体特指那些中小规模的群体（Grudin，1989）。直到1989年Lotus Notes的问世，群件技术的应用扩展到了组织层面（King，1996）。Lotus Notes提供一个集成的协作应用软件包（电子邮件、在线日历和计划安排系统、多线程讨论、文档管理和工作流管理的能力），如同基于脚本语言的应用开发环境一样。因此，它更像是一个协作应用的开发平台，而不是现成的协作软件产品。

流程重组、组织结构扁平化、团队协作激发了对新的组织形式的需求，关于这方面的讨论也加速了Lotus Notes的扩散（Drucker，1988；Galbraith and Lawler，1993；Scott Morton，1991）。用Lotus Notes能够快速开发共享数据库，能够将分散在不同地点的数据同步并共享，可以提高沟通效率增加信息共享程度，因此，它被标榜为组织改造的工具（Lloyd and Whitehead，1996）。提到群件标准（Bate and Travell，1994），尽管其他一些生产商，例如微软或者甲骨文，也提供功能相似的电子协作产品套件，但是Lotus Notes一直是市场的领导者并占据着行业老大的位置,这主要得益于它已经形成的数百万用户基础。

尽管 Lotus Notes 具有很好的前景,但是很多组织在应用过程中都没有获得提高协作能力、改善沟通、提高服务水平和产出等预期收益(Downing and Clark, 1999;Vandenbosch and Ginzberg,1997)。Lotus Notes 中的电子邮件功能成为众多企业应用的主要目的(Munkvold,2003;Orlikowski,1992)。它的内在特性决定了其应用价值随着企业结构复杂度提高而增加。按照成熟度,Lotus Notes 在企业的应用可以分为 3 个阶段,Karsten 回顾了 Lotus Notes 在企业实施的 18 个案例发现,其中仅有 4 个案例进入应用的高级阶段,在此阶段,企业开始主动将 Notes 应用和自身的工作流集成起来,发挥了协作技术的优势。从上述来看,像 Lotus Notes 这样的电子协作系统对企业协作水平的提高似乎主要依赖于企业员工的努力和工作流程的变革,而不是技术本身。

有待进一步研究的问题是,在部署和使用 Lotus Notes 中,不同的层面上有哪些障碍。在个体应用层面,有限的信息及不充分的培训导致了用户对技术的理解不够(Karsten,1995;Orlikowski,1992;Orlikowski and Gash,1994)。已有研究大部分是基于认知心理学构建概念模型进行的,重点探讨了影响对技术理解和使用的两方面问题:用户如何建立技术框架,采用哪种共享认知结构。

在组织层面,结构化元素,例如激励机制和政策,是影响技术采纳和扩散的主要因素。竞争性的组织文化,例如过分强调个人收益的回报和激励机制,对员工间的协作是不利的(Orlikowski,1992)。基于这一发现,协作性的组织文化是协作技术应用能够取得成功的前提条件(Bate and Travell,1994;Downing and Clarke, 1999;Vandenbosch and Ginzberg,1997)。如果企业在实施协作系统前没有相应的协作性企业文化,则必须先创造这样的文化氛围。然而,随后的一些研究却持相反观点。首先,过分强调协作性的企业文化是有问题的。很多企业中,并非是单纯的企业文化占主导地位,而是多种企业文化交互影响着企业(Karsten,1999)。第二,绝大部分情况下,电子协作技术在企业的应用仅仅是企业协作的第一步,此前,企业中没有相应的文化积累(Munkvold,2000)。这种情况下,不管文化氛围如何,应用协作系统克服地理位置的障碍是主要的。第三,企业实施电子协作技术时,其他因素的影响远大于企业文化的影响,例如:经济衰退、管理模式、角色转变和企业实际情况(Karsten and Jones,1998)。

关于 Lotus Notes 在企业中应用的一些案例研究表明了组织变革的复杂性和开发应用协作技术的复杂性(Ciborra,1996)。随着技术柔性的提高和工作支持类型的增加,这种复杂性也相应提高。对管理者而言,制定详细的工作计划去控制系统实施的每一个过程不是最重要的,采用情境转换的视角看待系统实施,应对随时出现的问题,构建匹配的企业环境,把握出现的每一次机会才是最重要的

(Orlikowski,1996)。一般而言,一个完整的实施过程需要花费好几年时间。

## 3.2　工作流管理系统

　　工作流管理系统通常被认为是业务流程再造的一个部分(Stohr and Zhao, 2001)。影响工作流系统实施的一个重要因素是其采用的工作流模型是否和用户的工作模型相匹配。当两种模型具有较高匹配度时,工作流管理的功能使得工作效率提高和用户满意度提高(Grinter,2000),反之,工作效率和用户满意度都受到影响(Bowers et al.,1995)。设计和实施过程的难点在于,内在的工作实践很难被完整地记录或描述。另外,和已有的系统互联互通的问题是非常难以解决的。当然,也可能存在误用系统等潜在风险。

## 3.3　知识管理

　　90 年代以来,知识管理成为一个热门的话题,同时,技术进步也为知识管理提供了实现的工具(Borghoff and Pareschi,1998)。电子协作技术中一个重要的部分就是知识管理的支持技术,例如:知识库和知识网络的电子论坛等(Alavi and Leidner,2001)。知识管理系统的开发和设计难点和群件系统是一致的,事实上,很多企业将 Lotus Notes 的应用作为它们开展知识管理的第一步。其中包括如何获取知识,如何从知识库中抽取知识,如何设计信息共享的激励机制,如何达到饱和的用户数量,如何安排专人负责信息质量。和知识库密切相关的一个概念是组织记忆,它在 MIS 和 CSCW 领域中都得到了广泛的研究(Ackerman,1996;Stein and Zwass,1995)。

## 3.4　实施框架和模型

　　一般而言,企业电子协作技术的研究涵盖了相当多的内容,很少有一个理论框架或者模型可以完整描述其内容。从理论方面来看,可用的理论模型包括创新扩散理论、社会技术系统理论、社会认知理论和结构化理论。目前的大部分理论框架都比较重视应用类型和实施过程中的问题。例如,Applegate(1991)考察了 10 个企业的实地研究经验,提出了一个理论模型,用来描述组织中电子协作技术引入的过程。这一模型指出,在给定的组织环境情境下,技术引入过程同群体、任务和技术都是密切相关的。Sanderson (1992)提出的模型将实施过程中的行为(初始化、技术定义、决策、安装等)都集成起来,他认为,受到情境因素(组织、技术、用户和工作任务)的影响,上述实施行为之间存在交互影响。

　　这些模型对于分析电子协作技术的实施是非常有用的。但是,它们共同的缺陷在于,还不能明确指出组织中引入不同类型的电子协作技术会产生哪些问题。

电子协作技术通常被认为是一个单一的概念,而不是很多工具和应用的集合。下一节将讨论影响实施的因素及其分类框架,还包括不同类型的电子协作技术的特点。这是 Munkvold(2003)从实地研究的视角回顾电子协作技术在组织中的实施后提出的。

# 4　影响电子协作技术实施的因素及其分类

上一节对不同类型电子协作技术的组织实施研究做了回顾,其中所提到的文章都很重要,它们从技术使用、技术部署和技术采纳中存在的问题给予了描述。人们识别出了影响技术实施的众多影响因素,本节对这些影响因素加以分类。研究组织实施应该更加关注实施情境和实施过程(Pettigrew, 1990;Walsham,1993)。另外,所发现的很多影响因素是和实施项目、实施技术、实施过程的特点密切相关的。图 3 是影响因素的分类框架。

组织情境因素特指技术实施的情境,包括:组织外部环境,例如行业、第三方(供应商、伙伴、顾客等);组织内部特点,例如组织文化、以前的协作经验及 IT 能力等。实施项目因素是指和项目实施相关的因素,例如用户培训和基础设施建设。技术因素可以分为两类,一类是通用技术;另一类是专用技术。实施过程因素涵盖实施全过程,例如实施时间进度表、流程变革和自上而下或者自下而上的实施策略等。

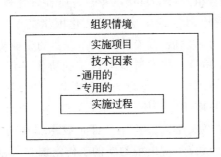

**图 3　电子协作技术实施的影响因素分类(Munkvold,2003)**

由图 3 可知不同分类之间是相互关联的。组织情境决定项目实施的背景和目的,反过来,项目实施的背景和目的将决定技术选择和实施。综合起来,实施的过程框架可以由上述 4 个分类构成。

下面将详细讨论每一个分类的细节、实施因素的例子及可能对实施产生的影响(为了获得对实施框架更清楚的理解,可以参见 Munkvold,2003)。不过,这里所说的影响因素还没有能够给出明确的因果关系解释。人们仅仅发现这些因素对电子协作技术实施过程有一定影响。这些影响同实施的具体情境、组织环境、项目实施及过程技术特点都有关系。

## 4.1 组织的情境

本节将讨论实施环境的内、外部情境因素。

### 4.1.1 内部因素

在很多行业和部门中，都有关于电子协作技术实施方面的实地研究，一般而言，对情境因素的高度依赖性使得针对某一行业或企业提出实施建议变得很困难。和企业规模相关的情境因素有：企业内部资源，基础设施的形式、人力、经验和能力等。不过，尽管大企业拥有更多可利用的 IT 资源，但是在实施协作项目方面却没有更多的优势，主要原因是项目本身的复杂性和多变性。

组织是否对采纳和利用电子协作技术做好了准备取决于几个不同层面上的因素，例如组织中现有协作工作的经验；员工需要技术支持工作的迫切性；现有 IT 基础设施的条件；IT 应用的能力；组织中 IT 应用的经验；高层管理者的支持等。也有一些研究认为，组织中的协作文化氛围是能否成功实施电子协作技术的首要条件，而组织中对个体和协作的激励机制是反映协作文化氛围的主要指标(Orlikowski,1992)。不过，正如前面讨论过的一样，组织文化通常表现为复杂的形式，由多种亚文化混合组成(Karsten,1999)。还有研究表明，在影响电子协作技术的组织实施方面，情境因素的影响大于文化因素的影响(Karsten and Jones,1998)。通过一定的学习和发展，没有协作工作经验的企业也有可能成功实施电子协作技术(Munkvold,2000)。技术进步可以推动协作工作的开展，例如对全球虚拟团队而言，电子协作技术是唯一可行的管理团队工作方法，即便此前没有任何协作文化存在，也非常容易应用电子协作技术开展工作。

目前报导的许多已经实施的协作项目都是技术驱动的，并没有考虑用户是否确实有这方面的需要。新技术的出现为新的工作组织方式创造了条件。电子协作技术意味着新的工作组织方式以及由此引发的新功能，即便用户对现有工作流程不满意，但它们也不可能预期到新技术的出现可能改变现状，同时也不可能发现新技术可能给工作带来的好处。因此，一些案例表明，用户缺乏对新技术优势的理解成为电子协作技术实施过程中的首要障碍。实施团队应该首先让用户了解新技术的价值所在。

### 4.1.2 外部因素

很多电子协作技术实施的案例研究着眼于组织内部因素。然而，客户关系、行业伙伴、供应商及第三方等外部环境的因素也可能成为影响项目实施的主要因素。本节基于 Munkvold（2003）的研究讨论外部因素对电子协作技术实施的影响案例。

　　如同所有的技术投入一样，市场形式和经济危机也可能高度影响项目实施中的可用资源。有例子表明，成本削减对电子协作技术的采纳既可能产生正向影响，也可能产生负向影响。例如，当通信公司准备采纳 Lotus Notes 产品时，一旦公司预算被削减，则项目首先被下马。无形收益使电子协作技术实施项目变得非常脆弱，一旦经济出现问题，它就首先面临终止的危险。相反，经济低迷却有可能引发电子协作技术的应用。例如，由于国际原油价格持续走低，为了削减差旅费开支，挪威石油公司开始在公司内广泛实施网络会议系统（视频和数据会议）（Munkvold and Tvedte，2003）。

　　行业市场的情况对组织协作可能是最重要的。例如，对建筑行业的网络公司，行业市场的情况在公司的协作安排方面是最优先考虑的。当行业市场不活跃，只有通过和其他行业公司间的协作才能创造机会进入其他市场。当行业市场活跃时，行业内网络协作项目的优先权就较高。

　　也有一些例子可以说明第三方是如何影响电子协作技术采纳和实施的。在跨国集团中，行业市场和社团中存在的网络和协作组成了第一道障碍，阻碍了集团内部不同行业公司间的协作。类似的，中小企业网络形成联盟时，其中的企业害怕失去同原有顾客的联系，为了保持同其他联盟企业的关系，因而在网络协作和电子协作技术方面加大投入。

　　同供应商的技术平台对接有可能成为影响电子协作产品套件采纳和实施的主要障碍。例如，如果供应商目前正在使用微软的产品和办公软件支持环境，但是企业管理者决定在企业内采用 Lotus Notes，则跨平台的对接意味着额外的成本。

　　供应商缺乏技术集成也可能成为电子协作技术实施的障碍。一般而言，供应商分别采用了不同的协作套件，面对众多的供应商，企业需要采用电子协作技术实现同多个供应商的协作。同时，还需要通过对供应商的评价进行筛选，保留重要的供应商。例如，前面谈到的 Statoil 有针对性地选择适合它们下一代电子协作基础设施的技术。这样做的结果是，Statoil 的确影响了供应商的解决方案和策略（Weiseth et al. 2006）。

　　电子协作技术中和第三方相关的问题是信息所有权的问题。企业中需要共享的项目文档越来越多，客户、承包商和供应商都希望通过信息门户共享项目的文档。问题是在项目执行期，文档的版权归谁所有；项目执行后，文档的版权又归谁所有。

　　当项目在跨国环境中实施，不同国家的政策将影响实施过程（Munkvold，2005）。举个例子，国家的通信保护政策有可能成为拓展新业务的障碍。进一步，不同国家地区间的 IT 基础设施差异使得项目需要一个完整的全球解决方案。国家文化也是一个重要的影响因素,充分理解本地文化对实施电子协作技术也是非常关键的,因为文化对人们的决策过程和用户对新技术的感知影响很大。西方研究表明,在实施电子协作技术时,牢记上述问题是非常重要的。

最后,一些国际性的事件,例如恐怖事件、地区争端也都会对实施情境造成影响。例如,9.11 之后,人们不愿外出旅行以及全球性的经济衰退导致了视频会议设备的需求大幅上升。

通常,外部因素是很难计划和控制的。因此对组织而言,提高组织柔性,加强组织"即席创作"能力是应对外部因素快速变化的主要方法(参考 Orlikowski and Hofman 提出的即席变革模型,1997)。

### 4.1.3  小结

表 2 总结了不同层面上,影响组织情境的因素以及可能对电子协作实施造成的影响。

表 2  和组织情境相关的实施影响因素因素

| 因　　　素 | 对实施的可能影响 |
| --- | --- |
| • 组织中协作工作的经验 | 已有的协作工作经验有益于用户接受协作技术。 |
| • 用户对技术支持的需要 | 使用户产生需要的感觉对技术采纳具有积极的影响。 |
| • 个人主义对协作文化 | 组织中弥漫着个人主义和竞争性的文化氛围对电子协作技术采纳是不利的。 |
| • 奖励系统和机制 | 结构化的元素对激励企业协作和使用协作技术是非常有效的。 |
| • 高级管理层的支持 | 高管层的支持可以保证协作技术实施获得必要的资源。 |
| • 已有的 IT 基础设施 | 电子协作技术需要一些 IT 基础设施。实施过程需要及时更新这些设施。 |
| • 现有的 IT 能力 | 组织中缺乏 IT 能力对实施是一个障碍。短期内可以依靠外部的帮助解决问题,但是,为了未来的持续发展,组织需要构建自己的内部能力。 |
| • 经济条件 | 诸如国家经济衰退、市场波动等经济条件的变化也会影响实施过程。例如,会导致实施预算削减,或者引发组织思考如何通过电子协作技术更好地发挥经验的作用。 |
| • 第三方关系 | 同第三方的关系也会影响组织接受新的协作技术的意愿。 |
| • 法律方面 | 协作伙伴之间共享项目知识需要注意信息所有权等法律问题,这些需要详细的规范来约束。 |

(因为出版页数限制,本章 757~777 页在所附光盘中)